建设工程概预算与清单报价系列

安装工程概预算与清单报价实例详解

张国栋　主编

上海交通大学出版社

内容简介

本书主要内容为安装工程，以住房和城乡建设部新颁布的《建设工程工程量清单计价规范》（GB50500—2013）、《通用安装工程工程量计算规范》（GB50856—2013）和部分省、市的预算定额为依据编写，在结合实际的基础上设置案例。主要是中、小型实例，以结合实际为主，在实际的基础上运用理论知识进行造价分析。案例总体上涉及图纸、工程量计算、综合单价分析以及投标报价的表格填写四部分，其中工程量计算是根据所采用定额和清单规范上的计算规则进行计算，综合单价分析是在定额和清单工程量的基础上进行分析，投标报价则是在前三项的基础上进行填写。在每个小的分部分项的工程量计算之后相应地有详细的注释，整个案例从前到后结构清晰，内容全面，做到系统性和完整性两者合一。可供建筑安装行业的造价员学习。

图书在版编目（CIP）数据

安装工程概预算与清单报价实例详解/张国栋主编．—上海：上海交通大学出版社，2014

ISBN 978-7-313-11552-2/TU

Ⅰ．①安…　Ⅱ．①张…　Ⅲ．①建筑安装—建筑概算定额②建筑安装—建筑预算定额③建筑安装—工程造价　Ⅳ．①TU723.3

中国版本图书馆 CIP 数据核字（2014）第 112302 号

安装工程概预算与清单报价实例详解

主　　编：张国栋

出版发行：上海交通大学出版社

地　　址：上海市番禺路 951 号

邮政编码：200030

电　　话：021-64071208

出 版 人：韩建民

印　　制：上海宝山译文印刷厂

经　　销：全国新华书店

开　　本：787mm×1092mm　1/16

印　　张：15.75

字　　数：342 千字

版　　次：2014 年 6 月第 1 版

印　　次：2014 年 6 月第 1 次印刷

书　　号：ISBN 978-7-313-11552-2/TU

定　　价：39.00 元

编　委　会

主　编　张国栋

参　编　赵小云　郭芳芳　马　波　洪　岩　邵夏蕊
杨　柳　张扬扬　张　惠　谈亚辉　杨进军
连恬甜　郑文乐　位洋洋　张建民　张国喜
李爱芹　李小金　王巧英　张敬印　高印喜
邓　磊　张少华

前　言

在经济建设迅速发展的当今，建筑市场也在呈现着蒸蒸日上的发展趋势，继 2013 清单规范颁布实施以来，建筑行业一片繁荣，与之相应所需求的造价工作者也在增多，而对造价工作者的需求并不仅仅是停留在“懂”的层次上，而是要求造价工作者会“做”，能独立完成某项工程的预算。为了切实适应建筑市场的需求，作者从实地考察选取典型案例，详细且系统地讲解了工程量计算以及清单报价的填写，为更多的学者提供了便利。

为了推动《建设工程工程量清单计价规范》(GB50500—2013)、《通用安装工程工程量计算规范》(GB50856—2013)的实施，帮助造价工作者提高实际操作水平，我们特组织编写此书。

本书在编写时参考了《建设工程工程量清单计价规范》(GB50500—2013)、《通用安装工程工程量计算规范》(GB50856—2013)和相应定额，以实例阐述各分项工程的工程量计算方法和清单报价的填写，同时也简要说明了定额与清单的区别，其目的是帮助工作人员解决实际操作问题，提高工作效率。

本书与同类书相比，其显著特点是：

(1)实际操作性强。书中主要以实际案例说明实际操作中的有关问题及解决方法，便于提高读者的实际操作水平。

(2)通过具体的工程实例，依据定额和清单工程量计算规则对安装工程各分部分项工程的工程量计算进行了详细讲解，手把手地教读者学预算，从根本上帮读者解决实际问题。

(3)在详细的工程量计算之后，每道题的后面又针对具体的项目进行了清单工程量单价分析，而且在单价分析里面将材料进行了明细，让读者学习和利用起来更方便。最后将清单报价的系列表格填写做上去，方便读者学习和使用。

(4)该书结构清晰，内容全面，层次分明，针对性强，覆盖面广，适用性和实用性强，简单易懂，是造价者的一本理想参考书。

本书抛开了出版人经常做的诸如建筑楼、教学楼、住宅单元之类的工程，将人们生活中经常接触到的像娱乐建筑、生活服务建筑、商场、广场之类的都包括在内，极大地丰富了本套书的内容，做到了在种类上齐全丰富，在内容上详细有序，在整体上一目了然。

本书在编写过程中得到了许多同行的支持与帮助，在此表示感谢。由于编者水平有限和时间紧迫，书中难免存在疏漏和不妥之处，望广大读者批评指正。如有疑问，请登录 www.gczjy.com(工程造价员网)，www.ysypx.com(预算员网)，www.debzw.com(企业定额编制网)，www.gclqd.com(工程量清单计价网)，或发邮件至 zz6219@163.com 或 dlwhgs@tom.com 与编者联系。

编　者

目　　录

项目一　小型石油厂泵房设备安装工程

某小型石油厂冷油泵房、钝化剂泵房安装了 5 台泵，型号如下：

(1)油浆泵　250WD，流量为 $800m^3/h$，扬程为 13.5m，外形尺寸为 1 555 ×1 160 ×1 040，单重 1 170kg，1 台。

(2)原料油泵　DY850-125 ×4，流量为 $850m^3/h$，扬程为 500m，外形尺寸为 2 522 ×1 160 ×1 375，单重 5 000kg，1 台。

(3)重柴油泵　50Y-42 ×10，流量为 $12.5m^3/h$，扬程为 410m，外形尺寸为 1 166 ×415 ×530，单重 260kg，1 台。

(4)钝化剂注入泵　J-Z8/50，流量为 $8m^3/h$，排出压力为 50MPa，外形尺寸为 820 ×718 ×575，单重 304kg，1 台。

(5)气压机出口凝液泵　J-ZM630/1.3，流量为 $630m^3/h$，排出压力为 1.3MPa，外形尺寸为 857 ×718 ×575，单重 260kg，1 台。

计算其工程量。图 1-1 为此石油厂泵房设备安装平面布置示意图。

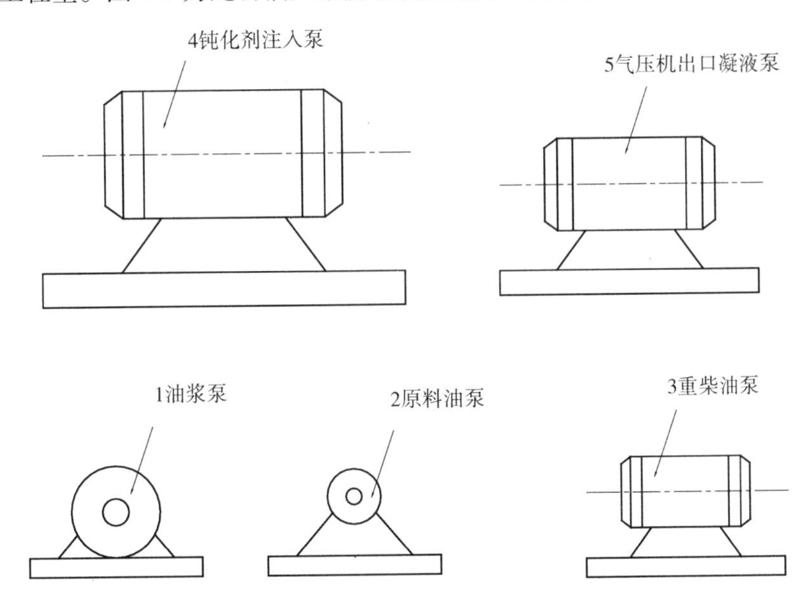

图 1-1　石油厂泵房设备安装平面布置示意图

一、清单工程量

1. 油浆泵

由已知得需安装型号为 250WD，流量为 $800m^3/h$，扬程为 13.5m，外形尺寸为 1 555 ×1 160 ×1 040，单重 1 170kg 的油浆泵 1 台，故油浆泵本体安装量为 1 台。

2. 原料油泵

由已知得需安装型号为 DY850-125×4，流量为 $850m^3/h$，扬程为 500m，外形尺寸为 2 522×1 160×1 375，单重 5 000kg 的原料泵 1 台，故原料油泵本体安装量为 1 台。

3. 重柴油泵

由已知得需安装型号为 50Y-42×10，流量为 $12.5m^3/h$，扬程为 410m，外形尺寸为 1 166×415×530，单重 260kg 的重柴油泵 1 台，故重柴油泵本体安装量为 1 台。

4. 钝化剂注入泵

由已知得需安装型号为 J-Z8/50，流量为 $8m^3/h$，排出压力为 50MPa，外形尺寸为 820×718×575，单重 304kg 的钝化剂注入泵 1 台，故钝化剂注入泵本体安装量为 1 台。

5. 气压机出口凝液泵

由已知得需安装型号为 J-ZM630/1.3，流量为 $630m^3/h$，排出压力为 1.3MPa，外形尺寸为 857×718×575，单重 260kg 的气压机出口凝液泵 1 台，故气压机出口凝液泵本体安装量为 1 台。

冷油泵房、钝化剂泵房泵设备安装清单工程量计算如表 1-1 所示。

表 1-1 清单工程量计算表

序号	项目编码	项目名称	项目特征描述	计算单位	工程量
1	030109001001	油浆泵	250WD，单重 1 170kg	台	1
2	030109001002	原料油泵	DY850-125×4，单重 5 000kg	台	1
3	030109001003	重柴油泵	50Y-42×10，单重 260kg	台	1
4	030109006001	钝化剂注入泵	J-Z8/50，单重 304kg	台	1
5	030109006002	气压机出口凝液泵	J-ZM630/1.3，单重 260kg	台	1

二、定额工程量

1. 油浆泵

(1)油浆泵的本体安装。

同清单工程量。

油浆泵用于输送含有催化剂粉末的油浆，为离心式杂质泵。套取 2000 年版《全国统一安装工程预算定额》1-829 子目。

(2)油浆泵的拆装检查。

油浆泵需要拆装检查，才能确保油浆泵正常工作。

套取 2000 年版《全国统一安装工程预算定额》1-946 子目。由已知得需进行拆装检查型号为 250WD，单重 1 170kg 的油浆泵 1 台，故油浆泵进行拆装检查的工程量为 1 台。

(3)地脚螺栓孔灌浆。

每台油浆泵的地脚螺栓孔灌浆体积为 $0.2m^3$，则 1 台油浆泵的地脚螺栓孔灌浆的工程量为 $0.2m^3$/台×1 台 $=0.2m^3$。

(4)底座与基础间灌浆。

每台油浆泵的底座与基础间灌浆体积为 0.4m³，则 1 台油浆泵底座与基础间灌浆的工程量为 $0.4m^3/台 \times 1 台 = 0.4m^3$

(5)起重机吊装。

由已知得油浆泵的单重 1 170kg 为 1.17t，可选用汽车起重机吊装。一般机具摊销费按机具总重量乘以 12 元计算，即 1.17t/台 ×1 台 ×12 元/t = 14.04 元。

注：一般起重机具摊销费 = 设备总重量 ×12 元，下同。

(6)无负荷试运转用油、电费。

按实际情况计算。

(7)脚手架搭拆费。

脚手架搭拆费按人工费乘以 10% 计算。

2. 原料油泵

(1)原料油泵的本体安装。

同清单工程量。

原料油泵为离心式油泵，输送一定粘度的原料油。套取 2000 年版《全国统一安装工程预算定额》1-825 子目。

(2)原料油泵的拆装检查。

原料油泵需要拆装检查，才能确保原料油泵正常工作。

套取 2000 年版《全国统一安装工程预算定额》1-942 子目。由已知得需进行拆装检查型号为 DY850-125 ×4，单重 5 000kg 的原料油泵 1 台，故原料油泵进行拆装检查的工程量为 1 台。

(3)地脚螺栓孔灌浆。

每台原料油泵的地脚螺栓孔灌浆体积为 0.8m³，则 1 台原料油泵的地脚螺栓孔灌浆的工程量为 $0.8m^3/台 \times 1 台 = 0.8m^3$。

(4)底座与基础间灌浆。

每台原料油泵的底座与基础间灌浆体积为 1m³，则 1 台原料油泵底座与基础间灌浆的工程量为 $1m^3/台 \times 1 台 = 1m^3$。

(5)起重机吊装。

由已知得原料油泵的单重 5 000kg 为 5t，可选用汽车起重机吊装。一般机具摊销费按机具总重量乘以 12 元计算，即 5t/台 ×1 台 ×12 元/t = 60.00 元。

(6)无负荷试运转用油、电费。

按实际情况计算。

(7)脚手架搭拆费。

脚手架搭拆费按人工费乘以 10% 计算。

3. 重柴油泵

(1)重柴油泵的本体安装。

同清单工程量。

重柴油泵为离心式油泵，输送不含固体颗粒的石油产品。套取 2000 年版《全国统一安装工程预算定额》1-822 子目。

(2)重柴油泵的拆装检查。

重柴油泵需要拆装检查,才能确保重柴油泵正常工作。

套取2000年版《全国统一安装工程预算定额》1-939子目。由已知得需进行拆装检查型号为50Y-42×10,单重260kg的重柴油泵1台,故重柴油泵进行拆装检查的工程量为1台。

(3)地脚螺栓孔灌浆。

每台重柴油泵的地脚螺栓孔灌浆体积为0.01m^3,则1台重柴油泵的地脚螺栓孔灌浆的工程量为0.01m^3/台×1台=0.01m^3。

(4)底座与基础间灌浆。

每台重柴油泵的底座与基础间灌浆体积为0.02m^3,则1台重柴油泵底座与基础间灌浆的工程量为0.02m^3/台×1台=0.02m^3。

(5)起重机吊装。

由已知得重柴油泵的单重260kg为0.26t,可选用汽车起重机吊装。一般机具摊销费按机具总重量乘以12元计算,即0.26t/台×1台×12元/t=3.12元。

(6)无负荷试运转用油、电费。

按实际情况计算。

(7)脚手架搭拆费。

脚手架搭拆费按人工费乘以10%计算。

4.钝化剂注入泵

(1)钝化剂注入泵的本体安装。

同清单工程量。

钝化剂注入泵用于输送不含固体颗粒的腐蚀或非腐蚀液体,为计量泵。套取2000年版《全国统一安装工程预算定额》1-889子目。

(2)钝化剂注入泵的拆装检查。

钝化剂注入泵需要拆装检查,才能确保钝化剂注入泵正常工作。

套取2000年版《全国统一安装工程预算定额》1-1006子目。由已知得需进行拆装检查型号为J-Z8/50,单重304t的钝化剂注入泵1台,故钝化剂注入泵进行拆装检查的工程量为1台。

(3)地脚螺栓孔灌浆。

每台钝化剂注入泵的地脚螺栓孔灌浆体积为0.03m^3,则1台钝化剂注入泵的地脚螺栓孔灌浆的工程量为0.03m^3/台×1台=0.03m^3。

(4)底座与基础间灌浆。

每台钝化剂注入泵的底座与基础间灌浆体积为0.05m^3,则1台钝化剂注入泵底座与基础间灌浆的工程量为0.05m^3/台×1台=0.05m^3。

(5)起重机吊装。

由已知得钝化剂注入泵的单重304kg为0.304t,可选用汽车起重机吊装。一般机具摊销费按机具总重量乘以12元计算,即0.304t/台×1台×12元/t= 3.65元。

(6)无负荷试运转用油、电费。

按实际情况计算。

(7)脚手架搭拆费。

脚手架搭拆费按人工费乘以10%计算。

5.气压机出口凝液泵

(1)气压机出口凝液泵的本体安装。

同清单工程量。

J-ZM630/1.3 用于输送不含固体颗粒的腐蚀或非腐蚀液体，为双缸柱塞计量泵。套取2000 年版《全国统一安装工程预算定额》1-888 子目。

(2)气压机出口凝液泵的拆装检查。

气压机出口凝液泵需要拆装检查，才能确保气压机出口凝液泵正常工作。

套取 2000 年版《全国统一安装工程预算定额》1-1005 子目。由已知得需进行拆装检查型号为 J-ZM630/1.3，单重 260kg 的气压机出口凝液泵 1 台，故气压机出口凝液泵进行拆装检查的工程量为 1 台。

(3)地脚螺栓孔灌浆。

每台气压机出口凝液泵的地脚螺栓孔灌浆体积为 $0.01m^3$，则 1 台气压机出口凝液泵的地脚螺栓孔灌浆的工程量为 $0.01m^3/台 \times 1 台 = 0.01m^3$。

(4)底座与基础间灌浆。

每台气压机出口凝液泵的底座与基础间灌浆体积为 $0.02m^3$，则 1 台气压机出口凝液泵底座与基础间灌浆的工程量为 $0.02m^3/台 \times 1 台 = 0.02m^3$。

(5)起重机吊装。

由已知得气压机出口凝液泵的单重 260kg 为 0.26t，可选用汽车起重机吊装。一般机具摊销费按机具总重量乘以 12 元计算，即 $0.26t/台 \times 1 台 \times 12 元/t = 3.12 元$。

(6)无负荷试运转用油、电费。

按实际情况计算。

(7)脚手架搭拆费。

脚手架搭拆费按人工费乘以 10% 计算。

6. 地脚螺栓孔灌浆(综合)

总的地脚螺栓灌浆量为各台设备地脚螺栓孔灌浆量之和。

$$(0.2 + 0.8 + 0.01 + 0.03 + 0.01)m^3 = 1.05m^3$$

注：以上各个数字为相应设备的地脚螺栓孔灌浆量。

查 1-1414 套定额子目

7. 基础间灌浆(综合)

总的基础间灌浆量为各台设备基础间灌浆量之和。

$$(0.4 + 1 + 0.02 + 0.05 + 0.02)m^3 = 1.49m^3$$

注：以上各个数字为相应设备的基础间灌浆量。

查 1-1419 套定额子目

8. 一般起重机具摊销费

总的一般起重机具摊销费为各台设备一般起重机具摊销费之和。

$$(1.17 + 5 + 0.26 + 0.304 + 0.26)t \times 12 元/t = 6.994t \times 12 元/t = 83.93 元$$

【注释】 1.17——一台油浆泵的重量；

5——一台原料油泵的重量；

0.26——一台重柴油泵的重量；

0.304——一台钝化剂注入泵的重量；

0.26——一台气压机出口凝液泵的重量。

9. 无负荷试运转用油、电费

各台设备按照实际情况计算,然后相加即可。现先作出估计值10 000元。

10. 脚手架搭拆费

此泵房的设备有5台设备的脚手架搭拆费是按人工费的10%来计算的。套取2000年版《全国统一安装工程预算定额》中相应的定额子目,各设备的脚手架搭拆费之和为

(432.59 +1 067.66 +223.84 +250.08 +200.16)元×10% =2 174.33元×10% =217.43元

【注释】 432.59——本体安装一台油浆泵所需人工费;

1 067.66——本体安装一台原料油泵所需人工费;

223.84——本体安装一台重柴油泵所需人工费;

250.08——本体安装一台钝化剂注入泵需人工费;

200.16——本体安装一台气压机出口凝液泵所需人工费。

脚手架搭拆费以实际经验选定,按脚手架搭拆的难易程度取人工费的10%或5%计算,这里所有的泵取人工费的10%来计算。

所以脚手架搭拆费合计为:217.43元。

11. 预算计价

石油厂泵房设备安装工程预算如表1-2所示。

表1-2 安装工程预算表

序号	定额编号	分项工程名称	计量单位	工程量	基价/元	其中			合计/元
						人工费/元	材料费/元	机械费/元	
1	1-829	油浆泵250WD的本体安装	台	1.00	699.77	432.59	219.95	47.23	699.77
2	1-946	油浆泵250WD的拆装检查	台	1.00	763.14	696.06	67.08	—	763.14
3	1-825	原料油泵DY850-125×4的本体安装	台	1.00	1 850.68	1 067.66	419.16	363.86	1 850.68
4	1-942	原料油泵DY850-125×4的拆装检查	台	1.00	1 362.17	1 221.37	140.80	—	1 362.17
5	1-822	重柴油泵50Y-42×10的本体安装	台	1.00	421.00	223.84	180.23	16.93	421.00
6	1-939	重柴油泵50Y-42×10的拆装检查	台	1.00	216.27	188.08	28.19	—	216.27
7	1-889	钝化剂注入泵J-Z8/50的本体安装	台	1.00	375.79	250.08	116.17	9.54	375.79
8	1-1006	钝化剂注入泵J-Z8/50的拆装检查	台	1.00	127.55	111.46	16.09	—	127.55

（续表）

序号	定额编号	分项工程名称	计量单位	工程量	基价/元	其中			合计/元
						人工费/元	材料费/元	机械费/元	
9	1-888	气压机出口凝液泵 J-ZM630/1.3的本体安装	台	1.00	316.11	200.16	106.41	9.54	316.11
10	1-1005	气压机出口凝液泵 J-ZM630/1.3的拆装检查	台	1.00	95.52	83.59	11.93	—	95.52
11	—	无负荷试运转用油、电费(估)	元	—	—	—	—	—	10 000.00
12	1-1414	地脚螺栓孔灌浆(综合)	m^3	1.05	295.11	81.27	213.84	—	295.11
13	1-1419	底座与基础座间灌浆(综合)	m^3	1.49	421.72	119.35	302.37	—	421.72
14	—	一般起重机具摊销费	t	6.994	12.00	—	—	—	83.93
15	—	脚手架搭拆费	元	—	—	—	—	—	217.43
合　计									17 246.19

注:①本表格中的地脚螺栓孔灌浆量是各台设备的地脚螺栓孔灌浆量之和。
②本表格中的基础间灌浆量是各台设备的基础间灌浆量之和。
③该表格中为计价材料均未在材料费中体现,具体可参考综合单价分析表。

三、将定额计价转换为清单计价形式

分部分项工程和单价措施项目清单与计价如表1-3所示,工程量清单综合单价分析如表1-4～表1-8所示。

表1-3　分部分项工程和单价措施项目清单与计价表

工程名称:某石油厂泵房泵设备安装工程　　　　标段:　　　　第　页　共　页

序号	项目编码	项目名称	项目特征描述	计量单位	工程量	金额/元		
						综合单价	合价	其中:暂估价
1	030109001001	油浆泵	250WD,单重1 170kg	台	1.00	3 386.57	3 386.57	—
2	030109001002	原料油泵	DY850-125×4,单重5 000kg	台	1.00	7 136.98	7 136.98	—
3	030109001003	重柴油泵	50Y-42×10,单重260kg	台	1.00	1 382.94	1 382.94	—
4	030109006001	钝化剂注入泵	J-Z8/50,单重304kg	台	1.00	1 226.11	1 226.11	—
5	030109006002	气压机出口凝液泵	J-ZM630/1.3,单重260kg	台	1.00	1 000.36	1 000.36	—
合　计							14 132.96	—

表1-4　工程量清单综合单价分析表1

工程名称:某石油厂泵房泵设备安装工程　　　　标段:　　　　第1页　共5页

项目编码	030109001001	项目名称	油浆泵250WD的安装	计量单位	台	工程量	1

清单综合单价组成明细

定额编号	定额名称	定额单位	数量	单价				合价			
				人工费	材料费	机械费	管理费和利润	人工费	材料费	机械费	管理费和利润
1-829	油浆泵250WD的本体安装	台	1.00	432.59	219.95	47.23	496.09	432.59	219.95	47.23	496.09
1-946	油浆泵250WD的拆装检查	台	1.00	696.06	67.08	—	798.24	696.06	67.08	—	798.24
1-1413	地脚螺栓孔灌浆	m^3	0.20	122.14	217.49	—	140.07	24.43	43.50	—	140.07
1-1419	底座与基础间灌浆	m^3	0.40	119.35	30.37	—	136.87	47.74	12.15	—	136.87
	一般机具摊销费	t	1.17	—	12. 00	—	—	—	14.04	—	—
	无负荷试运转用电费(估)	元	—	—	200.00	—	—	—	200.00	—	—
	煤油	kg	2.26	—	3.44	—	—	—	7.77	—	—
	机油	kg	2.02	—	3.55	—	—	—	7.17	—	—
	黄油	kg	0.81	—	6.21	—	—	—	5.03	—	—
	脚手架搭拆费	元	—	10.81	32.44	—	12.40	10.81	32.44	—	12.40
人工单价		小　计						1 211.63	609.13	47.23	1 518.58
23.22元/工日		未计价材料费						—			
清单项目综合单价								3 386.57			

材料费明细	主要材料名称、规格、型号	单位	数量	单价/元	合价/元	暂估单价/元	暂估合价/元
	其他材料费			—		—	
	材料费小计			—		—	

注:①安装工程管理费是以安装直接费用的人工费为基数乘以相应费率,利润是以安装直接费用的人工费为基数乘以相应费率,查《建设工程费用定额汇编》中2006年吉林省建筑安装工程费用定额可取管理费=人工费×64.68%,利润=人工费×50%,即管理费和利润=管理费+利润=人工费×114.68%。

②脚手架搭拆费中人工费占25%,材料费占75%,下同。

表 1-5　工程量清单综合单价分析表 2

工程名称：某石油厂泵房泵设备安装工程　　　　标段：　　　　　　　　　　第 2 页　共 5 页

项目编码	030109001002	项目名称	原料油泵 DY850-125 ×4 的安装				计量单位	台	工程量		1
清单综合单价组成明细											
定额编号	定额名称	定额单位	数量	单价				合价			
				人工费	材料费	机械费	管理费和利润	人工费	材料费	机械费	管理费和利润
1-825	原料油泵 DY850-125 ×4 的本体安装	台	1.00	1 067.66	419.16	363.86	1 224.39	1 067.66	419.16	363.86	1 224.39
1-942	原料油泵 DY850-125 ×4 的拆装检查	台	1.00	1 221.37	140.80	—	1 400.67	1 221.37	140.80	—	1 400.67
1-1414	地脚螺栓孔灌浆	m^3	0.80	81.27	213.84	—	93.20	65.02	171.07	—	74.56
1-1419	底座与基础间灌浆	m^3	1.00	119.35	302.37	—	136.87	119.35	302.37	—	136.87
	一般机具摊销费	t	5.00	—	12. 00	—	—	—	60.00	—	—
	无负荷试运转用电费(估)	元	—	—	200.00	—	—	—	200.00	—	—
	煤油	kg	3.68	—	3.44	—	—	—	12.66	—	—
	机油	kg	1.92	—	3.55	—	—	—	6.82	—	—
	黄油	kg	2.09	—	6.21	—	—	—	12.98	—	—
	脚手架搭拆费	元	—	26.69	80.07	—	30.61	26.69	80.07	—	30.61
人工单价		小　计						2 500.09	1 405.93	363.86	2 867.1
23.22 元/工日		未计价材料费						—			
清单项目综合单价								7 136.98			
材料费明细	主要材料名称、规格、型号					单位	数量	单价/元	合价/元	暂估单价/元	暂估合价/元
	其他材料费							—		—	
	材料费小计							—		—	

表 1-6　工程量清单综合单价分析表 3

工程名称：某石油厂泵房泵设备安装工程　　　　标段：　　　　　　　　　　第 3 页　共 5 页

项目编码	030109001003	项目名称	重柴油泵 50Y-42 ×10 的安装				计量单位	台	工程量		1
清单综合单价组成明细											
定额编号	定额名称	定额单位	数量	单价				合价			
				人工费	材料费	机械费	管理费和利润	人工费	材料费	机械费	管理费和利润
1-822	重柴油泵 50Y-42 × 10 的本体安装	台	1.00	223.84	180.23	16.93	256.70	223.84	180.23	16.93	256.70

（续表）

定额编号	定额名称	定额单位	数量	单价				合价			
				人工费	材料费	机械费	管理费和利润	人工费	材料费	机械费	管理费和利润
1-939	重柴油泵50Y-42 × 10的拆装检查	台	1.00	188.08	28.19	—	215.69	188.08	28.19	—	215.69
1-1410	地脚螺栓孔灌浆	m^3	0.01	243.81	238.07	—	279.60	2.44	2.38	—	2.80
1-1415	底座与基础间灌浆	m^3	0.02	333.44	379.73	—	382.39	6.67	7.59	—	7.65
	一般机具摊销费	t	0.26	—	12. 00	—	—	—	3.12	—	—
	无负荷试运转用电费(估)	元	—	—	200.00	—	—	—	200.00	—	—
	煤油	kg	1.68	—	3.44	—	—	—	5.78	—	—
	机油	kg	0.88	—	3.55	—	—	—	3.12	—	—
	黄油	kg	0.47	—	6.21	—	—	—	2.92	—	—
	脚手架搭拆费	元	—	5.60	16.79	—	6.42	5.60	16.79	—	6.42
人工单价		小计						426.63	450.12	16.93	489.26
23.22 元/工日		未计价材料费						—			
清单项目综合单价								1 382.94			

材料费明细	主要材料名称、规格、型号	单位	数量	单价/元	合价/元	暂估单价/元	暂估合价/元
	其他材料费			—		—	
	材料费小计			—		—	

表 1-7　工程量清单综合单价分析表 4

工程名称：某石油厂泵房泵设备安装工程　　　　标段：　　　　第 4 页　共 5 页

项目编码	030109006001	项目名称	钝化剂注入泵 J-Z8/50 的安装	计量单位	台	工程量	1

清单综合单价组成明细

定额编号	定额名称	定额单位	数量	单价				合价			
				人工费	材料费	机械费	管理费和利润	人工费	材料费	机械费	管理费和利润
1-889	钝化剂注入泵J-Z8/50 的本体安装	台	1.00	250.08	116.17	9.54	286.79	250.08	116.17	9.54	286.79
1-1006	钝化剂注入泵J-Z8/50 的拆装检查	台	1.00	111.46	16.09	—	127.82	111.46	16.09	—	127.82
1-1410	地脚螺栓孔灌浆	m^3	0.03	243.81	238.07	—	279.60	7.31	7.14	—	8.39

（续表）

定额编号	定额名称	定额单位	数量	单价				合价			
				人工费	材料费	机械费	管理费和利润	人工费	材料费	机械费	管理费和利润
1-1416	底座与基础间灌浆	m^3	0.05	279.10	359.16	—	320.07	13.96	17.96	—	16.00
	一般机具摊销费	t	0.304	—	12.00	—	—	—	3.65	—	—
	无负荷试运转用电费（估）	元	—	—	200.00	—	—	—	200.00	—	—
	煤油	kg	1.05	—	3.44	—	—	—	3.61	—	—
	机油	kg	0.20	—	3.55	—	—	—	0.71	—	—
	黄油	kg	0.10	—	6.21	—	—	—	0.62	—	—
	脚手架搭拆费	元	—	5.60	16.79	—	6.42	5.60	16.79	—	6.42
人工单价		小　计						388.41	382.74	9.54	445.42
23.22 元/工日		未计价材料费						—			
清单项目综合单价								1 226.11			

材料费明细	主要材料名称、规格、型号	单位	数量	单价/元	合价/元	暂估单价/元	暂估合价/元
	其他材料费			—		—	
	材料费小计			—		—	

表 1-8　工程量清单综合单价分析表 5

工程名称：某石油厂泵房泵设备安装工程　　　　标段：　　　　第 5 页　共 5 页

项目编码	030109006002	项目名称	气压机出口凝液泵 J-ZM630/1.3 的安装	计量单位	台	工程量	1

清单综合单价组成明细

定额编号	定额名称	定额单位	数量	单价				合价			
				人工费	材料费	机械费	管理费和利润	人工费	材料费	机械费	管理费和利润
1-888	气压机出口凝液泵 J-ZM630/1.3 的本体安装	台	1.00	200.16	106.41	9.54	229.54	200.16	106.41	9.54	229.54
1-1005	气压机出口凝液泵 J-ZM630/1.3 的拆装检查	台	1.00	83.59	11.93	—	95.86	83.59	11.93	—	95.86

（续表）

定额编号	定额名称	定额单位	数量	单价				合价			
				人工费	材料费	机械费	管理费和利润	人工费	材料费	机械费	管理费和利润
1-1410	地脚螺栓孔灌浆	m^3	0.01	243.81	238.07	—	279.60	2.44	2.38	—	2.80
1-1415	底座与基础间灌浆	m^3	0.02	333.44	379.73	—	382.39	6.67	7.59	—	7.65
	一般机具摊销费	t	0.26	—	12.00	—	—	—	3.12	—	—
	无负荷试运转用电费(估)	元	—	—	200.00	—	—	—	200.00	—	—
	煤油	kg	1.05	—	3.44	—	—	—	3.61	—	—
	机油	kg	0.20	—	3.55	—	—	—	0.71	—	—
	黄油	kg	0.10	—	6.21	—	—	—	0.62	—	—
	脚手架搭拆费	元	—	5.00	15.01	—	5.73	5.00	15.01	—	5.73
人工单价		小计						297.86	351.38	9.54	341.58
23.22 元/工日		未计价材料费						—			
清单项目综合单价								1 000.36			

材料费明细	主要材料名称、规格、型号	单位	数量	单价/元	合价/元	暂估单价/元	暂估合价/元
	其他材料费			—		—	
	材料费小计			—		—	

四、投标报价

(1)投标总价如下所示。

投 标 总 价

招标人:某石油厂

工程名称:某石油厂泵房泵设备建筑安装工程

投标总价(小写):　16 354 元

(大写):壹万陆仟叁佰伍拾肆元整

投标人:某建筑安装公司

(单位盖章)

法定代表人:某建筑安装公司

或其授权人:法定代表人

(签字或盖章)

编制人:×××签字盖造价工程师或造价员专用章

(造价人员签字盖专用章)

编制时间:××××年×月×日

(2)总说明如下所示,有关投标报价如表1-9～表1-15所示。

总 说 明

工程名称:某石油厂泵房泵设备安装工程　　标段:　　第 页 共 页

1.工程概况

某小型石油厂冷油泵房、钝化剂泵房安装了五台泵,此五台泵型号如下:

(1)油浆泵:250WD,流量为800m^3/h,扬程为13.5m,外形尺寸为1 555×1 160×1 040,单重1 170kg,1台。

(2)原料油泵:DY850-125×4,流量为850m^3/h,扬程为500m,外形尺寸为2 522×1 160×1 375,单重5 000kg,1台。

(3)重柴油泵:50Y-42×10,流量为12.5m^3/h,扬程为410m,外形尺寸为1 166×415×530,单重260kg,1台。

(4)钝化剂注入泵:J-Z8/50,流量为8m^3/h,排出压力为50MPa,外形尺寸为820×718×575,单重304kg,1台。

(5)气压机出口凝液泵:J-ZM630/1.3,流量为630m^3/h,排出压力为1.3MPa,外形尺寸为857×718×575,单重260kg,1台。

2.投标控制价包括范围

为本次招标的炼油厂泵房施工图范围内的设备安装工程。

3.投标控制价编制依据

(1)招标文件及其所提供的工程量清单和有关计价的要求,招标文件的补充通知和答疑纪要。

(2)该厂房施工图及投标施工组织设计。

(3)有关的技术标准,规范和安全管理规定。

(4)省建设主管部门颁发的计价定额和计价管理办法及有关计价文件。

(5)材料价格采用工程所在地工程造价管理机构年月工程造价信息发布的价格信息,对于造价信息没有发布的材料,其价格参照市场价。

表1-9　建设项目投标报价汇总表

工程名称:某石油厂泵房泵设备安装工程　　标段:　　第 页 共 页

序号	单项工程名称	金额/元	其中		
			暂估价/元	安全文明施工费/元	规费/元
1	某石油厂泵房泵设备安装工程	16 353.88	—	71.07	1 118.66
合计		16 353.88	—	71.07	1 118.66

注:①表中某石油厂泵房泵设备安装工程金额为单位工程投标报价汇总表各项费用之和,即最后的合计。

②安全文明施工费为措施项目清单与计价表中安全施工费与文明施工费之和。

③规费为规费税金项目清单与计价表中计算的规费。

表1-10　单项工程投标报价汇总表

工程名称:某石油厂泵房泵设备安装工程　　标段:　　第 页 共 页

序号	单项工程名称	金额/元	其中		
			暂估价/元	安全文明施工费/元	规费/元
1	某石油厂泵房泵设备安装工程	16 353.88	—	71.07	1 118.66
合计		16 353.88	—	71.07	1 118.66

注:①表中某石油厂泵房泵设备安装工程金额为单位工程投标报价汇总表各项费用之和,即最后的合计。

②安全文明施工费为措施项目清单与计价表中安全施工费与文明施工费之和。

③规费为规费税金项目清单与计价表中计算的规费。

表 1-11　单位工程投标报价汇总表

工程名称:某石油厂泵房泵设备安装工程　　　　标段:　　　　　　　　　　　　　第　页　共　页

序号	汇总内容	金额/元	其中:暂估价/元
1	分部分项工程	14 132.96	—
1.1	某石油厂泵房泵设备安装工程	14 132.96	—
1.2			—
1.3			—
1.4			—
2	措施项目	547.25	—
3	其他项目	按实际发生	—
3.1	暂列金额	按实际发生	—
3.2	专业工程暂估价	按实际发生	—
3.3	计日工	按实际发生	—
3.4	总承包服务费	按实际发生	—
4	规费	1 118.66	—
5	税金	555.01	—
合计=1+2+3+4+5		16 353.88	—

注:①这里的分部分项工程中存在暂估价,分部分项工程和单价措施项目清单与计价见表 1-3,分部分项工程中某石油厂泵房泵设备安装工程金额为表 1-3 分部分项工程和单价措施项目清单与计价表中各台设备安装所需费用之和,即表 1-3 中的合计。

②措施项目费为措施项目清单与计价表中所有项目费之和,即表中的合计。

③规费为规费税金项目清单与计价表中计算的规费。

④税金为规费税金项目清单与计价表中计算的税金。

表 1-12　总价措施项目清单与计价表

工程名称:某石油厂泵房泵设备安装工程　　　　标段:　　　　　　　　　　　　　第　页　共　页

序号	项目名称	计算基础	费率/%	金额/元	调整费率/%	调整后金额/元	备注
1	环境保护费	人工费(4 738.06)	0.30	14.21			
2	文明施工费	人工费	0.80	37.90			
3	安全施工费	人工费	0.70	33.17			
4	临时设施费	人工费	7.00	331.66			
5	夜间施工增加费	人工费	0.05	2.37			
6	缩短工期增加费	人工费	2.00	94.76			
7	二次搬运费	人工费	0.50	23.69			
8	已完工程及设备保护费	人工费	0.20	9.48			
合　计				547.25			

注:①该表费率参考《浙江省建设工程施工取费定额》(2003)。

②人工费为表 1-2 安装工程预算表中所有人工费与工程量乘积之和。

③环境保护费 = 人工费 × 环境保护费费率。

④安全施工费 = 人工费 × 安全施工费费率。

⑤临时设施费 = 人工费 × 临时设施费费率。

⑥夜间施工增加费 = 人工费 × 夜间施工增加费费率。

⑦缩短工期增加费 = 人工费 × 缩短工期增加费费率。

⑧二次搬运费 = 人工费 × 二次搬运费费率。

⑨已完工程及设备保护费 = 人工费 × 已完工程及设备保护费费率。

表 1-13　其他项目清单与计价汇总表

工程名称：某石油厂泵房泵设备安装工程　　　　标段：　　　　第　页　共　页

序　号	项目名称	金额/元	结算金额/元	备　　注
1	暂列金额	按实际发生		
2	暂估价	按实际发生		
2.1	材料暂估价	按实际发生		
2.2	专业工程暂估价	按实际发生		
3	计日工	按实际发生		
4	总承包服务费	按实际发生		
5				
合　　计		按实际发生		

注：第 1、4 项备注参考《建设工程工程量清单计价规范》材料暂估单价进入清单项目综合单价此处不汇总。

表 1-14　计 日 工 表

工程名称：某石油厂泵房泵设备安装工程　　　　标段：　　　　第　页　共　页

编号	项目名称	单位	暂定数量	实际数量	综合单价/元	合价/元	
						暂定	实际
一	人　工						
1	普工	工日	按实际发生		按实际发生	按实际发生	
2	技工	工日	按实际发生		23.22	按实际发生	
3							
人工小计							
二	材　料						
1	按实际发生		按实际发生		按实际发生	按实际发生	
2							
3							
材料小计							
三	施工机械						
1	汽车起重机	台班			按实际发生	按实际发生	
2							
3							
施工机械小计						按实际发生	
四	企业管理费和利润						
总　　计						按实际发生	

注：此表项目名称由招标人填写，编制招标控制价时，单价由招标人按有关计价规定确定；投标时，单价由投标人自主报价，计入投标总价中。

表 1-15　规费、税金项目计价表

工程名称:某石油厂泵房泵设备安装工程　　　　标段:　　　　第　页　共　页

序号	项目名称	计算基础	计算基数	计算费率/%	金额/元
1	规费	定额人工费	4 738.06	23.61	1 118.66
1.1	社会保险费	定额人工费	4 738.06	按实际发生	按实际发生
(1)	养老保险费	定额人工费	4 738.06	按实际发生	按实际发生
(2)	失业保险费	定额人工费	4 738.06	按实际发生	按实际发生
(3)	医疗保险费	定额人工费	4 738.06	按实际发生	按实际发生
(4)	工伤保险费	定额人工费	4 738.06	按实际发生	按实际发生
(5)	生育保险费	定额人工费	4 738.06	按实际发生	按实际发生
1.2	住房公积金	定额人工费	4 738.06	按实际发生	按实际发生
1.3	工程排污费	按工程所在地环境保护部门收取标准,按实计入	4 738.06	按实际发生	按实际发生
2	税金	分部分项工程费 + 措施项目费 + 其他项目费 + 规费 - 按规定不计税的工程设备金额	15 798.87	3.513	555.01
合　计					1 673.67

注:①该表费率参考《浙江省建设工程施工取费定额》(2003)(见表 1-13)。

②税前造价为单位工程投标报价汇总表中分部分项工程费、措施项目费、其他项目费和规费之和,再减去按规定不计税的工程设备金额。

③规费 = 人工费 × 规费费率。

④税金 = 税前造价 × 税金费率。

(3)工程量清单综合单价分析如表 1-4 ~ 表 1-8 所示。

项目二　某小区广场灯具改造安装工程

某小区位于郑州市区中心地带，因小区广场内路灯及装饰灯具年久失修，特在小区广场已有电缆供电的基础上进行灯具改造安装工程，以美化小区的环境。小区广场的平面布置图如图2-1所示，为了尽可能地节省改造资金，本次改造工程仅在原电缆供电线路不变的情况下，仅更换安装灯具。试结合该工程布置图计算该小区广场灯具改造安装工程的工程量并套用定额。

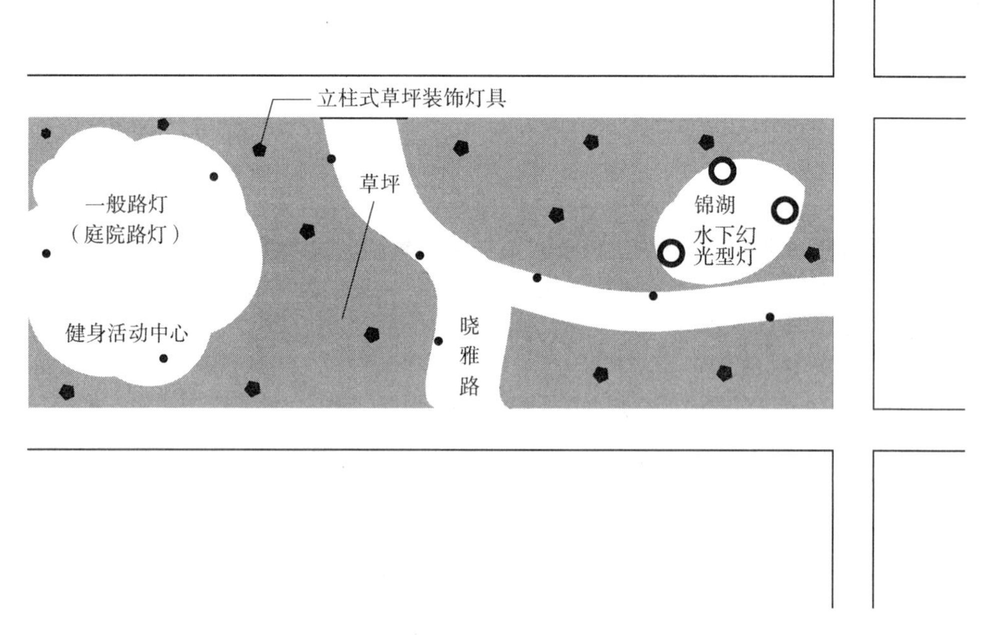

图2-1　某小区广场灯具布置图

一、清单工程量

本工程属于电气设备安装工程中的照明器具安装工程，首先依据《通用安装工程工程量计算规范》(GB50856－2013)计算其清单工程量。

1. 装饰灯(按设计图示数量计算)

(1)水下艺术装饰灯具(幻光型灯)，3套。

【注释】　在该小区广场灯具布置图中，水下艺术装饰灯具(幻光型)布置在锦湖内，共计3套。

(2)立柱式草坪灯具，14套。

【注释】　在该小区广场灯具布置图中，立柱式草坪灯具布置在左右两侧的草坪中，共计

14 套。

2. 一般路灯(庭院路灯),9 套。

【注释】 在该小区广场灯具布置图中,一般路灯布置在健身活动中心和晓雅路上,共计 9 套。

清单工程量计算如表 2-1 所示。

表 2-1　清单工程量计算表

序号	项目编码	项目名称	项目特征描述	计算单位	工程量
1	030412004001	装饰灯	水下艺术装饰灯具(幻光型灯)	套	3
2	030412004002	装饰灯	立柱式草坪灯具	套	14
3	030412007001	一般路灯	一般路灯	套	9

二、定额工程量

计算按《河南省建设工程工程量清单综合单价 C. 2 电气设备安装工程——2008》套用定额,按照定额工程量计算规则计算定额工程量,并找出其价格。

1. 装饰灯

(1)水下艺术装饰灯具(幻光型灯)安装,3 套,套用定额 2-1709。

(2)立柱式草坪灯具安装,14 套,套用定额 2-1717。

2. 一般路灯

(庭院路灯)安装,9 套,套用定额 2-1765。

3. 预算与计价

安装工程施工图预算如表 2-2 所示。

表 2-2　安装工程施工图预算表

序号	定额编号	分项工程名称	计量单位	工程量	基价/元	其中					合计/元
						人工费/元	材料费/元	机械费/元	管理费/元	利润/元	
1	2-1709	水下艺术装饰灯具(幻光型灯)的安装	10 套	0.3	252.02	116.53	63.67	—	43.36	28.46	75.61
2	2-1717	立柱式草坪灯具的安装	10 套	1.4	863.36	393.02	228.13	—	146.24	95.97	1 208.70
3	2-1765	一般路灯(庭院路灯)的安装	10 套	0.9	1 375.25	577.92	50.57	364.10	231.04	151.62	1 237.73
合　计											2 522.04

三、将定额计价转换为清单计价形式

分部分项工程和单价措施项目清单与计价如表 2-3 所示。工程量清单综合单价分析如表 2-4 ~ 表 2-6 所示。

表 2-3　分部分项工程和单价措施项目清单与计价表

序号	项目编码	项目名称	项目特征描述	计量单位	工程量	金额/元		
						综合单价	合价	其中：暂估价
1	030412004001	装饰灯	水下艺术装饰灯具(幻光型灯)	套	3	76.712	230.14	
2	030412004002	装饰灯	立柱式草坪灯具	套	14	127.746	1 788.44	
3	030412007001	一般路灯	一般路灯	套	9	551.625	4 964.63	
合　计							6 983.21	

表 2-4　工程量清单综合单价分析表 1

工程名称：某小区广场灯具改造安装工程　　　　标段：　　　　第 1 页　共 3 页

项目编码	030412004001	项目名称	装饰灯	计量单位	套	工程量	3						
清单综合单价组成明细													
定额编号	定额名称	定额单位	数量	单　价					合　价				
				人工费	材料费	机械费	管理费	利润	人工费	材料费	机械费	管理费	利润
2-1709	水下艺术装饰灯具(幻光型灯)的安装	10 套	0.1	116.53	63.67	—	43.36	28.46	11.653	6.367	—	4.336	2.846
人工单价		合　计							11.653	6.367	—	4.336	2.846
43 元/工日		未计价材料费							51.51				
清单项目综合单价									76.712				

材料费明细	主要材料名称、规格、型号	单位	数量	单价/元	合价/元	暂估单价/元	暂估合价/元
	水下艺术装饰灯具(幻光型灯)	套	10.1 × 0.1 = 1.01	51	51.51		
	其他材料费			—		—	
	材料费小计			—	51.51	—	

注：①业主规定材料供应商由承包方负责时，双方应依据下式计算：

材料单价 =（材料原价 + 材料运杂费）×（1 + 运输损耗率 + 采购及保管费率）= 供应到现场的价格 ×（1 + 采购及保管费率）。

②水下艺术灯幻光型灯的材料原价按 50 元/套计算，由《河南省建设工程工程量清单综合单价 YC.15 施工措施项目—2008》可查得灯具的运输损耗率为 1.0%，采购及保管费率为 1.0%，则表中的水下艺术装饰灯具(幻光型灯)的单价 = 50 ×（1 + 2.0%）= 51 元。

③表中10.1——综合单价表中的水下艺术装饰灯具(幻光型灯)的数量。

0.1——水下艺术装饰灯具(幻光型灯)的定额工程量与清单工程量的比值。

表 2-5　工程量清单综合单价分析表 2

工程名称:某小区广场灯具改造安装工程　　　　标段:　　　　第 2 页　共 3 页

项目编码	030412004002	项目名称	装饰灯	计量单位	套	工程量	14						
清单综合单价组成明细													
定额编号	定额名称	定额单位	数量	单价					合价				
				人工费	材料费	机械费	管理费	利润	人工费	材料费	机械费	管理费	利润
2-1717	立柱式草坪灯具的安装	10 套	0.1	393.02	228.13	—	146.24	95.97	39.302	22.813	—	14.624	9.597
人工单价		合计							39.302	22.813	—	14.624	9.597
43 元/工日		未计价材料费							41.41				
清单项目综合单价									127.746				

材料费明细	主要材料名称、规格、型号	单位	数量	单价/元	合价/元	暂估单价/元	暂估合价/元
	立柱式草坪灯	套	10.1 × 0.1 = 1.01	41	41.41		
	其他材料费			—		—	
	材料费小计			—	41.41	—	

注:①业主规定材料供应商由承包方负责时,双方应依据下式计算:

材料单价 =(材料原价 + 材料运杂费)×(1 + 运输损耗率 + 采购及保管费率)= 供应到现场的价格 ×(1 + 采购及保管费率)。

②立柱式草坪灯的材料原价按 40 元/套计算,由《河南省建设工程工程量清单综合单价 YC.15 施工措施项目—2008》可查得灯具的运输损耗率为 1.0%,采购及保管费率为 1.0%,则表中的水下艺术装饰灯具(幻光型灯)的单价 =40 ×(1 +2.0%)=41 元。

③表中10.1——综合单价表中的立柱式草坪灯的数量。

0.1——立柱式草坪灯的定额工程量与清单工程量的比值。

表 2-6　工程量清单综合单价分析表 3

工程名称:某小区广场灯具改造安装工程　　　　标段:　　　　第 3 页　共 3 页

项目编码	030412007001	项目名称	一般路灯	计量单位	套	工程量	9						
清单综合单价组成明细													
定额编号	定额名称	定额单位	数量	单价					合价				
				人工费	材料费	机械费	管理费	利润	人工费	材料费	机械费	管理费	利润
2-1765	一般路灯(庭院路灯)的安装	10 套	0.1	577.92	50.57	364.10	231.04	151.62	57.792	5.057	36.410	23.104	15.162
人工单价		合计							57.792	5.057	36.410	23.104	15.162
43 元/工日		未计价材料费							414.1				
清单项目综合单价									551.625				

材料费明细	主要材料名称、规格、型号	单位	数量	单价/元	合价/元	暂估单价/元	暂估合价/元
	立柱式草坪灯	套	10.1 × 0.1 = 1.01	410	414.1		
	其他材料费			—		—	
	材料费小计			—	414.1	—	

注:①业主规定材料供应商由承包方负责时,双方应依据下式计算:

材料单价 =(材料原价 + 材料运杂费)×(1 + 运输损耗率 + 采购及保管费率)= 供应到现场的价格 ×(1 + 采购及保管费率)。

②庭院路灯的材料原价按 400 元/套计算,由《河南省建设工程工程量清单综合单价 YC.15 施工措施项目—2008》可查得灯具的运输损耗率为 1.0%,采购及保管费率为 1.0%,则上表中的水下艺术装饰灯具(幻光型灯)的单价 =400 ×(1 +2.0%)=410 元。

③表中10.1——综合单价表中的庭院路灯的数量。

0.1——庭院路灯的定额工程量与清单工程量的比值。

四、投标报价

(1)投标总价如下所示。

投 标 总 价

招标人:某小区

工程名称:某小区广场灯具改造安装工程

投标总价(小写): 7 805 元

(大写): 柒仟捌佰零伍元整

投标人:某建筑安装公司

(单位盖章)

法定代表人:某建筑安装公司

或其授权人:法定代表人

(签字或盖章)

编制人:×××签字盖造价工程师或造价员专用章

(造价人员签字盖专用章)

编制时间:××××年×月×日

(2)总说明如下所示,有关投标报价如表2-7~表2-14所示。

总 说 明

工程名称:某小区广场灯具改造安装工程　　标段:　　第　页　共　页

1. 工程概况

本工程为某小区广场灯具改造安装工程,该小区位于郑州市区中心地带,因小区广场内路灯及装饰灯具年久失修,特在小区广场已有电缆供电的基础上进行灯具改造安装工程,以美化小区的环境。小区广场的平面布置图如图2-1所示,为了尽可能地节省改造资金,本次改造工程仅在原电缆供电线路不变的情况下,仅更换安装灯具。

2. 投标控制价包括范围

为本次招标的某小区广场施工图范围内的灯具改造安装工程。

3. 投标控制价编制依据

(1)招标文件及其所提供的工程量清单和有关计价的要求,招标文件的补充通知和答疑纪要。

(2)该小区广场施工图及投标施工组织设计。

(3)有关的技术标准,规范和安全管理规定。

(4)省建设主管部门颁发的计价定额和计价管理办法及有关计价文件。

(5)材料价格采用工程所在地工程造价管理机构年月工程造价信息发布的价格信息,对于造价信息没有发布的材料,其价格参照市场价。

表2-7　建设项目投标报价汇总表

工程名称:某小区广场灯具改造安装工程　　标段:　　第　页　共　页

序　号	单项工程名称	金额/元	其　中		
			暂估价	安全文明施工费	规费
1	某小区广场灯具改造安装工程	7 804.8	—	196.30	101.47
合　计		7 804.8	—	196.30	101.47

注:暂估价包括分部分项工程中的暂估价和专业工程暂估价。

表2-8　单项工程投标报价汇总表

工程名称:某小区广场灯具改造安装工程　　标段:　　第　页　共　页

序　号	单项工程名称	金额/元	其　中		
			暂估价/元	安全文明施工费/元	规费/元
1	某小区广场灯具改造安装工程	7 804.8	—	196.30	101.47
合　计		7 804.8	—	196.30	101.47

注:①暂估价包括分部分项工程中的暂估价和专业工程暂估价。

②投标报价表格参考河南省费用组成及费率,在这里仅提供一种计算方法(仅供参考),具体工程应参照具体省市规定计算并填写相应法律文件。

表 2-9 单位工程投标报价汇总表

工程名称:某小区广场灯具改造安装工程　　　　标段:　　　　第　页　共　页

序　号	汇总内容	金额/元	其中:暂估价/元
1	清单项目费用	6 983.21	—
1.1	某小区广场灯具改造安装工程	6 983.21	—
2	措施项目费用	462.53	—
2.1	施工技术措施费	投标报价自主确定	—
2.2	施工组织措施费	462.53	—
3	其他项目费用	—	—
3.1	总承包管理费	按实际发生额计算	—
3.2	零星工作项目费	按实际发生额计算	—
3.3	优质优价奖励费	按合同约定	—
3.4	检测费	按实际发生额计算	—
3.5	其他	按实际发生额计算	
4	规费	101.47	—
5	税金	257.59	—
工程造价合计 =1 +2 +3 +4 +5		7 804.8	—

注:此处暂不列暂估价 估价见其他项目费表中。

表 2-10 施工技术措施费清单报价表

工程名称:某小区广场灯具改造安装工程　　　　标段:　　　　第　页　共　页

序号	项目编码	项目名称	项目特征描述	计量单位	工程量	金额/元		
						综合单价	合价	其中:暂估价
1		特大型、大型机械设备进出场及安、拆费						
2		脚手架搭、拆费费						
3		组装平台费						
4		设备、管道施工的安全、防冻和焊接保护措施费						
5		压力容器和高压管道的检验费						
6		焦炉烘炉、热态工程费						
7		格架式抱杆费						
8		其他费用						
8.1		高层建筑施工增加费						
8.2		安装与生产同时进行费						

（续表）

序号	项目编码	项目名称	项目特征描述	计量单位	工程量	金额/元		
						综合单价	合价	其中：暂估价
8.3		在有害身体健康的环境中的施工增加费						
分部小计								
本页小计								
合　计								

注：①表中所列费用要根据具体工程实际查相关综合单价表或按有关规定计算，并在头表报价表中列出其清单工程量清单综合单价分析表。

②表中按实际发生的量未参与最终的综合计算，在实际工程中要根据实际含量计算，并综合在相应费用中，下同。

表 2-11　施工组织措施费清单报价表

工程名称：某小区广场灯具改造安装工程　　　　标段：　　　　　　　　第　页　共　页

序号	项目名称	计算基础	费率/%	金额/元
1	安全文明施工措施费	综合工日数×43 元/工日	17.76	196.30
1.1	基本费		10.06	111.20
1.2	考评费		4.74	52.39
1.3	奖励		2.96	32.72
2	二次搬运费	综合工日数	按实际计算	—
3	夜间施工增加费		1.36	34.96
4	冬雨季施工增加费		1.36	34.96
5	其他		按实际计算	—
合　计				462.53

注：①综合工日数＝分部分项清单中的综合工日数＋施工技术措施中的综合工日数，本例题中取施工技术措施中的综合工日数为0，具体工程中要根据工程实际如实填写，不能缺项和漏项。

②夜间施工增加费与冬雨季施工增加费的费率在具体项目发生时间取，$1>t>0.9$ 时，按0.68 元/工日计算；$t<0.8$ 时按1.36 元/工日计算。

③安全文明施工措施费＝综合工日数×43 元/工日×费率。

④二次搬运费＝综合工日数×二次搬运费费率。

⑤夜间施工增加费＝综合工日数×夜间施工增加费费率。

⑥冬雨季施工增加费＝综合工日数×冬雨季施工增加费费率。

表 2-12　总承包服务费清单报价表

工程名称：某小区广场灯具改造安装工程　　　　标段：　　　　　　　　第　页　共　页

序号	项目名称	项目价值/元	计算基础	费率/%	服务内容	金额/元
1			业主分包专业造价	根据工程实际填写		
2						
合　计						

注：总承包服务费＝业主分包专业造价×费率，此处不做计算，具体工程中要根据实际计算并加入最终造价中。

表 2-13　计 日 工 表

工程名称:某小区广场灯具改造安装工程　　　　标段:　　　　第　页　共　页

编号	项目名称	单位	暂定数量	实际数量	综合单价/元	合价/元	
						暂定	实际
一							
1							
2							
3							
4							
人工小计							
二	材料						
1							
2							
材料小计							
三	施工机械						
1							
2							
施工机械小计							
四	企业管理费和利润						
总　计							

表 2-14　补充工程量清单及计算规则表

工程名称:某小区广场灯具改造安装工程　　　　标段:　　　　第　页　共　页

序号	项目编码	项目名称	项目特征	计量单位	工程量计算规则	工程内容

注:此表由招标人根据工程实际填写需要补充的清单项目及相关内容。

表 2-15　规费、税金项目报价表

工程名称:某小区广场灯具改造安装工程　　　　标段:　　　　第　页　共　页

序号	项目名称	计算基础	计算基数	计算费率/%	金额/元
1	规费	定额人工费	1 105.315		101.47
1.1	社会保险费	定额人工费	1 105.315	7.48	82.68
(1)	养老保险费	定额人工费	1 105.315		
(2)	失业保险费	定额人工费	1 105.315		
(3)	医疗保险费	定额人工费	1 105.315		
(4)	工伤保险费	定额人工费	1 105.315		
(5)	生育保险费	定额人工费	1 105.315		
1.2	住房公积金	定额人工费	1 105.315	1.70	18.79

（续表）

序号	项目名称	计算基础	计算基数	计算费率/%	金额/元
1.3	工程排污费	按工程所在地环境保护部门收取标准,按实计入			
2	税金	分部分项工程费＋措施项目费＋其他项目费＋规费－按规定不计税的工程设备金额			
合　计					359.06

①投标人按招标人提供的规费计入投标报价中,该表费率参考《河南省建设工程工程量清单综合单价 C.2　电气设备安装工程—2008》定额。

②社会保险费＝定额人工费×社会保险费费率。

③住房公积金＝定额人工费×住房公积金费率。

表 2-16　材料(工程设备)暂估单价及调整表

工程名称:某小区广场灯具改造安装工程　　　　标段:　　　　第　页　共　页

序号	材料(工程设备)名称、规格、型号	计量单位	数　量		单价/元		合价/元		差额±/元		备注
			暂估	确认	暂估	确认	暂估	确认	单价	合价	

注:材料暂估价表是由甲方给出并应列些在相应位置内的。

表 2-17　专业工程暂估价及结算价表

工程名称:某小区广场灯具改造安装工程　　　　标段:　　　　第　页　共　页

序号	工程名称	工程内容	暂估金额/元	结算金额/元	差额±/元	备　注
合　计						

表 2-18　施工技术措施项目清单工程量清单综合单价分析表

工程名称:某小区广场灯具改造安装工程　　　　标段:　　　　第　页　共　页

项目编码		项目名称		计量单位		工程量					
清单综合单价组成明细											
定额编号	定额名称	定额单位	数量	单　价				合　价			
				人工费	材料费	机械费	管理费和利润	人工费	材料费	机械费	管理费和利润
人工单价		合　计									
43 元/工日		未计价材料费						—			
清单项目综合单价											

（续表）

材料费明细	主要材料名称、规格、型号	单位	数量	单价/元	合价/元	暂估单价/元	暂估合价/元
	其他材料费			—		—	
	材料费小计			—		—	

注：①此表适用于以综合单价形式计价的施工技术措施项目。

②招标文件提供了暂估单价的材料，按暂估的单价填入表内“暂估单价”栏及“暂估合价”栏。

③此分部分项工程量清单综合单价分析表为招标控制价电子版备查表。

（3）分部分项工程量清单综合单价分析如表2-4～表2-6所示。

项目三　某系教学楼有线电视系统安装工程

某大学新建一幢系教学楼,需安装有线电视系统。该系统由有线电视管网提供电视信号,信号经放大器放大后分配到各楼层,具体情况如图 3-1 所示。射频同轴电型号均为 SYKV75-7-SC30FC。试结合图,计算该系有线电视系统安装工程的工程量,并套用定额。

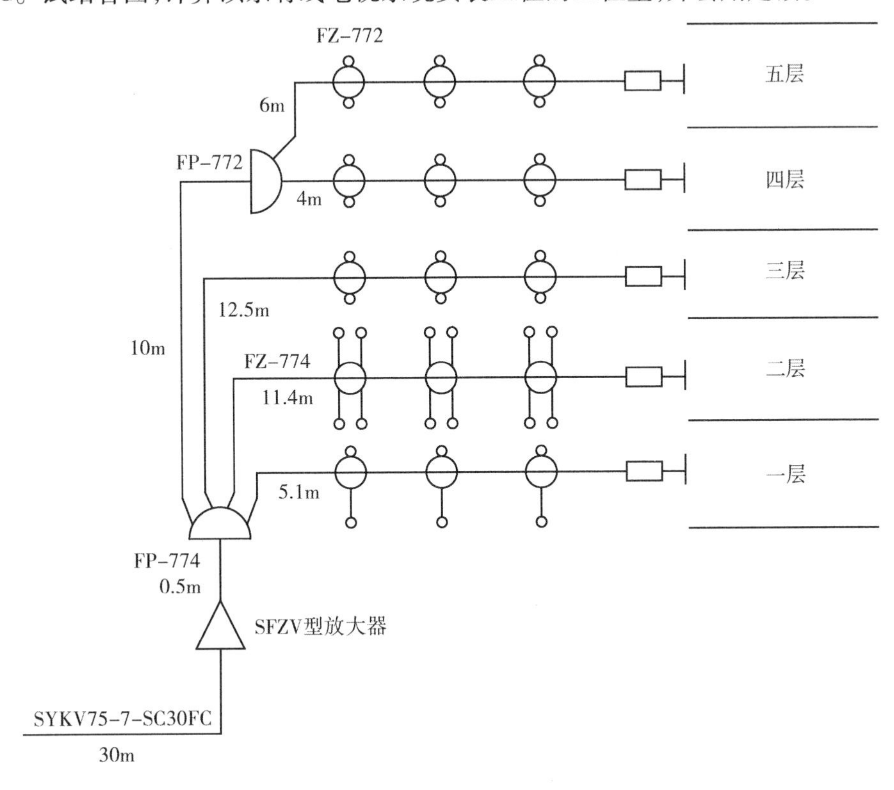

图 3-1　某系有线电视系统示意图

一、清单工程量

本工程属于建筑智能化工程中的有线电视、卫星接收系统工程,首先依据《通用安装工程工程量计算规范》(GB50856－2013)计算其清单工程量

1. 前端机柜(按设计图示数量计算)

SFZV 型放大器　　1 个

【注释】　前端是指电缆电视系统中信号接收与信号传输分配之间的部分,主要包括频道放大器、混合器、衰减器、调制器等设备,在本系统中前端机柜设备只有 1 个 SFZV 型放大器。

2. 干线设备(按设计图示数量计算)

(1)FP-774 四分配器,1 个。

(2)FP-772 二分配器,1 个。

(3)FZ-774 四分支器,3 个。

(4)FZ-772 二分支器,12 个。

【注释】 干线设备包括分配器、分支器。在本系统中含有 FP-774 分配器 1 个;FP-772 分配器 1 个;FZ-774 分支器 3 个;FZ-772 分支器 12 个。

3. 分配网络设备(按设计图示数量计算)

用户插座安装(也称为终端盒)。

$$(3\times4+12\times2)\text{个}=36\text{个}$$

【注释】 每个四分支器上连接四个用户插座,每个二分支器上连接两个用户插座。

4. 钢管

焊接钢管暗配 SC30(按设计图示数量计算)

$$(30+0.5+5.1+11.4+12.5+10+6+4)\text{m}=79.50\text{m}$$

5. 射频同轴电缆 SYKV75-7(按图示数量计算)　　79.50m

【注释】 射频同轴电缆长度应与其敷设钢管长度相同。

清单工程量计算如表 3-1 所示。

表 3-1　清单工程量计算表

序号	项目编码	项目名称	项目特征描述	计算单位	工程量
1	030505003001	前端机柜	SFZV 型放大器安装	个	1
2	030505012001	干线设备	四分配器安装	个	1
3	030505012002	干线设备	二分配器安装	个	1
4	030505012003	干线设备	四分支器安装	个	3
5	030505012004	干线设备	二分支器安装	个	12
6	030505013001	分配网络设备	用户插座的安装	个	36
7	030609001001	钢管	钢管暗配 SC30	m	79.50
8	030505005001	射频同轴电缆	射频同轴电缆 SYKV75-7,穿管敷设	m	79.50

二、定额工程量

参考《2001 年北京市建设工程预算定额第四册 电气工程(下册)》

套用定额,按照定额工程量计算规则计算定额工程量,并找出其价格。

(1)SFZV 型放大器,1 个,套用定额 13-24。

(2)FP-774 四分配器,1 个,套用定额 13-30。

(3)FP-772 二分配器,1 个,套用定额 13-29。

(4)FZ-774 四分支器,3 个,套用定额 11-32。

(5)FZ-772 二分支器,12 个,套用定额 13-31。

(6)用户插座安装(也称为终端盒),36 个,套用定额 13-33。

(7)焊接钢管暗配 SC30,79.50m,套用定额 6-43。

(8)射频同轴电缆 SYKV75-7,79.50m,套用定额 13-34。

(9)预算与计价

某系有线电视系统安装工程预算如表 3-2 所示。

表 3-2　某系有线电视系统安装工程预算表

序号	定额编号	分项工程名称	计量单位	工程量	基价/元	其中			合计/元
						人工费/元	材料费/元	机械费/元	
1	13-24	放大器	个	1	12.85	11.91	0.60	0.34	12.85
2	13-30	四分配器	个	1	8.55	7.33	1.01	0.21	8.55
3	13-29	二分配器	个	1	6.64	5.82	0.65	0.17	6.64
4	11-32	四分支器	个	3	8.93	8.12	0.58	0.23	26.79
5	13-31	二分支器	个	12	7.59	6.58	0.82	0.19	91.08
6	13-33	用户插座安装	个	36	7.71	7.24	0.26	0.21	277.56
7	6-43	焊接钢管暗配 SC30	100m	0.759	1 285.47	406.79	835.45	43.23	975.671 7
8	13-34	射频同轴电缆 SYKV75-7（管内穿同轴电缆）	100m	0.795	56.84	40.61	11.46	4.77	45.187 8
合　计									1 444.33

三、将定额计价转换为清单计价形式

分部分项工程和单价措施项目清单与计价如表 3-3 所示。工程量清单综合单价分析如表 3-4 ~ 表 3-11 所示。

表 3-3　分部分项工程和单价措施项目清单与计价表

序号	项目编码	项目名称	项目特征描述	计量单位	工程量	金额/元		
						综合单价	合价	其中：暂估价
1	030505003001	前端机柜	SFZV 型放大器安装	个	1	19.87	19.87	
2	030505012001	干线设备	四分配器安装	个	1	12.91	12.91	
3	030505012002	干线设备	二分配器安装	个	1	10.09	10.09	
4	030505012003	干线设备	四分支器安装	个	3	13.73	41.18	
5	030505012004	干线设备	二分支器安装	个	12	11.50	138.01	
6	030505013001	分配网络设备	用户插座的安装	个	36	11.97	430.85	
7	030609001001	钢管	焊接钢管暗配 SC30	m	79.5	15.84	1 259.58	
8	030505005001	射频同轴电缆	射频同轴电缆 SYKV75-7，穿管敷设	m	79.5	0.82	64.93	
合　计							1 977.43	

表 3-4　工程量清单综合单价分析表 1

工程名称：某系有线电视系统安装工程　　　　标段：　　　　第 1 页　共 8 页

项目编码	030505003001	项目名称	前端机柜	计量单位	个	工程量	1						
清单综合单价组成明细													
定额编号	定额名称	定额单位	数量	单价					合价				
				人工费	材料费	机械费	管理费	利润	人工费	材料费	机械费	管理费	利润
13-24	放大器	个	1	11.91	0.60	0.34	5.72	1.30	11.91	0.60	0.34	5.72	1.30

（续表）

人工单价	合　计							11.91	0.60	0.34	5.72	1.30
32.53 元/工日	未计价材料费							—				
清单项目综合单价								19.87				

材料费明细	主要材料名称、规格、型号	单位	数量	单价/元	合价/元	暂估单价/元	暂估合价/元
	其他材料费			—		—	
	材料费小计			—		—	

表 3-5　工程量清单综合单价分析表 2

工程名称：某系有线电视系统安装工程　　　标段：　　　第 2 页　共 8 页

项目编码	030505012001	项目名称	干线设备	计量单位	个	工程量	1

清单综合单价组成明细													
定额编号	定额名称	定额单位	数量	单　价					合　价				
				人工费	材料费	机械费	管理费	利润	人工费	材料费	机械费	管理费	利润
13-30	四分配器	个	1	7.33	1.01	0.21	3.52	0.85	7.33	1.01	0.21	3.52	0.85
人工单价		合　计							7.33	1.01	0.21	3.52	0.85
32.53 元/工日		未计价材料费							—				
清单项目综合单价									12.91				

材料费明细	主要材料名称、规格、型号	单位	数量	单价/元	合价/元	暂估单价/元	暂估合价/元
	其他材料费			—		—	
	材料费小计			—		—	

表 3-6　工程量清单综合单价分析表 3

工程名称：某系有线电视系统安装工程　　　标段：　　　第 3 页　共 8 页

项目编码	030505012002	项目名称	干线设备	计量单位	个	工程量	1

清单综合单价组成明细													
定额编号	定额名称	定额单位	数量	单　价					合　价				
				人工费	材料费	机械费	管理费	利润	人工费	材料费	机械费	管理费	利润
13-29	二分配器	个	1	5.82	0.65	0.17	2.79	0.66	5.82	0.65	0.17	2.79	0.66
人工单价		合　计							5.82	0.65	0.17	2.79	0.66
32.53 元/工日		未计价材料费											
清单项目综合单价									10.09				

材料费明细	主要材料名称、规格、型号	单位	数量	单价/元	合价/元	暂估单价/元	暂估合价/元
	其他材料费			—		—	
	材料费小计			—		—	

表 3-7 工程量清单综合单价分析表 4

工程名称:某系有线电视系统安装工程　　标段:　　第 4 页 共 8 页

项目编码	030505012003	项目名称	干线设备	计量单位	个	工程量	3

定额编号	定额名称	定额单位	数量	单价					合价				
				人工费	材料费	机械费	管理费	利润	人工费	材料费	机械费	管理费	利润
11-32	四分支器	个	1	8.12	0.58	0.23	3.90	0.90	8.12	0.58	0.23	3.90	0.90
人工单价		合计							8.12	0.58	0.23	3.90	0.90
32.53 元/工日		未计价材料费							—				
清单项目综合单价									13.73				

清单综合单价组成明细

材料费明细	主要材料名称、规格、型号	单位	数量	单价/元	合价/元	暂估单价/元	暂估合价/元
	其他材料费			—		—	
	材料费小计			—		—	

表 3-8 工程量清单综合单价分析表 5

工程名称:某系有线电视系统安装工程　　标段:　　第 5 页 共 8 页

项目编码	030505012004	项目名称	干线设备	计量单位	个	工程量	12

清单综合单价组成明细

定额编号	定额名称	定额单位	数量	单价					合价				
				人工费	材料费	机械费	管理费	利润	人工费	材料费	机械费	管理费	利润
13-31	二分支器	个	1	6.58	0.82	0.19	3.16	0.75	6.58	0.82	0.19	3.16	0.75
人工单价		合计							6.58	0.82	0.19	3.16	0.75
32.53 元/工日		未计价材料费							—				
清单项目综合单价									11.50				

材料费明细	主要材料名称、规格、型号	单位	数量	单价/元	合价/元	暂估单价/元	暂估合价/元
	其他材料费			—		—	
	材料费小计			—		—	

表 3-9 工程量清单综合单价分析表 6

工程名称:某系有线电视系统安装工程　　标段:　　第 6 页 共 8 页

项目编码	030505013001	项目名称	分配网络设备	计量单位	个	工程量	36

清单综合单价组成明细

定额编号	定额名称	定额单位	数量	单价					合价				
				人工费	材料费	机械费	管理费	利润	人工费	材料费	机械费	管理费	利润
13-33	用户插座安装	个	1	7.24	0.26	0.21	3.48	0.78	7.24	0.26	0.21	3.48	0.78
人工单价		合计							7.24	0.26	0.21	3.48	0.78
32.53 元/工日		未计价材料费							—				
清单项目综合单价									11.97				

（续表）

材料费明细	主要材料名称、规格、型号	单位	数量	单价/元	合价/元	暂估单价/元	暂估合价/元
	其他材料费			—		—	
	材料费小计			—		—	

表 3-10　工程量清单综合单价分析表 7

工程名称：某系有线电视系统安装工程　　标段：　　第 7 页　共 8 页

项目编码	030609001001	项目名称	钢管			计量单位		m		工程量		79.50
清单综合单价组成明细												
定额编号	定额名称	定额单位	数量	单价					合价			
				人工费	材料费	机械费	管理费	利润	人工费	材料费	机械费	管理费
6-43	焊接钢管暗配 SC30	100m	0.01	406.79	835.45	43.23	195.26	103.65	4.07	8.36	0.43	1.95

定额编号	定额名称	定额单位	数量	单价人工费	单价材料费	单价机械费	单价管理费	单价利润	合价人工费	合价材料费	合价机械费	合价管理费	合价利润
6-43	焊接钢管暗配 SC30	100m	0.01	406.79	835.45	43.23	195.26	103.65	4.07	8.36	0.43	1.95	1.04
人工单价		合计							4.07	8.36	0.43	1.95	1.04
32.53 元/工日		未计价材料费							—				
清单项目综合单价									15.84				

材料费明细	主要材料名称、规格、型号	单位	数量	单价/元	合价/元	暂估单价/元	暂估合价/元
	其他材料费			—		—	
	材料费小计			—		—	

表 3-11　工程量清单综合单价分析表 8

工程名称：某系有线电视系统安装工程　　标段：　　第 8 页　共 8 页

项目编码	030505005001	项目名称	射频同轴电缆	计量单位	m	工程量	79.50

定额编号	定额名称	定额单位	数量	单价人工费	单价材料费	单价机械费	单价管理费	单价利润	合价人工费	合价材料费	合价机械费	合价管理费	合价利润
13-34	射频同轴电缆 SYKV75-7（管内穿同轴电缆）	100m	0.01	40.61	11.46	4.77	19.49	5.34	0.41	0.12	0.05	0.20	0.05
人工单价		合计							0.41	0.12	0.05	0.20	0.05
32.53 元/工日		未计价材料费							—				
清单项目综合单价									0.82				

材料费明细	主要材料名称、规格、型号	单位	数量	单价/元	合价/元	暂估单价/元	暂估合价/元
	其他材料费			—		—	
	材料费小计			—		—	

四、投标报价

(1)投标总价如下所示。

投 标 总 价

招标人:某大学

工程名称:某系有线电视系统安装工程

投标总价(小写): 3 185 元

(大写): 叁仟壹佰捌拾伍元整

投标人:某建筑安装公司

(单位盖章)

法定代表人:某建筑安装公司

或其授权人:法定代表人

(签字或盖章)

编制人:×××签字盖造价工程师或造价员专用章

(造价人员签字盖专用章)

编制时间:××××年×月×日

(2)总说明如下所示,有关投标报价如表3-11~表3-24所示。

总 说 明

工程名称 :某系有线电视系统安装工程　　标段:　　第　页　共　页

1. 工程概况

本工程为某系有线电视系统安装工程,某大学新建一幢系楼,需安装有线电视系统。该系统由有线电视管网提供电视信号,信号经放大器放大后分配到各楼层,具体情况如图3-1所示。射频同轴电型号均为SYKV75-7-SC30FC。

2. 投标控制价包括范围

为本次招标的某系施工图范围内的有线电视系统安装工程。

3. 投标控制价编制依据

(1)招标文件及其所提供的工程量清单和有关计价的要求,招标文件的补充通知和答疑纪要。

(2)该某大学施工图及投标施工组织设计。

(3)有关的技术标准,规范和安全管理规定。

(4)省建设主管部门颁发的计价定额和计价管理办法及有关计价文件。

(5)材料价格采用工程所在地工程造价管理机构年月工程造价信息发布的价格信息,对于造价信息没有发布的材料,其价格参照市场价。

表3-12　建设项目投标报价汇总表

工程名称:某系有线电视系统安装工程　　标段:　　第　页　共　页

序号	单项工程名称	金额/元	其　中		
			暂估价/元	安全文明施工费/元	规费/元
1	某系有线电视系统安装工程	3 185	—	51.08	125.96
合　计		3 185	—	51.08	125.96

注:暂估价包括分部分项工程中的暂估价和专业工程暂估价。

表3-13　单项工程投标报价汇总表

工程名称:某系有线电视系统安装工程　　标段:　　第　页　共　页

序号	单项工程名称	金额/元	其　中		
			暂估价/元	安全文明施工费/元	规费/元
1	某系有线电视系统安装工程	3 185	—	51.08	125.96
合　计		3 185	—	51.08	125.96

注:①暂估价包括分部分项工程中的暂估价和专业工程暂估价。

②投标报价表格参考黑龙江省费用组成及费率(管理费与利润除外),在这里仅提供一种计算方法(仅供参考),具体工程应参照具体省市规定计算并填写相应法律文件。

表 3-14　单位工程投标报价汇总表

工程名称:某系有线电视系统安装工程　　标段:　　第　页　共　页

序　号	汇总内容	金额/元	其中:暂估价/元
1	分部分项工程费	1 977.43	—
1.1	某系有线电视系统安装工程	1 977.43	—
2	措施费	28.03	—
2.1	定额措施费	按工程实际情况填写	—
2.2	通用措施费	28.03	—
3	其他费用	896.88	—
3.1	暂列金额	296.61	—
3.2	专业工程暂估价	按工程实际情况填写	—
3.3	计日工	按工程实际情况填写	—
3.4	总承包服务费	600.27	—
4	安全文明施工费	51.08	—
4.1	环境保护费等五项费用	51.08	—
4.2	脚手架费	按工程实际情况填写	—
5	规费	125.96	—
6	税金	105.01	—
合　计		3 184.48	—

注:此处暂不列暂估价 估价见其他项目费表中。

表 3-15　定额措施项目清单报价表

工程名称:某系有线电视系统安装工程　　标段:　　第　页　共　页

序号	项目编码	项目名称	项目特征描述	计量单位	工程量	金额/元		
						综合单价	合价	其中:暂估价
1		特大型、大型机械设备进出场及安、拆费						
2		混凝土、钢筋混凝土模板及支架费						
3		垂直运输费						
4		施工排水、降水费						
5		建筑物(构筑物超高费)						
6		各专业工程的措施项目费						
		(其他略)						
分部小计								
本页小计								
合　计								

注:此表适用于以综合单价形式计价的定额措施项目。

表 3-16 通用措施项目清单报价表

工程名称:某系有线电视系统安装工程　　标段:　　第　页 共　页

序号	项目编码	项目名称	计算基础	费率/%	金额/元	调整费率/%	调整后金额/元	备　注
1		夜间施工费	人工费	0.08	0.58			
2		二次搬运费	人工费	0.14	1.02			
3		已完工程及设备保护费	人工费	0.21	1.53			
4		工程定位、复测、点交、清理费	人工费	0.14	1.02			
5		生产工具用具使用费	人工费	0.14	1.02			
6		雨季施工费	人工费	0.11	0.80			
7		冬季施工费	人工费	1.02	7.45			
8		校验试验费	人工费	2.00	14.60			
9		室内空气污染测试费		按实际发生计算				
10		地上、地下设施、建筑物的临时保护设施		按实际发生计算				
11		赶工施工费		按实际发生计算				
合　计					28.03			

注:表中按实际发生的量未参与最终的综合计算,在实际工程中要根据实际含量计算,并综合在相应费用中,下同。

表 3-17 其他项目清单报价表

工程名称:某系有线电视系统安装工程　　标段:　　第　页 共　页

序号	项目名称	计算基础	费率/%	金额/元
1	暂列金额	项	296.61	明细详见表 3-18
2	暂估价	项	根据工程实际填写	—
2.1	材料暂估价	项	根据工程实际填写	明细详见表 3-19
2.2	专业工程暂估价	项	根据工程实际填写	—
3	计日工	项	根据工程实际填写	明细详见表 3-20
4	总承包服务费	项	600.27	明细详见表 3-21
合　计			896.88	—

表 3-18 暂列金额报价明细表

工程名称:某系有线电视系统安装工程　　标段:　　第　页 共　页

序号	项目名称	计量单位	计算基础	费率/%	暂定金额/元	备　注
1	某商务建筑火灾自动报警系统安装工程	项	分部分项工程费	10 ~ 15	296.61	取 15%
2						
3						
合　计					296.61	—

表3-19　材料(工程设备)暂估单价及调整表

工程名称:某系有线电视系统安装工程　　　　标段:　　　　第　页　共　页

序号	材料(工程设备)名称、规格、型号	计量单位	数量		单价/元		合价/元		差额±/元		备注
			暂估	确认	暂估	确认	暂估	确认	单价	合价	

注:材料(工程设备)暂估单价及调整表是由甲方给出并应列在相应位置内。

表3-20　计日工表

工程名称:某系有线电视系统安装工程　　　　标段:　　　　第　页　共　页

编号	项目名称	单位	暂定数量	实际数量	综合单价/元	合价/元	
						暂定	实际
一	人　工						
1							
2							
3							
人工小计							
二	材　料						
1							
2							
3							
材料小计							
三	施工机械						
1							
2							
3							
施工机械小计							
四	企业管理费和利润						
总　计							

注:项目名称、数量按招标人提供的填写,单价由投标人自主报价,计入投标报价。

表3-21　总承包服务费报价明细表

工程名称:某系有线电视系统安装工程　　　　标段:　　　　第　页　共　页

序号	项目名称	项目价值/元	计算基础	服务内容	费率/%	金额/元
1	发包人采购设备	50 000	供应材料费用	根据工程实际填写	1	500
2	总承包对专业工程管理和协调并提供配合服务	2 005.46	分部分项工程费+措施费	根据工程实际填写	3~5	100.27
合　计						600.27

注:①投标人按招标人提供的服务项目内容,自行确定费用标准计入投标报价中。

②表中50 000为假定数字,具体工程应填写具体的设备费。

表 3-22　补充工程量清单及计算规则表

工程名称:某系有线电视系统安装工程　　　　标段:　　　　　　　　　　　　第　页　共　页

序号	项目编码	项目名称	项目特征	计量单位	工程量计算规则	工程内容

注:此表由招标人根据工程实际填写需要补充的清单项目及相关内容。

表 3-23　安全文明施工项目报价表

工程名称:某系有线电视系统安装工程　　　　标段:　　　　　　　　　　　　第　页　共　页

<table>
<tr><th>序号</th><th colspan="2">项目名称</th><th>计费基础</th><th>费率/%</th><th>金　额</th></tr>
<tr><td rowspan="5">1</td><td rowspan="5">环境保护等五项费用</td><td>环境保护费文明施工费</td><td rowspan="6">分部分项费 + 措施费 + 其他费用</td><td>0.25</td><td>7.26</td></tr>
<tr><td>安全施工费</td><td>0.19</td><td>5.51</td></tr>
<tr><td>临时设施费</td><td>1.22</td><td>35.41</td></tr>
<tr><td>防护用品等费用</td><td>0.10</td><td>2.90</td></tr>
<tr><td>合计</td><td>1.76</td><td>51.08</td></tr>
<tr><td>2</td><td colspan="2">脚手架费</td><td colspan="2">按计价定额项目计算</td></tr>
<tr><td colspan="5">合　计</td><td>51.08</td></tr>
</table>

注:投标人按招标人提供的安全文明施工费计入投标报价中。

表 3-24　规费、税金项目清单与计价表

工程名称:某系有线电视系统安装工程　　　　标段:　　　　　　　　　　　　第　页　共　页

<table>
<tr><th>序号</th><th>项目名称</th><th>计算基础</th><th>计算基数</th><th>费率/%</th><th>金额/元</th></tr>
<tr><td>1</td><td>规费</td><td rowspan="5">分部分项费 + 措施费 + 其他费用</td><td rowspan="5">2 902.34</td><td>4.34</td><td>125.96</td></tr>
<tr><td>(1)</td><td>养老保险费</td><td>2.86</td><td>83.01</td></tr>
<tr><td>(2)</td><td>医疗保险费</td><td>0.45</td><td>13.06</td></tr>
<tr><td>(3)</td><td>失业保险费</td><td>0.15</td><td>4.35</td></tr>
<tr><td>(4)</td><td>工伤保险费</td><td>0.17</td><td>4.93</td></tr>
<tr><td>(5)</td><td>生育保险费</td><td rowspan="4">分部分项费 + 措施费 + 其他费用</td><td rowspan="4">2 902.34</td><td>0.09</td><td>2.61</td></tr>
<tr><td>(6)</td><td>住房公积金</td><td>0.48</td><td>13.93</td></tr>
<tr><td>(7)</td><td>危险作业意外伤害保险</td><td>0.09</td><td>2.61</td></tr>
<tr><td>(8)</td><td>工程定额测定费</td><td>0.05</td><td>1.45</td></tr>
<tr><td>2</td><td>税金</td><td colspan="2">不含税工程费</td><td>3.41</td><td>105.01</td></tr>
<tr><td colspan="4">合　计</td><td colspan="2">230.97</td></tr>
</table>

注:投标人按招标人提供的规费计入投标报价中。

表 3-25　定额措施项目工程量清单综合单价分析表

工程名称:某系有线电视系统安装工程　　　　　　标段:　　　　　　　　　　　第　页　共　页

项目编码				项目名称				计量单位						工程量					
清单综合单价组成明细																			
定额编号	定额名称	定额单位	数量	单价								合价							
				人工费	人工费差价	材料费	材料费差价	机械费	机械费差价	企业管理费	利润	人工费	人工费差价	材料费	材料费差价	机械费	机械费差价	企业管理费	利润
人工单价		小计																	
元/工日		未计价材料费										—							
清单项目综合单价												—							

材料费明细	主要材料名称、规格、型号	单位	数量	单价/元	合价/元	暂估单价/元	暂估合价/元
	其他材料费			—		—	
	材料费小计			—		—	

注:①此表适用于以综合单价形式计价的专业措施项目。

②招标文件提供了暂估单价的材料,按暂估的单价填入表内“暂估单价”栏及“暂估合价”栏。

③此分部分项工程量清单综合单价分析表为招标控制价电子版备查表。

(3)分部分项工程量清单综合单价分析如表 3-4 ~ 表 3-11 所示。

项目四　某化工厂浓硫酸稀释工艺管道设计

该例题是为某化工厂浓硫酸稀释工艺的管道设计，如图4-1所示。浓硫酸稀释反应为放热反应，稀释过程中会放出大量的热，并且反应很剧烈，故要在密闭、耐酸、耐热的容器中进行。在浓硫酸和水进入反应器时，均要经过一个流量记录仪，通过流量记录仪可以读出浓硫酸和水的用量，可以据此配制各种不同浓度的稀硫酸。反应为放热反应，高温可能导致水变为水蒸气，导致反应容器内压力增加，为了避免反应器内压力过大，在反应容器顶部安装一个安全阀，容器内压力过大时，可通过安全阀向外泄压，从而使容器内压力保持正常状态。

因为本反应要放出大量的热，还要给反应容器进行冷却，本题把反应容器放到冷却水池中进行冷却降温，冷却水池中安置温度指示仪，冷却水达到一定温度后要进行换水。图4-2为该反应容器的冷却装置图。

根据图4-1和工程说明，试计算其清单工程量并套用定额。

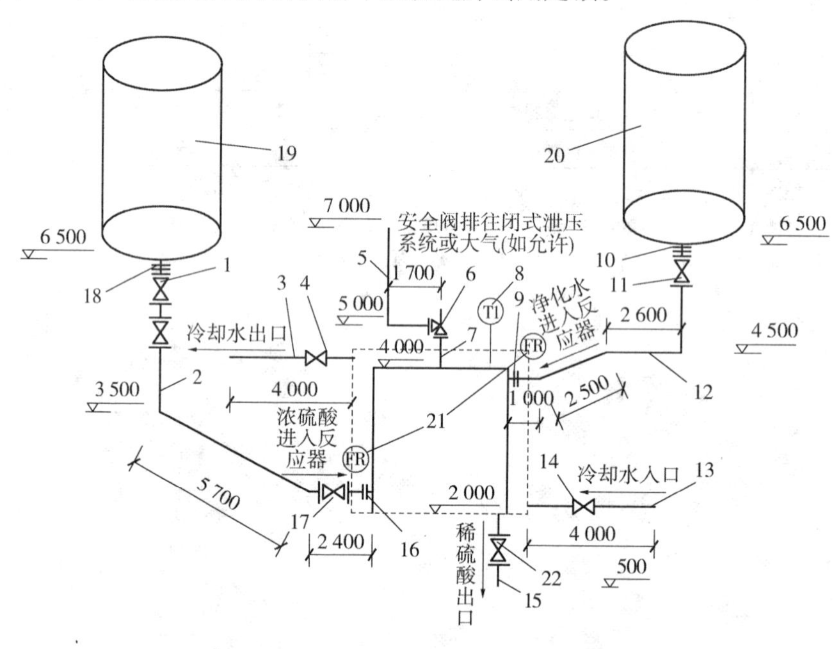

图4-1　某化工厂浓硫酸稀释工艺管道系统图

1－低压玻璃法兰阀门，截止阀，DN80；2－低压玻璃钢管，DN80；

3、13－低压碳钢钢管，DN40；4、14－低压塑料阀门，截止阀，DN40；

5、7－低压塑料管，DN25；6－低压安全阀，DN25；8－温度指示仪；

9、10－低压碳钢法兰，DN65；11－低压碳钢法兰阀门，DN65；

12－低压碳钢钢管，DN65；15—低压玻璃钢管，DN40；

16、18－低压碳钢法兰，DN80；17－低压玻璃阀门，止回阀，DN80；

19－浓硫酸盛装容器；20－净化水盛装容器；

21－流量指示仪；22－低压玻璃法兰阀门，截止阀，DN40

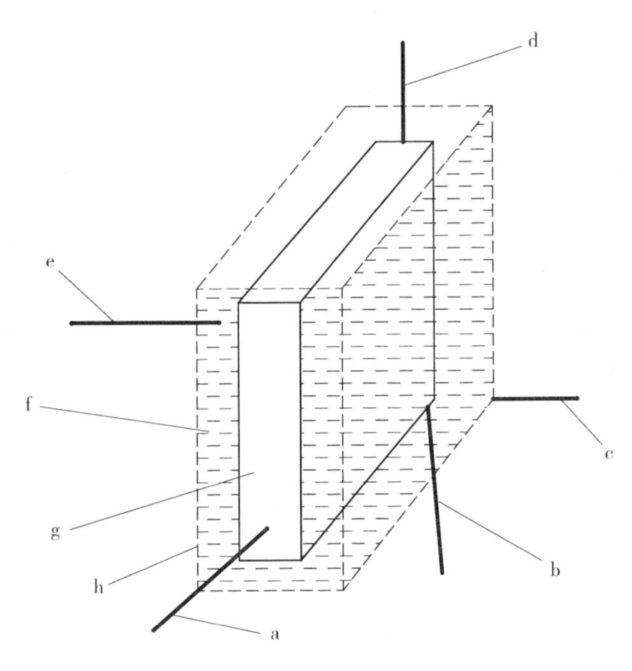

图 4-2　某化工厂浓硫酸稀释工艺管道冷却装置图

a－浓硫酸入口；b－稀硫酸出口；c－冷却水入口；
d－反应所用净化水入口；e－冷却水出口；f－冷却水；
g－稀释浓硫酸反应容器；h－盛装冷却水容器

工程说明：

(1)该工艺中，浓硫酸入口管道和稀硫酸出口管道为低压玻璃钢管(法兰连接)，管道安装完毕后进行水清洗并脱脂、液压气密性试验，空气吹扫，管道外表进行手工除轻锈，刷两遍红丹防锈漆和两遍调和漆，用于防锈；再刷一遍耐酸漆。

(2)净化水入口、冷却水入口和冷却水出口管道为低压碳钢钢管，管道安装完毕后进行液压气密性试验，空气吹扫，酸清洗，管道外表进行手工除轻锈，刷两遍红丹防锈漆和两遍调和漆，用于防锈；再刷两道耐酸漆。

(3)安全阀排泄管道为低压塑料管(承插连接)，管道安装完毕后，进行液压气密性试验，空气吹扫。

(4)该工序管道系统中管件，阀门均采用法兰阀门，弯头购买冲压成品。

一、清单工程量

1. 管道系统工程量

管道包括：低压玻璃钢管，DN80；低压玻璃钢管，DN40；低压塑料管，DN25；低压碳钢钢管，DN65 和低压碳钢钢管，DN40 共五种管道，其工程量分别计算如下：

(1)低压玻璃钢管，DN80 管道工程量计算。

管道 2 的长度 $=[(6.5-3.5)+5.7+2.4]\text{m}=11.1\text{m}$

【注释】 6.5——管道 2 最顶部与盛装浓硫酸相接处的标高；

3.5——管道 2 第一个(自上而下数，以下均是)弯头处的标高；

5.7——管道 2 的倾斜那段管道(在第一个弯头和第二个弯头之间)的长度；

2.4——管道 2 中水平方向管道的长度。

因为低压玻璃钢管,DN80 管道的长度 = 管道 2 的长度 = 11.1m。

所以低压玻璃钢管,DN80 管道的工程量为 11.1m。

(2)低压玻璃钢管,DN40 管道工程量计算。

管道 15 的长度 = (2.0 - 0.5) m = 1.5m

【注释】 2.0——管道 4 最顶部与反应容器相接处的标高;

0.5——管道 4 最下部处的标高。

因为低压玻璃钢管,DN40 管道的长度 = 管道 15 的长度 = 1.5m。

所以低压玻璃钢管,DN40 管道的工程量为 1.5m。

(3)低压塑料管,DN25 管道工程量计算。

①管道 5 的长度 = [(7.0 - 5.0) + 1.7] m = 3.7m

【注释】 7.0——管道 5 安全阀排泄管最高处的标高;

5.0——管道 5 第一个弯头处即安全阀所处的标高;

1.7——管道 5 水平方向管道的长度。

②管道 7 的长度 = (5.0 - 4.0) m = 1.0m

【注释】 5.0——管道 7 上安全阀所处的标高;

4.0——管道 7 与反应容器相接处的标高。

因为低压塑料管,DN25 管道的长度 = 管道 5 的长度 + 管道 7 的长度 = (3.7 + 1.0) m = 4.7m。

所以低压塑料管,DN25 管道的工程量为 4.7m。

(4)低压碳钢钢管,DN65 管道工程量计算。

管道 1 的长度 = [(6.5 - 4.5) + 2.6 + 2.5 + 1.0] m = 8.1m

【注释】 6.5——管道 12 最顶部与盛装净化水相接处的标高;

4.5——管道 12 第一个(自上而下数,以下均是)弯头处的标高;

2.6——管道 12 的第一段水平方向管道的长度;

2.5——管道 12 中倾斜那段(第二个弯头与第三个直接的)管道长度;

1.0——管道 12 与反应容器相接处的那段水平管道的长度。

因为低压碳钢钢管,DN65 管道的长度 = 管道 12 的长度 = 8.1m。

所以低压碳钢钢管,DN65 管道的工程量为 8.1m。

(5)低压碳钢钢管,DN40 管道工程量计算。

①管道 3 的长度 = 4.0m

【注释】 4.0——管道 3 冷却水出口处水平管道的长度。

②管道 13 的长度 = 4.0 m

【注释】 4.0——管道 13 冷却水入口处水平管道的长度。

因为低压碳钢钢管,DN40 管道的长度 = 管道 3 的长度 + 管道 13 的长度 = (4.0 + 4.0) m = 8.0m。

所以低压碳钢钢管,DN40 管道的工程量为 8.0m。

2. 成品管件工程量计算

(1)低压玻璃法兰阀门 截止阀:DN80,2 个;DN40,1 个。

(2)低压玻璃法兰阀门 止回阀:DN80,1 个。

(3)低压碳钢法兰阀门 截止阀：DN65,1 个;DN40,2 个。

(4)低压安全阀 DN25,1 个。

(5)弯头:玻璃钢 DN80 2 个;碳钢 DN65,3 个;塑料 DN25,1 个。

(6)低压碳钢法兰(电弧焊连接):DN80,2 个; DN65,2 个。

3. 管道手工除锈(轻锈)工程量计算

该工艺管道中需要除锈处理的管道有低压玻璃钢管,DN80;低压玻璃钢管,DN40;低压碳钢钢管,DN65 和低压碳钢钢管,DN40 共四种管道,其除锈工程量分别计算如下:

(1)低压玻璃钢管,DN80 外壁表面积。

$$S=\pi\times0.08\times11.1\text{m}^2=3.14\times0.08\times11.1\text{m}^2=2.788\text{m}^2$$

【注释】 0.08——所求外壁表面积的玻璃钢管的直径;

11.1——所求外壁表面积的玻璃钢管的长度。

(2)低压玻璃钢管,DN40 外壁表面积。

$$S=\pi\times0.04\times1.5\text{m}^2=3.14\times0.04\times1.5\text{m}^2=0.188\text{m}^2$$

【注释】 0.04——所求外壁表面积的玻璃钢管的直径;

1.5——所求外壁表面积的玻璃钢管的长度。

(3)低压碳钢钢管,DN65 外壁表面积。

$$S=\pi\times0.065\times8.1\text{m}^2=3.14\times0.065\times8.1\text{m}^2=1.653\text{m}^2$$

【注释】 0.065——所求外壁表面积的碳钢钢管的直径;

8.1——所求外壁表面积的碳钢钢管的长度。

(4)低压碳钢钢管,DN40 外壁表面积。

$$S=\pi\times0.04\times8.0\text{m}^2=3.14\times0.04\times8.0\text{m}^2=1.005\text{m}^2$$

【注释】 0.04——所求外壁表面积的碳钢钢管的直径;

8.0——所求外壁表面积的碳钢钢管的长度。

因为所有管道的外壁表面积 = 低压玻璃钢管,DN80 外壁表面积 + 低压玻璃钢管 DN40 外壁表面积 + 低压碳钢钢管,DN65 外壁表面积 + 低压碳钢钢管,DN40 外壁表面积 = $(2.788+0.188+1.653+1.005)\text{m}^2=5.634\text{m}^2$。

所以该管道系统中手工除锈工程量为:5.634m^2。

4. 管道刷红丹防锈漆的工程量计算

该工艺管道中需要刷红丹防锈漆处理的管道有低压玻璃钢管,DN80;低压玻璃钢管,DN40;低压碳钢钢管,DN65 和低压碳钢钢管,DN40 共四种管道,其除锈工程量分别计算如下:

(1)低压玻璃钢管,DN80 刷红丹防锈漆的表面积。

$$S=\pi\times0.08\times11.1\text{m}^2=3.14\times0.08\times11.1\text{m}^2=2.788\text{m}^2$$

【注释】 0.08——所求刷红丹防锈漆表面积的玻璃钢管的直径;

11.1——所求刷红丹防锈漆表面积的玻璃钢管的长度。

(2)低压玻璃钢管,DN40 刷红丹防锈漆的表面积。

$$S=\pi\times0.04\times1.5\text{m}^2=3.14\times0.04\times1.5\text{m}^2=0.188\text{m}^2$$

【注释】 0.04——所求刷红丹防锈漆表面积的玻璃钢管的直径;

1.5——所求刷红丹防锈漆表面积的玻璃钢管的长度。

(3)低压碳钢钢管,DN65 外壁表面积。

$$S=\pi\times0.065\times8.1\text{m}^2=3.14\times0.065\times8.1\text{m}^2=1.653\text{m}^2$$

【注释】 0.065——所求刷红丹防锈漆表面积的碳钢钢管的直径；

8.1——所求刷红丹防锈漆表面积的碳钢钢管的长度。

(4)低压碳钢钢管,DN40 外壁表面积。

$$S=\pi\times0.04\times8.0\text{m}^2=3.14\times0.04\times8.0\text{m}^2=1.005\text{m}^2$$

【注释】 0.04——所求刷红丹防锈漆表面积的碳钢钢管的直径；

8.0——所求刷红丹防锈漆表面积的碳钢钢管的长度。

因为所有管道刷红丹防锈漆的表面积 = 低压玻璃钢管,DN80 刷红丹防锈漆的表面积 + 低压玻璃钢管,DN40 刷红丹防锈漆的表面积 + 低压碳钢钢管,DN65 刷红丹防锈漆的表面积 + 低压碳钢钢管,DN40 刷红丹防锈漆的表面积 = $(2.788+0.188+1.653+1.005)\text{m}^2=5.634\text{m}^2$。

所以该管道系统中刷红丹防锈漆的工程量为:5.634m^2。

5. 管道刷调和漆的工程量计算

该工艺管道中需要刷调和漆处理的管道有低压玻璃钢管,DN80;低压玻璃钢管,DN40;低压碳钢钢管,DN65 和低压碳钢钢管,DN40 共四种管道,其除锈工程量分别计算如下:

(1)低压玻璃钢1管,DN80 刷调和漆的表面积。

$$S=\pi\times0.08\times11.1\text{m}^2=3.14\times0.08\times11.1\text{m}^2=2.788\text{m}^2$$

【注释】 0.08——所求刷调和漆表面积的玻璃钢管的直径；

11.1——所求刷调和漆表面积的玻璃钢管的长度。

(2)低压玻璃钢管,DN40 刷调和漆的表面积。

$$S=\pi\times0.04\times1.5\text{m}^2=3.14\times0.04\times1.5\text{m}^2=0.188\text{m}^2$$

【注释】 0.04——所求刷调和漆表面积的玻璃钢管的直径；

1.5——所求刷调和漆表面积的玻璃钢管的长度。

(3)低压碳钢钢管,DN65 外壁表面积。

$$S=\pi\times0.065\times8.1\text{m}^2=3.14\times0.065\times8.1\text{m}^2=1.653\text{m}^2$$

【注释】 0.065——所求刷调和漆表面积的碳钢钢管的直径；

8.1——所求刷调和漆表面积的碳钢钢管的长度。

(4)低压碳钢钢管,DN40 外壁表面积。

$$S=\pi\times0.04\times8.0\text{m}^2=3.14\times0.04\times8.0\text{m}^2=1.005\text{m}^2$$

【注释】 0.04——所求刷调和漆表面积的碳钢钢管的直径；

8.0——所求刷调和漆表面积的碳钢钢管的长度。

因为所有管道刷调和漆的表面积 = 低压玻璃钢管,DN80 刷调和漆的表面积 + 低压玻璃钢管,DN40 刷调和漆的表面积 + 低压碳钢钢管,DN65 刷调和漆的表面积 + 低压碳钢钢管,DN40 刷调和漆的表面积 = $(2.788+0.188+1.653+1.005)\text{m}^2=5.634\text{m}^2$。

所以该管道系统中刷调和漆的工程量为:5.634m^2。

6. 管道刷耐酸漆的工程量计算

该工艺管道中需要刷耐酸漆处理的管道有低压玻璃钢管,DN80;低压玻璃钢管,DN40;低压碳钢钢管,DN65 和低压碳钢钢管,DN40 共四种管道,其除锈工程量分别计算如下:

(1)低压玻璃钢管,DN80 刷耐酸漆的表面积。

$$S=\pi\times0.08\times11.1\text{m}^2=3.14\times0.08\times11.1\text{m}^2=2.788\text{m}^2$$

【注释】 0.08——所求刷耐酸漆表面积的玻璃钢管的直径；

11.1——所求刷耐酸漆表面积的玻璃钢管的长度。

(2)低压玻璃钢管，DN40 刷耐酸漆的表面积。

$$S=\pi\times0.04\times1.5\text{m}^2=3.14\times0.04\times1.5\text{m}^2=0.188\text{m}^2$$

【注释】 0.04——所求刷耐酸漆表面积的玻璃钢管的直径；

1.5——所求刷耐酸漆表面积的玻璃钢管的长度。

(3)低压碳钢钢管，DN65 外壁表面积。

$$S=\pi\times0.065\times8.1\text{m}^2=3.14\times0.065\times8.1\text{m}^2=1.653\text{m}^2$$

【注释】 0.065——所求刷耐酸漆表面积的碳钢钢管的直径；

8.1——所求刷耐酸漆表面积的碳钢钢管的长度。

(4)低压碳钢钢管，DN40 外壁表面积。

$$S=\pi\times0.04\times8.0\text{m}^2=3.14\times0.04\times8.0\text{m}^2=1.005\text{m}^2$$

【注释】 0.04——所求刷耐酸漆表面积的碳钢钢管的直径；

8.0——所求刷耐酸漆表面积的碳钢钢管的长度。

因为所有管道刷耐酸漆的表面积 = 低压玻璃钢管，DN80 刷耐酸漆的表面积 + 低压玻璃钢管，DN40 刷耐酸漆的表面积 + 低压碳钢钢管，DN65 刷耐酸漆的表面积 + 低压碳钢钢管，DN40 刷耐酸漆的表面积 $=(2.788+0.188+1.653+1.005)\text{m}^2=5.634\text{m}^2$。

所以该管道系统中刷耐酸漆的工程量为：5.634m^2。

7. 该管道系统水压气密性试验工程量计算

该工艺管道中需要水压气密性试验的管道有低压玻璃钢管，DN80；低压玻璃钢管，DN40；低压塑料管，DN25；低压碳钢钢管，DN65 和低压碳钢钢管，DN40 共五种管道，其水压气密性试验的工程量分别计算如下：

(1)低压玻璃钢管，DN80 管道的长度 = 管道 2 的长度 = 11.1m。

(2)低压玻璃钢管，DN40 管道的长度 = 管道 15 的长度 = 1.5m。

(3)低压塑料管，DN25 管道的长度 = 管道 5 的长度 + 管道 7 的长度 = (3.7 + 1.0)m = 4.7m。

(4)低压碳钢钢管，DN65 管道的长度 = 管道 12 的长度 = 8.1m。

(5)低压碳钢钢管，DN40 管道的长度 = 管道 3 的长度 + 管道 13 的长度 = (4.0 + 4.0)m = 8.0m。

因为公称直径 100m 以内管道的长度 = 低压玻璃钢管，DN80 管道的长度 + 低压玻璃钢管，DN40 管道的长度 + 低压塑料管，DN25 管道的长度 + 低压碳钢钢管，DN65 管道的长度 + 低压碳钢钢管，DN40 管道的长度 = (11.1 + 1.5 + 4.7 + 8.1 + 8.0)m = 33.4m。

所以水压气密性试验：公称直径 100m 以内管道工程量为 33.4m。

【注释】 以上五种管道的长度详细计算见 1 管道工程量的计算。

8. 该管道系统空气吹扫的工程量计算

该工艺管道中需要空气吹扫的管道有低压玻璃钢管，DN80；低压玻璃钢管，DN40；低压塑料管，DN25；低压碳钢钢管，DN65 和低压碳钢钢管，DN40 共五种管道，其空气吹扫的工程量分别计算如下：

(1)低压玻璃钢管，DN80 管道的长度 = 管道 2 的长度 = 11.1m。

(2)低压玻璃钢管,DN40 管道的长度 = 管道 15 的长度 = 1.5m。

(3)低压塑料管,DN25 管道的长度 = 管道 5 的长度 + 管道 7 的长度 = (3.7 + 1.0) m = 4.7m。

(4)低压碳钢钢管,DN65 管道的长度 = 管道 12 的长度 = 8.1m。

(5)低压碳钢钢管,DN40 管道的长度 = 管道 3 的长度 + 管道 13 的长度 = (4.0 + 4.0) m = 8.0m。

因为公称直径 50m 以内管道的长度 = 低压玻璃钢管,DN40 管道的长度 + 低压塑料管,DN25 管道的长度 + 低压碳钢钢管,DN40 管道的长度 = (1.5 + 4.7 + 8.0) m = 14.2m。

公称直径 100m 以内管道的长度 = 低压玻璃钢管,DN80 管道的长度 + 低压碳钢钢管,DN65 管道的长度 = (11.1 + 8.1) m = 19.2m。

所以空气吹扫:公称直径 50m 以内管道工程量为 14.2m 。

空气吹扫:公称直径 100m 以内管道工程量为 19.2m 。

【注释】 以上五种管道的长度详细计算见 1 管道工程量的计算。

9. 该管道系统酸清洗工程量计算

该工艺管道中需要酸清洗的管道有低压玻璃钢管,DN80;低压玻璃钢管,DN40;低压碳钢钢管,DN65 和低压碳钢钢管,DN40 共四种管道,其管道酸清洗的工程量分别计算如下:

(1)低压玻璃钢管,DN80 管道的长度 = 管道 2 的长度 = 11.1m。

(2)低压玻璃钢管,DN40 管道的长度 = 管道 15 的长度 = 1.5m。

(3)低压碳钢钢管,DN65 管道的长度 = 管道 12 的长度 = 8.1m。

(4)低压碳钢钢管,DN40 管道的长度 = 管道 3 的长度 + 管道 13 的长度 = (4.0 + 4.0) m = 8.0m。

因为公称直径 50m 以内管道的长度 = 低压玻璃钢管,DN40 管道的长度 + 低压碳钢钢管,DN40 管道的长度 = (1.5 + 8.0) m = 9.5m。

公称直径 100m 以内管道的长度 = 低压玻璃钢管,DN80 管道的长度 + 低压碳钢钢管,DN65 管道的长度 = (11.1 + 8.1) m = 19.2m。

所以酸清洗公称直径 50m 以内管道工程量为 9.5m 。

酸清洗公称直径 100m 以内管道工程量为 19.2m 。

【注释】 以上四种管道的长度详细计算见 1 管道工程量的计算。

10. 该系统中需要管道脱脂的工程量计算

该工艺管道中需要管道脱脂的管道有低压玻璃钢管,DN80;低压玻璃钢管,DN40;共两种管道,其管道脱脂的工程量分别计算如下:

(1)低压玻璃钢管,DN80 管道的长度 = 管道 2 的长度 = 11.1m。

(2)低压玻璃钢管,DN40 管道的长度 = 管道 15 的长度 = 1.5m。

因为公称直径 50m 以内管道的长度 = 低压玻璃钢管,DN40 管道的长度 = 1.5m。

公称直径 100m 以内管道的长度 = 低压玻璃钢管,DN80 管道的长度 = 11.1m。

所以管道脱脂公称直径 50m 以内管道工程量为 1.5m。

管道脱脂公称直径 100m 以内管道工程量为 11.1m 。

【注释】 以上两种管道的长度详细计算见 1 管道工程量的计算。

根据《通用安装工程工程量计算规范》(GB50856—2013),清单工程量计算如表 4-1 所示。

表 4-1　清单工程量计算表

序号	项目编码	项目名称	项目特征描述	计算单位	工程量
1	030801018001	低压玻璃钢管	DN80 管道安装完毕后进行水清洗并脱脂、液压气密性试验,空气吹扫,管道外表进行手工除轻锈,刷两遍红丹防锈漆和两遍调和漆,用于防锈;再刷一道耐酸漆	m	11.1
2	030801018002	低压玻璃钢管	DN40,管道安装完毕后进行水清洗并脱脂、液压气密性试验,空气吹扫,管道外表进行手工除轻锈,刷两遍红丹防锈漆和两遍调和漆,用于防锈;再刷一道耐酸漆	m	1.5
3	030801016001	低压塑料管	DN25,管道安装完毕后,进行液压气密性试验,空气吹扫	m	3.7
4	030801001001	低压碳钢钢管	DN65,管道安装完毕后进行液压气密性试验,空气吹扫,酸清洗,管道外表进行手工除轻锈,刷两遍红丹防锈漆和两遍调和漆,用于防锈;再刷一道耐酸漆	m	8.1
5	030801001002	低压碳钢钢管	DN40,管道安装完毕后进行液压气密性试验,空气吹扫,酸清洗,管道外表进行手工除轻锈,刷两遍红丹防锈漆和两遍调和漆,用于防锈;再刷一道耐酸漆	m	8
6	030807001001	低压玻璃阀门	DN80,截止阀 J41H－16	个	2
7	030807001002	低压玻璃阀门	DN40,截止阀 J41H－16	个	1
8	030807001003	低压玻璃阀门	DN80,止回阀 H61T－16	个	1
9	030807003001	低压法兰阀门	DN65,截止阀 J41H－16	个	1
10	030807003002	低压法兰阀门	DN40,截止阀 J41H－16	个	2
11	030807005001	低压安全阀门	DN25,弹簧式安全阀 A41H－16	个	1
12	030804016001	低压玻璃钢管件	弯头(DN80)	个	2
13	030804001001	低压碳钢管件	弯头(DN65)	个	3
14	030804014001	低压塑料管件	弯头(DN25)	个	1
15	030810002001	低压碳钢对焊法兰	电弧平焊(DN80)	副	2
16	030810002002	低压碳钢对焊法兰	电弧平焊(DN65)	副	2

【注释】　项目编码从《通用安装工程工程量计算规范》中工业管道工程中查得,清单工程量计算表中的单位为常用的基本单位,工程量是仅考虑图纸上的数据而计算得出的数据。

二、定额工程量

套用《全国统一安装工程预算定额》第六册工业管道工程 GYD—206—2000 和第十一册刷油、防腐蚀、绝热工程 GYD—211—2000。

1. 低压玻璃钢管,DN80

计量单位:10m

工程量:11.1m(管道长度)/10m(计量单位)＝1.11

查 6-310 套定额子目

2. 低压玻璃钢管,DN40

计量单位:10m

工程量:1.5m(管道长度)/10m(计量单位)=0.15

查6-307套定额子目

3. 低压塑料管,DN25

计量单位:10m

工程量:3.7m(管道长度)/10m(计量单位)=0.37

查6-287套定额子目

4. 低压碳钢管,DN65

计量单位:10m

工程量:8.1m(管道长度)/10m(计量单位)=0.81

查6-31套定额子目

5. 低压碳钢管,DN40

计量单位:10m

工程量:8.0m(管道长度)/10m(计量单位)=0.80

查6-29套定额子目

6. 低压玻璃阀,DN40,截止阀

计量单位:个

工程量:1个(阀门数量)/1个(计量单位)=1

查6-1358套定额子目

7. 低压玻璃阀,DN80,截止阀

计量单位:个

工程量:2个(阀门数量)/1个(计量单位)=2

查6-1361套定额子目

8. 低压玻璃阀,DN80,止回阀

计量单位:个

工程量:1个(阀门数量)/1个(计量单位)=1

查6-1361套定额子目

9. 低压碳钢法兰阀,DN65,截止阀

计量单位:个

工程量:1个(阀门数量)/1个(计量单位)=1

查6-1276套定额子目

10. 低压碳钢法兰阀,DN40,截止阀

计量单位:个

工程量:2个(阀门数量)/1个(计量单位)=2

查6-1274套定额子目

11. 低压安全阀,DN25,弹簧式安全阀

计量单位:个

工程量:1 个(阀门数量)/1 个(计量单位) = 1

查 6-1336 套定额子目

12. 低压玻璃管件,DN80

计量单位:10 个

工程量:2 个(管件数量)/10 个(计量单位) = 0.2

查 6-939 套定额子目

13. 低压碳钢管件,DN65

计量单位:10 个

工程量:3 个(管件数量)/10 个(计量单位) = 0.3

查 6-647 套定额子目

14. 低压塑料管件,DN80

计量单位:10 个

工程量:1 个(管件数量)/10 个(计量单位) = 0.1

查 6-916 套定额子目

15. 低压碳钢法兰,DN80

计量单位:副

工程量:2 副(法兰副数)/1 副(计量单位) = 2

查 6-1506 套定额子目

16. 低压碳钢法兰,DN65

计量单位:副

工程量:2 副(法兰副数)/1 副(计量单位) = 2

查 6-1505 套定额子目

17. 管道除锈

该工艺系统中所有管道的除锈面积 = 5.634m^2,它的计量单位为 10m^2。

因此,除锈的工程量为 5.634m^2/10m^2(计量单位) = 0.563 4。

查 11-1 套定额子目

18. 管道刷红丹防锈漆第一遍

该工艺系统中所有管道的刷红丹防锈漆面积 = 5.634m^2,它的计量单位为 10m^2。

因此,刷红丹防锈漆一遍的工程量为 5.634m^2/10 m^2(计量单位) = 0.563 4。

查 11-51 套定额子目

19. 管道刷红丹防锈漆第二遍

该工艺系统中所有管道的刷红丹防锈漆面积 = 5.634m^2,它的计量单位为 10m^2。

因此,刷红丹防锈漆二遍的工程量为 5.634m^2/10m^2(计量单位) = 0.563 4。

查 11-52 套定额子目

20. 管道刷调和漆第一遍

该工艺系统中所有管道的刷调和漆面积 = 5.634m^2,它的计量单位为 10m^2。

因此,刷调和漆一遍的工程量为 5.634m^2/10m^2(计量单位) = 0.563 4。

查 11-60 套定额子目

21. 管道刷调和漆第二遍

该工艺系统中所有管道的刷调和漆面积 = 5.634m^2,它的计量单位为 10m^2。

因此,刷调和漆二遍的工程量为 5.634m^2/10m^2(计量单位) = 0.563 4。

查 11-61 套定额子目

22. 管道刷耐酸漆第一遍

该工艺系统中所有管道的刷耐酸漆面积 = 5.634m^2,它的计量单位为 10m^2。

因此,刷耐酸漆一遍的工程量为 5.634m^2/10m^2(计量单位) = 0.563 4。

查 11-64 套定额子目

23. 管道刷耐酸漆第二遍

该工艺系统中所有管道的刷耐酸漆面积 = 5.634m^2,它的计量单位为 10m^2。

因此,刷耐酸漆二遍的工程量为 5.634m^2/10m^2(计量单位) = 0.563 4。

查 11-65 套定额子目

24. 管道液压试验

该工艺系统中管道公称直径 100 以内的长度 = 33.4m,计量单位为 100m。

工程量:33.4m(管道长度)/100m(计量单位) = 0.334。

查 6-2428 套定额子目

25. 管道空气吹扫

该工艺系统中管道公称直径 50mm 以内的长度 = 14.2m,计量单位为 100m。

工程量:14.2m(管道长度)/100m(计量单位) = 0.142。

查 6-2481 套定额子目

26. 管道空气吹扫

该工艺系统中管道公称直径 100mm 以内的长度 = 19.2m,计量单位为 100m。

工程量:19.2m(管道长度)/100m(计量单位) = 0.192。

查 6-2482 套定额子目

27. 管道酸清洗

该工艺系统中管道公称直径 50mm 以内的长度 = 9.5m,计量单位为 100m。

工程量:9.5m(管道长度)/100m(计量单位) = 0.095。

查 6-2503 套定额子目

28. 管道酸清洗

该工艺系统中管道公称直径 100mm 以内的长度 = 19.2m,计量单位为 100m。

工程量:19.2m(管道长度)/100m(计量单位) = 0.192。

查 6-2504 套定额子目

29. 管道脱脂

该工艺系统中管道公称直径 50mm 以内的长度 = 1.5m，计量单位为 100m。

工程量：1.5m（管道长度）/100m（计量单位）= 0.015。

查 6-2510 套定额子目

30. 管道脱脂

该工艺系统中管道公称直径 100mm 以内的长度 = 1.5m，计量单位为 100m。

工程量：11.1m（管道长度）/100m（计量单位）= 0.111。

查 6-2511 套定额子目

31. 预算与计价

根据《全国统一安装工程预算定额》第六册　工艺管道工程 GYD—206—2000 及第十一册　刷油、防腐蚀、绝热工程 GYD—211—2000，工程预算如表 4-2 所示。

表 4-2　某化工厂浓硫酸稀释工艺管道工程预算表

序号	定额编号	分项工程名称	计量单位	工程量	基价/元	其中			合计/元
						人工费/元	材料费/元	机械费/元	
1	6-310	低压玻璃钢管（DN80）	10m	1.11	47.46	40.03	7.43	0.00	52.68
2	6-307	低压玻璃钢管（DN40）	10m	0.15	27.79	24.20	3.59	0.00	4.17
3	6-287	低压塑料管（DN25）	10m	0.37	9.90	9.38	0.52	0.00	3.66
4	6-31	低压碳钢管（DN65）	10m	0.81	29.87	19.20	4.99	5.68	24.19
5	6－29	低压碳钢管（DN40）	10m	0.8	18.73	13.42	2.34	2.97	14.98
6	6-1358	低压玻璃阀（DN40）	个	1	23.53	12.28	8.76	2.49	23.53
7	6-1361	低压玻璃阀（DN80）	个	2	36.95	20.18	13.96	2.81	73.90
8	6-1361	低压玻璃阀（DN80）	个	1	36.95	20.18	13.96	2.81	36.95
9	6-1276	低压碳钢法兰阀（DN65）	个	1	20.46	12.26	5.08	3.12	20.46
10	6-1274	低压碳钢法兰阀（DN40）	个	2	14.03	6.73	4.39	2.91	28.06
11	6-1336	低压安全阀（DN25）	个	1	23.12	13.26	7.37	2.49	23.12
12	6-939	低压玻璃钢管件（DN80）	10 个	0.2	62.25	47.88	14.37	0.00	12.45
13	6-647	低压碳钢管件（DN65）	10 个	0.3	168.51	69.50	32.25	66.76	50.55
14	6-916	低压塑料管件（DN25）	10 个	0.1	9.09	7.41	1.68	0.00	0.91
15	6-1506	低压碳钢法兰（DN80）	副	2	20.28	8.87	5.76	5.65	40.56
16	6-1505	低压碳钢法兰（DN65）	副	2	17.37	7.99	4.48	4.90	34.74
17	11-1	管道手工除轻锈	$10m^2$	0.5634	11.27	7.89	3.38	0.00	6.35
18	11-51	管道刷红丹防锈漆第一遍	$10m^2$	0.5634	7.34	6.27	1.07	0.00	4.14
19	11-52	管道刷红丹防锈漆第二遍	$10m^2$	0.5634	7.23	6.27	0.96	0.00	4.07
20	11-60	管道刷调和漆第一遍	$10m^2$	0.5634	6.82	6.50	0.32	0.00	3.84
21	11-61	管道刷调和漆第二遍	$10m^2$	0.5634	6.59	6.27	0.32	0.00	3.71
22	11-64	管道刷耐酸漆第一遍	$10m^2$	0.5634	7.05	6.50	0.55	0.00	3.97
23	11-65	管道刷耐酸漆第二遍	$10m^2$	0.5634	6.73	6.27	0.46	0.00	3.79
24	6-2428	管道液压试验	100m	0.334	158.78	107.51	40.65	10.62	53.03
25	6-2481	管道空气吹扫	100m	0.142	94.37	33.67	43.25	17.45	13.40
26	6-2482	管道空气吹扫	100m	0.192	113.81	39.94	54.40	19.47	21.85

（续表）

序号	定额编号	分项工程名称	计量单位	工程量	基价/元	其中			合计/元
						人工费/元	材料费/元	机械费/元	
27	6-2503	管道酸清洗	100m	0.095	176.26	94.97	42.37	38.92	16.74
28	6-2504	管道酸清洗	100m	0.192	263.13	120.98	96.22	45.93	50.52
29	6-2510	管道脱脂	100m	0.015	154.72	45.51	57.93	51.28	2.32
30	6-2511	管道脱脂	100m	0.111	254.50	63.62	130.82	60.06	28.25
合计									660.92

注：该表格中未计价材料均未在材料费中体现，具体可参考工程量清单综合单价分析表。表格中单位采用的是定额单位，工程量为定额工程量，基价通过《全国统一安装工程预算定额》可查到。

三、将定额计价转换为清单计价形式

分部分项工程和单价措施项目清单与计价如表 4-3 所示。工程量清单综合单价分析如表 4-4 ~ 表 4-8 所示。

表 4-3　分部分项工程和单价措施项目清单与计价表

序号	项目编码	项目名称	项目特征描述	计量单位	工程量	金额/元		
						综合单价	合价	其中：暂估价
1	030801018001	低压玻璃钢管	DN80，管道安装完毕后进行水清洗并脱脂，液压气密性试验，空气吹扫，管道外表进行手工除轻锈，刷两遍红丹防锈漆和两遍调和漆，用于防锈；再刷一道耐酸漆	m	11.1	80.29	891.22	
2	030801018002	低压玻璃钢管	DN40，管道安装完毕后进行水清洗并脱脂，液压气密性试验，空气吹扫，管道外表进行手工除轻锈，刷两遍红丹防锈漆和两遍调和漆，用于防锈；再刷一道耐酸漆	m	1.5	63.68	95.52	
3	030801016001	低压塑料管	DN25，管道安装完毕后，进行液压气密性试验，空气吹扫	m	3.7	10.69	39.55	
4	030801001001	低压碳钢钢管	DN65，管道安装完毕后进行液压气密性试验，空气吹扫，酸清洗，管道外表进行手工除轻锈，刷两遍红丹防锈漆和两遍调和漆，用于防锈；再刷一道耐酸漆	m	8.1	61.04	494.42	
5	030801001002	低压碳钢钢管	DN40 管道安装完毕后进行液压气密性试验，空气吹扫，酸清洗，管道外表进行手工除轻锈，刷两遍红丹防锈漆和两遍调和漆，用于防锈；再刷一道耐酸漆	m	8	54.70	437.60	
6	030807001001	低压玻璃阀门	DN80，截止阀 J41H-16	个	2	324.40	648.80	
7	030807001002	低压玻璃阀门	DN40，截止阀 J41H-16	个	1	122.70	122.70	

（续表）

序号	项目编码	项目名称	项目特征描述	计量单位	工程量	金额/元		
						综合单价	合价	其中：暂估价
8	030807001003	低压玻璃阀门	DN80，止回阀 H61T-16	个	1	296.90	296.90	
9	030807003001	低压法兰阀门	DN65，截止阀 J41H-16	个	1	187.41	187.41	
10	030807003002	低压法兰阀门	DN40，截止阀 J41H-16	个	2	102.14	204.28	
11	030807005001	低压安全阀门	DN25，弹簧式安全阀 A41H-16	个	1	244.86	244.86	
12	030804016001	低压玻璃钢管件	弯头（DN80）	个	2	41.11	82.22	
13	030804001001	低压碳钢管件	弯头（DN65）	个	3	43.79	131.37	
14	030804014001	低压塑料管件	弯头（DN25）	个	1	2.27	2.27	
15	030810002001	低压碳钢对焊法兰	电弧平焊（DN80）	副	2	77.74	155.48	
16	030810002002	低压碳钢对焊法兰	电弧平焊（DN65）	副	2	67.88	135.76	
合　计							4 170.37	

注：分部分项工程和单价措施项目清单与计价表中的工程量为清单里面的工程量，综合单价为工程量清单综合单价分析表里得到的最终清单项目综合单价，工程量×综合单价＝该项目所需的费用，将各个项目加起来即为该工程总的费用。

表 4-4　工程量清单综合单价分析表 1

工程名称：某化工厂浓硫酸稀释工艺管道　　　　标段：　　　　第 1 页　共 16 页

项目编码	030801018001	项目名称	低压玻璃钢管 DN80		计量单位	m		工程量	11.1			
定额编号	定额名称	定额单位	数量	单　价					合　价			
				人工费	材料费	机械费	管理费	利润	人工费	材料费	机械费	管理费	利润
6-310	低压玻璃钢管 DN80	10m	0.10	40.03	7.43	0.00	21.62	6.24	4.00	0.74	0.00	2.16	0.62
11-1	管道手工除轻锈	$10m^2$	0.025 1	7.89	3.38	0.00	4.26	1.36	0.20	0.08	0.00	0.11	0.03
11-51	管道刷红丹防锈漆第一遍	$10m^2$	0.025 1	6.27	1.07	0.00	3.39	0.97	0.16	0.03	0.00	0.08	0.02
11-52	管道刷红丹防锈漆第二遍	$10m^2$	0.025 1	6.27	0.96	0.00	3.39	0.96	0.16	0.02	0.00	0.08	0.02
11-60	管道刷调和漆第一遍	$10m^2$	0.025 1	6.50	0.32	0.00	3.51	0.95	0.16	0.01	0.00	0.09	0.02
11-61	管道刷调和漆第二遍	$10m^2$	0.025 1	6.27	0.32	0.00	3.39	0.92	0.16	0.01	0.00	0.08	0.02
11-62	管道刷耐酸漆第一遍	$10m^2$	0.025 1	6.50	0.55	0.00	3.51	0.97	0.16	0.01	0.00	0.09	0.02
11-63	管道刷耐酸漆第二遍	$10m^2$	0.025 1	6.27	0.46	0.00	3.39	0.93	0.16	0.01	0.00	0.08	0.02
6-2428	管道液压试验	100m	0.01	107.51	40.65	10.62	58.06	18.94	1.08	0.41	0.11	0.58	0.19
6-2482	管道空气吹扫	100m	0.01	39.94	4.40	19.47	21.57	7.37	0.40	0.04	0.19	0.22	0.07
6-2504	管道酸清洗	100m	0.01	120.98	96.22	45.93	65.33	27.23	1.21	0.96	0.46	0.65	0.27
6-2511	管道脱脂	100m	0.01	63.62	130.82	60.06	34.35	22.45	0.64	1.31	0.60	0.34	0.22

（续表）

人工单价		小　　计				8.48	3.64	1.36	4.58	1.56
23.22 元/日		未计价材料费				60.67				
清单项目综合单价						80.29				
材料费明细	主要材料名称、规格、型号			单位	数量	单价/元	合价/元	暂估单价/元	暂估合价/元	
	低压玻璃钢管 DN80			m	1	30.50	30.50			
	醇酸防锈漆 G53-1			kg	0.277	5.31	1.47			
	酚醛调和漆各色			kg	1.98	12.40	24.55			
	酚醛耐酸漆			kg	0.138	15.50	2.14			
	酸洗液			kg	0.047 1	6.00	0.28			
	烧碱			kg	0.078 5	3.20	0.25			
	水			t	0.032 8	2.00	0.07			
	脱脂介质			kg	0.188 4	7.50	1.41			
	其他材料费					—		—		
	材料费小计					—	60.67	—		

注：该费用计算参考北京市建设工程费用定额，各种费用计算如下：

①管理费的计算。

安装工程的管理费是以直接费中的人工费为基数，查表管理费费率为 54%。

②利润的计算。

利润是以直接费和企业管理费之和为基数计算，直接费包括人工费、材料费、机械费、临时设施费和现场经费，临时设施费以人工费为基数，费率为 19%，现场经费也以人工费为基数，费率为 31%。利润的费率为 7%，因此利润的计算公式为利润 =（1.5 × 人工费 + 机械费 + 材料费）× 0.07。

③以下各工程量清单综合单价分析表的计算和此相同，不再说明。

表 4-5　工程量清单综合单价分析表 2

工程名称：某化工厂浓硫酸稀释工艺管道　　　　标段：　　　　　　　　第 2 页　共 16 页

项目编码	030801018002	项目名称		低压玻璃钢管 DN40			计量单位		m		工程量		1.5
定额编号	定额名称	定额单位	数量	单价					合价				
				人工费	材料费	机械费	管理费	利润	人工费	材料费	机械费	管理费	利润
6-307	低压玻璃钢管 DN40	10m	0.10	24.20	3.59	0.00	13.07	3.71	2.42	0.36	0.00	1.31	0.37
11-1	管道手工除轻锈	$10m^2$	0.012 5	7.89	3.38	0.00	4.26	1.36	0.10	0.04	0.00	0.05	0.02
11-51	管道刷红丹防锈漆第一遍	$10m^2$	0.012 5	6.27	1.07	0.00	3.39	0.97	0.08	0.01	0.00	0.04	0.01
11-52	管道刷红丹防锈漆第二遍	$10m^2$	0.012 5	6.27	0.96	0.00	3.39	0.96	0.08	0.01	0.00	0.04	0.01
11-60	管道刷调和漆第一遍	$10m^2$	0.012 5	6.50	0.32	0.00	3.51	0.95	0.08	0.00	0.00	0.04	0.01
11-61	管道刷调和漆第二遍	$10m^2$	0.012 5	6.27	0.32	0.00	3.39	0.92	0.08	0.00	0.00	0.04	0.01
11-62	管道刷耐酸漆第一遍	$10m^2$	0.012 5	6.50	0.55	0.00	3.51	0.97	0.08	0.01	0.00	0.04	0.01

（续表）

定额编号	定额名称	定额单位	数量	单价					合价				
				人工费	材料费	机械费	管理费	利润	人工费	材料费	机械费	管理费	利润
11-63	管道刷耐酸漆第二遍	$10m^2$	0.012 5	6.27	0.46	0.00	3.39	0.93	0.08	0.01	0.00	0.04	0.01
6-2428	管道液压试验	100m	0.01	107.51	40.65	10.62	58.06	18.94	1.08	0.41	0.11	0.58	0.19
6-2481	管道空气吹扫	100m	0.01	33.67	43.25	17.45	18.18	9.06	0.34	0.43	0.17	0.18	0.09
6-2503	管道酸清洗	100m	0.01	94.97	42.37	38.92	51.28	19.25	0.95	0.42	0.39	0.51	0.19
6-2510	管道脱脂	100m	0.01	45.51	57.93	51.28	24.58	14.14	0.46	0.58	0.51	0.25	0.14
人工单价		小计							5.81	2.29	1.18	3.14	1.07
23.22 元/日		未计价材料费							50.19				
清单项目综合单价									63.68				

材料费明细	主要材料名称、规格、型号	单位	数量	单价/元	合价/元	暂估单价/元	暂估合价/元
	低压玻璃钢管 DN40	m	1	18.60	18.60		
	醇酸防锈漆 G53-1	kg	0.277	5.31	1.47		
	酚醛调和漆各色	kg	1.98	12.40	24.55		
	酚醛耐酸漆	kg	0.138	15.50	2.14		
	酸洗液	kg	0.047 1	6.00	0.28		
	烧碱	kg	0.078 5	3.20	0.25		
	水	t	0.032 8	2.00	0.07		
	脱脂介质	kg	0.377	7.50	2.83		
	其他材料费			—		—	
	材料费小计			—	50.19	—	

表 4-6　工程量清单综合单价分析表 3

工程名称：某化工厂浓硫酸稀释工艺管道　　　　标段：　　　　第 3 页　共 16 页

项目编码	030801016001	项目名称	低压塑料管 DN25	计量单位	m	工程量	3.7

定额编号	定额名称	定额单位	数量	单价					合价				
				人工费	材料费	机械费	管理费	利润	人工费	材料费	机械费	管理费	利润
6-287	低压玻璃钢管 DN40	10m	0.10	9.38	0.52	0.00	5.07	1.38	0.94	0.05	0.00	0.51	0.14
6-2428	管道液压试验	100m	0.01	107.51	40.65	10.62	58.06	18.94	1.08	0.41	0.11	0.58	0.19
6-2481	管道空气吹扫	100m	0.01	33.67	43.25	17.45	18.18	9.06	0.34	0.43	0.17	0.18	0.09
人工单价		小计							2.35	0.89	0.28	1.27	0.42
23.22 元/日		未计价材料费							5.48				
清单项目综合单价									10.69				

材料费明细	主要材料名称、规格、型号	单位	数量	单价/元	合价/元	暂估单价/元	暂估合价/元
	承插塑料管 DN25	m	1	5.48	5.48		
	其他材料费			—		—	
	材料费小计			—	5.48	—	

表 4-7　工程量清单综合单价分析表 4

工程名称:某化工厂浓硫酸稀释工艺管道　　　　标段:　　　　　　　　　　　　第 4 页　共 16 页

项目编码	030801001001	项目名称	低压碳钢管 DN65	计量单位	m	工程量	8.1						
定额编号	定额名称	定额单位	数量	单价					合价				
				人工费	材料费	机械费	管理费	利润	人工费	材料费	机械费	管理费	利润
6-31	低压碳钢管 DN65	10m	0.10	19.20	4.99	5.68	10.37	3.49	1.92	0.50	0.57	1.04	0.35
11-1	管道手工除轻锈	10m^2	0.020 4	7.89	3.38	0.00	4.26	1.36	0.16	0.07	0.00	0.09	0.03
11-51	管道刷红丹防锈漆第一遍	10m^2	0.020 4	6.27	1.07	0.00	3.39	0.97	0.13	0.02	0.00	0.07	0.02
11-52	管道刷红丹防锈漆第二遍	10m^2	0.020 4	6.27	0.96	0.00	3.39	0.96	0.13	0.02	0.00	0.07	0.02
11-60	管道刷调和漆第一遍	10m^2	0.020 4	6.50	0.32	0.00	3.51	0.95	0.13	0.01	0.00	0.07	0.02
11-61	管道刷调和漆第二遍	10m^2	0.020 4	6.27	0.32	0.00	3.39	0.92	0.13	0.01	0.00	0.07	0.02
11-62	管道刷耐酸漆第一遍	10m^2	0.020 4	6.50	0.55	0.00	3.51	0.97	0.13	0.01	0.00	0.07	0.02
11-63	管道刷耐酸漆第二遍	10m^2	0.020 4	6.27	0.46	0.00	3.39	0.93	0.13	0.01	0.00	0.07	0.02
6-2428	管道液压试验	100m	0.01	107.51	40.65	10.62	58.06	18.94	1.08	0.41	0.11	0.58	0.19
6-2482	管道空气吹扫	100m	0.01	39.94	4.40	19.47	21.57	7.37	0.40	0.04	0.19	0.22	0.07
6-2504	管道酸清洗	100m	0.01	120.98	96.22	45.93	65.33	27.23	1.21	0.96	0.46	0.65	0.27
人工单价		小　计							5.54	2.06	1.33	2.99	1.03
23.22 元/日		未计价材料费							48.09				
清单项目综合单价									61.04				

材料费明细	主要材料名称、规格、型号	单位	数量	单价/元	合价/元	暂估单价/元	暂估合价/元
	低压碳钢管 DN65	m	0.957	20.20	19.33		
	醇酸防锈漆 G53－1	kg	0.277	5.31	1.47		
	酚醛调和漆各色	kg	1.98	12.40	24.55		
	酚醛耐酸漆	kg	0.138	15.50	2.14		
	酸洗液	kg	0.047 1	6.00	0.28		
	烧碱	kg	0.078 5	3.20	0.25		
	水	t	0.032 8	2.00	0.07		
	其他材料费			—		—	
	材料费小计			—	48.09	—	

表4-8　工程量清单综合单价分析表5

工程名称:某化工厂浓硫酸稀释工艺管道　　　　标段:　　　　　　　　第5页　共16页

项目编码	030801001002	项目名称	低压碳钢管 DN40			计量单位		m		工程量		8	
定额编号	定额名称	定额单位	数量	单价					合价				
				人工费	材料费	机械费	管理费	利润	人工费	材料费	机械费	管理费	利润
6-29	低压碳钢管DN40	10m	0.10	13.42	2.34	2.97	7.25	2.29	1.34	0.23	0.30	0.72	0.23
11-1	管道手工除轻锈	$10m^2$	0.020 4	7.89	3.38	0.00	4.26	1.36	0.16	0.07	0.00	0.09	0.03
11-51	管道刷红丹防锈漆第一遍	$10m^2$	0.020 4	6.27	1.07	0.00	3.39	0.97	0.13	0.02	0.00	0.07	0.02
11-52	管道刷红丹防锈漆第二遍	$10m^2$	0.020 4	6.27	0.96	0.00	3.39	0.96	0.13	0.02	0.00	0.07	0.02
11-60	管道刷调和漆第一遍	$10m^2$	0.020 4	6.50	0.32	0.00	3.51	0.95	0.13	0.01	0.00	0.07	0.02
11-61	管道刷调和漆第二遍	$10m^2$	0.020 4	6.27	0.32	0.00	3.39	0.92	0.13	0.01	0.00	0.07	0.02
11-62	管道刷耐酸漆第一遍	$10m^2$	0.020 4	6.50	0.55	0.00	3.51	0.97	0.13	0.01	0.00	0.07	0.02
11-63	管道刷耐酸漆第二遍	$10m^2$	0.0204	6.27	0.46	0.00	3.39	0.93	0.13	0.01	0.00	0.07	0.02
6-2428	管道液压试验	100m	0.01	107.51	40.65	10.62	58.06	18.94	1.08	0.41	0.11	0.58	0.19
6-2481	管道空气吹扫	100m	0.01	33.67	43.25	17.45	18.18	9.06	0.34	0.43	0.17	0.18	0.09
6-2503	管道酸清洗	100m	0.01	154.72	63.62	130.82	83.55	35.70	1.55	0.64	1.31	0.84	0.36
人工单价		小计							5.24	1.85	1.89	2.83	1.01
23.22元/日		未计价材料费							41.88				
清单项目综合单价									54.70				

材料费明细	主要材料名称、规格、型号	单位	数量	单价/元	合价/元	暂估单价/元	暂估合价/元
	低压碳钢管 DN40	m	0.972	13.50	13.12		
	醇酸防锈漆 G53-1	kg	0.277	5.31	1.47		
	酚醛调和漆各色	kg	1.98	12.40	24.55		
	酚醛耐酸漆	kg	0.138	15.50	2.14		
	酸洗液	kg	0.047 1	6.00	0.28		
	烧碱	kg	0.078 5	3.20	0.25		
	水	t	0.032 8	2.00	0.07		
	其他材料费			—		—	
	材料费小计			—	41.88	—	

表 4-9　工程量清单综合单价分析表 6

工程名称:某化工厂浓硫酸稀释工艺管道　　　　标段:　　　　第 6 页　共 16 页

项目编码	030807001001	项目名称	低压玻璃阀门 DN80	计量单位	个	工程量	2						
定额编号	定额名称	定额单位	数量	单价					合价				
				人工费	材料费	机械费	管理费	利润	人工费	材料费	机械费	管理费	利润
6-1361	低压玻璃阀门	个	1	20.18	13.96	2.81	10.90	4.06	20.18	13.96	2.81	10.90	4.06
人工单价		小计							20.18	13.96	2.81	10.90	4.06
23.22 元/日		未计价材料费							272.50				
清单项目综合单价									324.40				

材料费明细	主要材料名称、规格、型号	单位	数量	单价/元	合价/元	暂估单价/元	暂估合价/元
	低压玻璃阀门　DN80,截止阀 J41H－16	个	1.00	272.50	272.50		
	其他材料费			—		—	
	材料费小计			—	272.50	—	

表 4-10　工程量清单综合单价分析表 7

工程名称:某化工厂浓硫酸稀释工艺管道　　　　标段:　　　　第 7 页　共 16 页

项目编码	030807001002	项目名称	低压玻璃阀门　DN40	计量单位	个	工程量	1						
定额编号	定额名称	定额单位	数量	单价					合价				
				人工费	材料费	机械费	管理费	利润	人工费	材料费	机械费	管理费	利润
6-1358	低压玻璃阀门	个	1	12.28	8.76	2.49	6.63	2.54	12.28	8.76	2.49	6.63	2.54
人工单价		小计							12.28	8.76	2.49	6.63	2.54
23.22 元/日		未计价材料费							90.00				
清单项目综合单价									122.70				

材料费明细	主要材料名称、规格、型号	单位	数量	单价/元	合价/元	暂估单价/元	暂估合价/元
	低压玻璃阀门　DN40,截止阀 J41H－16	个	1.00	90.00	90.00		
	其他材料费			—		—	
	材料费小计			—	90.00	—	

表 4-11　工程量清单综合单价分析表 8

工程名称:某化工厂浓硫酸稀释工艺管道　　　　标段:　　　　第 8 页　共 16 页

项目编码	030807001003	项目名称	低压玻璃阀门 DN80	计量单位	个	工程量	1						
定额编号	定额名称	定额单位	数量	单价					合价				
				人工费	材料费	机械费	管理费	利润	人工费	材料费	机械费	管理费	利润
6-1361	低压玻璃阀门	个	1	20.18	13.96	2.81	10.90	4.06	20.18	13.96	2.81	10.90	4.06
人工单价		小计							20.18	13.96	2.81	10.90	4.06
23.22 元/日		未计价材料费							245.00				
清单项目综合单价									296.90				

（续表）

材料费明细	主要材料名称、规格、型号	单位	数量	单价/元	合价/元	暂估单价/元	暂估合价/元
	低压玻璃阀门 DN80，止回阀 H61T-16	个	1.00	245.00	245.00		
	其他材料费			—		—	
	材料费小计			—	245.00	—	

表 4-12 工程量清单综合单价分析表 9

工程名称：某化工厂浓硫酸稀释工艺管道　　标段：　　第 9 页　共 16 页

项目编码	030807003001	项目名称	低压法兰阀门 DN65	计量单位	个	工程量	1				
定额编号	定额名称	定额单位	数量	单价					合价		
				人工费	材料费	机械费	管理费	利润	人工费	材料费	机械费
6-1276	低压法兰阀门	个	1	12.26	5.08	3.12	6.62	2.32	12.26	5.08	3.12

定额编号	合价·管理费	合价·利润
6-1276	6.62	2.32

人工单价	小计	人工费	材料费	机械费	管理费	利润
23.22 元/日		12.26	5.08	3.12	6.62	2.32
	未计价材料费	158.00				
清单项目综合单价		187.41				

材料费明细	主要材料名称、规格、型号	单位	数量	单价/元	合价/元	暂估单价/元	暂估合价/元
	低压法兰阀门　DN65，截止阀 J41H-16	个	1.00	158.00	158.00		
	其他材料费			—		—	
	材料费小计			—	158.00	—	

表 4-13 工程量清单综合单价分析表 10

工程名称：某化工厂浓硫酸稀释工艺管道　　标段：　　第 10 页　共 16 页

项目编码	030807003002	项目名称	低压法兰阀门 DN40	计量单位	个	工程量	2						
定额编号	定额名称	定额单位	数量	单价·人工费	单价·材料费	单价·机械费	单价·管理费	单价·利润	合价·人工费	合价·材料费	合价·机械费	合价·管理费	合价·利润
6-1274	低压法兰阀门	个	1	6.73	4.39	2.91	3.63	1.47	6.73	4.39	2.91	3.63	1.47
人工单价		小计							6.73	4.39	2.91	3.63	1.47
23.22 元/日		未计价材料费							83.00				
清单项目综合单价									102.14				

材料费明细	主要材料名称、规格、型号	单位	数量	单价/元	合价/元	暂估单价/元	暂估合价/元
	低压法兰阀门　DN40，截止阀 J41H-16	个	1.00	83.00	83.00		
	其他材料费			—		—	
	材料费小计			—	83.00	—	

表 4-14　工程量清单综合单价分析表 11

工程名称:某化工厂浓硫酸稀释工艺管道　　　　标段:　　　　第 11 页　共 16 页

项目编码	030807005001	项目名称	低压安全阀门	计量单位	个	工程量	1

定额编号	定额名称	定额单位	数量	单价					合价				
				人工费	材料费	机械费	管理费	利润	人工费	材料费	机械费	管理费	利润
6-1336	中压法兰阀门	个	1	13.26	7.37	2.49	7.16	2.58	13.26	7.37	2.49	7.16	2.58
人工单价		小　计							13.26	7.37	2.49	7.16	2.58
23.22 元/日		未计价材料费							212.00				
清单项目综合单价									244.86				

材料费明细	主要材料名称、规格、型号	单位	数量	单价/元	合价/元	暂估单价/元	暂估合价/元
	低压安全阀 弹簧式　DN25　A41H－16	个	1.00	212.00	212.00		
	其他材料费			—		—	
	材料费小计			—	212.00	—	

表 4-15　工程量清单综合单价分析表 12

工程名称:某化工厂浓硫酸稀释工艺管道　　　　标段:　　　　第 12 页　共 16 页

项目编码	030804016001	项目名称	低压玻璃钢管件	计量单位	个	工程量	2

定额编号	定额名称	定额单位	数量	单价					合价				
				人工费	材料费	机械费	管理费	利润	人工费	材料费	机械费	管理费	利润
6-939	玻璃钢管件	10 个	0.1	47.88	14.37	0	25.86	7.84	4.79	1.44	0.00	2.59	0.78
人工单价		小　计							4.79	1.44	0.00	2.59	0.78
23.22 元/日		未计价材料费							31.52				
清单项目综合单价									41.11				

材料费明细	主要材料名称、规格、型号	单位	数量	单价/元	合价/元	暂估单价/元	暂估合价/元
	玻璃钢管件 DN80 弯头	个	1.00	31.52	31.52		
	其他材料费			—		—	
	材料费小计			—	31.52	—	

表 4-16　工程量清单综合单价分析表 13

工程名称:某化工厂浓硫酸稀释工艺管道　　　　标段:　　　　第 13 页　共 16 页

项目编码	030804001001	项目名称	低压碳钢管件	计量单位	个	工程量	3

定额编号	定额名称	定额单位	数量	单价					合价				
				人工费	材料费	机械费	管理费	利润	人工费	材料费	机械费	管理费	利润
6-647	低压碳钢对焊管件	10 个	0.1	69.5	32.25	66.76	37.53	16.86	6.95	3.23	6.68	3.75	1.69
人工单价		小　计							6.95	3.23	6.68	3.75	1.69
23.22 元/日		未计价材料费							21.50				
清单项目综合单价									43.79				

（续表）

	主要材料名称、规格、型号	单位	数量	单价/元	合价/元	暂估单价/元	暂估合价/元
材料费明细	低压碳钢管件 DN65　弯头	个	1.00	21.50	21.50		
	其他材料费			—		—	
	材料费小计			—	21.50	—	

表 4-17　工程量清单综合单价分析表 14

工程名称：某化工厂浓硫酸稀释工艺管道　　标段：　　第 14 页　共 16 页

项目编码	030804014001	项目名称	低压塑料管件			计量单位	个		工程量	1		
定额编号	定额名称	定额单位	数量	单价					合价			
				人工费	材料费	机械费	管理费	利润	人工费	材料费	机械费	管理费	利润
6-916	承插塑料管件	10 个	0.1	7.41	1.68	0.00	4.00	1.18	0.74	0.17	0.00	0.40	0.12
人工单价		小计							0.74	0.17	0.00	0.40	0.12
23.22 元/日		未计价材料费							0.84				
清单项目综合单价									2.27				

	主要材料名称、规格、型号	单位	数量	单价/元	合价/元	暂估单价/元	暂估合价/元
材料费明细	低压塑料管件 DN25　弯头	个	1.00	0.84	0.84		
	其他材料费			—		—	
	材料费小计			—	0.84	—	

表 4-18　工程量清单综合单价分析表 15

工程名称：某化工厂浓硫酸稀释工艺管道　　标段：　　第 15 页　共 16 页

项目编码	030810002001	项目名称	低压碳钢对焊法兰			计量单位	副		工程量	2			
定额编号	定额名称	定额单位	数量	单价					合价				
				人工费	材料费	机械费	管理费	利润	人工费	材料费	机械费	管理费	利润
6-1506	低压碳钢对焊法兰	副	1	8.87	5.76	5.65	4.79	2.07	8.87	5.76	5.65	4.79	2.07
人工单价		小计							8.87	5.76	5.65	4.79	2.07
23.22 元/日		未计价材料费							50.60				
清单项目综合单价									77.74				

续表

材料费明细	主要材料名称、规格、型号	单位	数量	单价/元	合价/元	暂估单价/元	暂估合价/元
	低压碳钢平焊法兰 DN80	片	2.00	25.30	50.60		
	其他材料费			—		—	
	材料费小计			—	50.60	—	

表 4-19　工程量清单综合单价分析表 16

工程名称:某化工厂浓硫酸稀释工艺管道　　　标段:　　　第 16 页　共 16 页

项目编码	030810002002	项目名称	低压碳钢对焊法兰			计量单位	副		工程量	2		
定额编号	定额名称	定额单位	数量	单价					合价			
				人工费	材料费	机械费	管理费	利润	人工费	材料费	机械费	管理费	利润
6-1505	低压碳钢对焊法兰	副	1	7.99	4.48	4.9	4.31	1.80	7.99	4.48	4.90	4.31	1.80
人工单价		小　计							7.99	4.48	4.90	4.31	1.80
23.22 元/日		未计价材料费							44.40				
清单项目综合单价									67.88				

材料费明细	主要材料名称、规格、型号	单位	数量	单价/元	合价/元	暂估单价/元	暂估合价/元
	低压碳钢平焊法兰 DN65	片	2.00	22.20	44.40		
	其他材料费			—		—	
	材料费小计			—	44.40	—	

四、投标报价

(1)投标总价如下所示。

投 标 总 价

招标人：某化工厂

工程名称：某化工厂浓硫酸稀释工艺的管道设计

投标总价（小写）：8 890.75 元

（大写）：捌仟捌佰玖拾元柒角伍分

投标人：某建筑安装工程公司

（单位盖章）

法定代表人：某建筑安装工程公司

或其授权人：法定代表人

（签字或盖章）

编制人：×××签字盖造价工程师或造价员专用章

（造价人员签字盖专用章）

编制时间：××××年×月×日

(2)总说明如下所示,有关投标报价如表4-20～表4-26所示。

总　说　明

工程名称:某化工厂浓硫酸稀释工艺的管道　　　　第　页　共　页

1. 工程概况

该工程为某化工厂浓硫酸稀释工艺的管道系统。该工艺中浓硫酸入口管道和稀硫酸出口管道为低压玻璃钢管(法兰连接),管道安装完毕后进行水清洗并脱脂,液压气密性试验,空气吹扫,管道外表进行手工除轻锈,刷两遍红丹防锈漆和两遍调和漆,用于防锈;再刷一道耐酸漆。净化水入口、冷却水入口和冷却水出口管道为低压碳钢钢管,管道安装完毕后进行液压气密性试验,空气吹扫,酸清洗,管道外表进行手工除轻锈,刷两遍红丹防锈漆和两遍调和漆,用于防锈;再刷两道耐酸漆。安全阀排泄管道为低压塑料管(承插连接),管道安装完毕后,进行液压气密性试验,空气吹扫。该工序管道系统中管件,阀门均采用法兰阀门,弯头购买冲压成品。

2. 投标控制价包括范围

为本次招标的某化工厂浓硫酸稀释工艺的管道系统安装系统围内的其他安装工程。

3. 投标控制价编制依据

(1)招标文件及其所提供的工程量清单和有关计价的要求,招标文件的补充通知和答疑纪要。

(2)某化工厂浓硫酸稀释工艺的管道系统图及投标施工组织设计。

(3)有关的技术标准,规范和安全管理规定。

(4)省建设主管部门颁发的计价定额和计价管理办法及有关计价文件。

(5)材料价格采用工程所在地工程造价管理机构年月工程造价信息发布的价格信息,对于造价信息没有发布的材料,其价格参照市场价。

表4-20　建设项目投标报价汇总表

工程名称:某化工厂浓硫酸稀释工艺的管道　　　标段:　　　　第　页　共　页

序号	单项工程名称	金额/元	其　中		
			暂估价	安全文明施工费	规费
1	某化工厂浓硫酸稀释工艺的管道	8 890.75	3 000	11.81	87.06
合　计		8 890.75	3 000	11.81	87.06

表4-21　单项工程投标报价汇总表

工程名称:某化工厂浓硫酸稀释工艺的管道　　　标段:　　　　第　页　共　页

序号	单项工程名称	金额/元	其　中		
			暂估价/元	安全文明施工费/元	规费/元
1	某化工厂浓硫酸稀释工艺的管道	8 890.75	3 000	368.76 × 3.2% = 11.81	368.76 × 23.61% = 87.06
合　计		8 890.75	3 000	11.81	87.06

表4-22　单位工程投标报价汇总表

工程名称:某化工厂浓硫酸稀释工艺的管道　　　标段:　　　　　　　　　　第　页　共　页

序　　号	汇总内容	金额/元	其中:暂估价/元
1	分部分项工程	4 170.37	
1.1	某化工厂浓硫酸稀释工艺的管道	4 170.37	
1.2			
1.3			
1.4			
2	措施项目	57.71	
2.1	安全文明施工费	11.81	
3	其他项目	4 537.03	
3.1	暂列金额	417.03	
3.2	专业工程暂估价	3 000	
3.3	计日工	1 000	
3.4	总承包服务费	120	
4	规费	87.06	
5	税金	38.58	
合计=1+2+3+4+5		8 890.75	

注:这里的分部分项工程中存在暂估价。

表4-23　总价措施项目清单与计价表

工程名称:某化工厂浓硫酸稀释工艺的管道　　　标段:　　　　　　　　　　第　页　共　页

序号	项目编码	项目名称	计算基础	费率/%	金额/元	调整费率/%	调整后金额/元	备注
1		环境保护费	人工费(368.76)	0.3	1.11			
2		文明施工费	人工费	2.0	7.38			
3		安全施工费	人工费	1.2	4.43			
4		临时设施费	人工费	7.2	26.55			
5		夜间施工增加费	人工费	0.05	0.18			
6		缩短工期增加费	人工费	4.0	14.75			
7		二次搬运费	人工费	0.7	2.58			
8		已完工程及设备保护费	人工费	0.2	0.74			
合　　计					57.71			

注:该表费率参考《浙江省建设工程施工取费定额》(2003)。

表4-24　其他项目清单与计价汇总表

工程名称:某化工厂浓硫酸稀释工艺的管道　　　标段:　　　　　　　　　　第　页　共　页

序号	项目名称	金额/元	结算金额/元	备　　注
1	暂列金额	417.03		一般按分部分项工程的(4 170.37)10%～15%
2	暂估价	3 000		按实际发生估算
2.1	材料暂估价			

（续表）

序号	项目名称	金额/元	结算金额/元	备　注
2.2	专业工程暂估价	3 000		按有关规定估算
3	计日工	1 000		
4	总承包服务费	120		一般为专业工程估价的3% ~5%
合　计		4 537.03		

注：第1、4项备注参考《建设工程工程量清单计价规范》，材料暂估单价进入清单项目综合单价此处不汇总。

表4-25　计日工表

工程名称：某化工厂浓硫酸稀释工艺的管道　　标段：　　第　页　共　页

编号	项目名称	单位	暂定数量	实际数量	综合单价/元	合价/元	
						暂定	实际
一	人　工						
1	普工	工日	10		60	600	
2	技工（综合）	工日	4		100	400	
3							
人工小计							
二	材　料						
1							
2							
3							
材料小计							
三	施工机械						
1	按实际发生						
2							
3							
施工机械小计							
四	企业管理费和利润						
总　计						1 000	

注：此表项目名称由招标人填写，编制招标控制价时，单价由招标人按有关计价规定确定；投标时，单价由投标人自主报价，计入投标总价中。

表4-26　规费、税金项目计价表

工程名称：某化工厂浓硫酸稀释工艺的管道　　标段：　　第　页　共　页

序号	项目名称	计算基础	计算基数	计算费率/%	金额/元
一	规费	人工费	368.76	23.61	87.06
1.1	工程排污费				
1.2	工程定额测定费				
1.3	工伤保险费				
1.4	养老保险费				
1.5	失业保险费				
1.6	医疗保险费				

（续表）

序号	项目名称	计算基础	计算基数	计算费率/%	金额/元
1.7	住房公积金				
1.8	危险作业意外伤害保险费				
二	税金	直接费+综合费用+规费	660.92+368.76×0.95+87.06=1 098.30	3.513	38.58
2.1	税费	直接费+综合费用+规费	1 098.30	3.413	37.48
2.2	水利建设基金	直接费+综合费用+规费	1 098.30	0.1	1.10
合　计					125.64

注：该表费率参考《浙江省建设工程施工取费定额》(2003）表-13。

（3）工程量清单综合单价分析如表4-4～表4-19所示。

项目五　某建筑楼消防自动喷水灭火系统

某建筑楼消防自动喷水灭火系统采用无吊顶 DN15 闭式喷头，在每层的供水干管上，装有安全信号阀（带启动指示）及水流指示器，在立管底部设有湿式报警器和安全信号总控制阀。为保证供水安全，该系统设有一套地上式水泵接合器，该系统由一台消防水泵直接供水。自动喷水灭火系统管材选用镀锌钢管，安装喷头前，需对管网进行水冲洗。图 5-1 为自动喷水灭火系统管道平面图，图 5-2 为自动喷水灭火系统管道系统图，通过分析此题图计算该工程预算工程量。

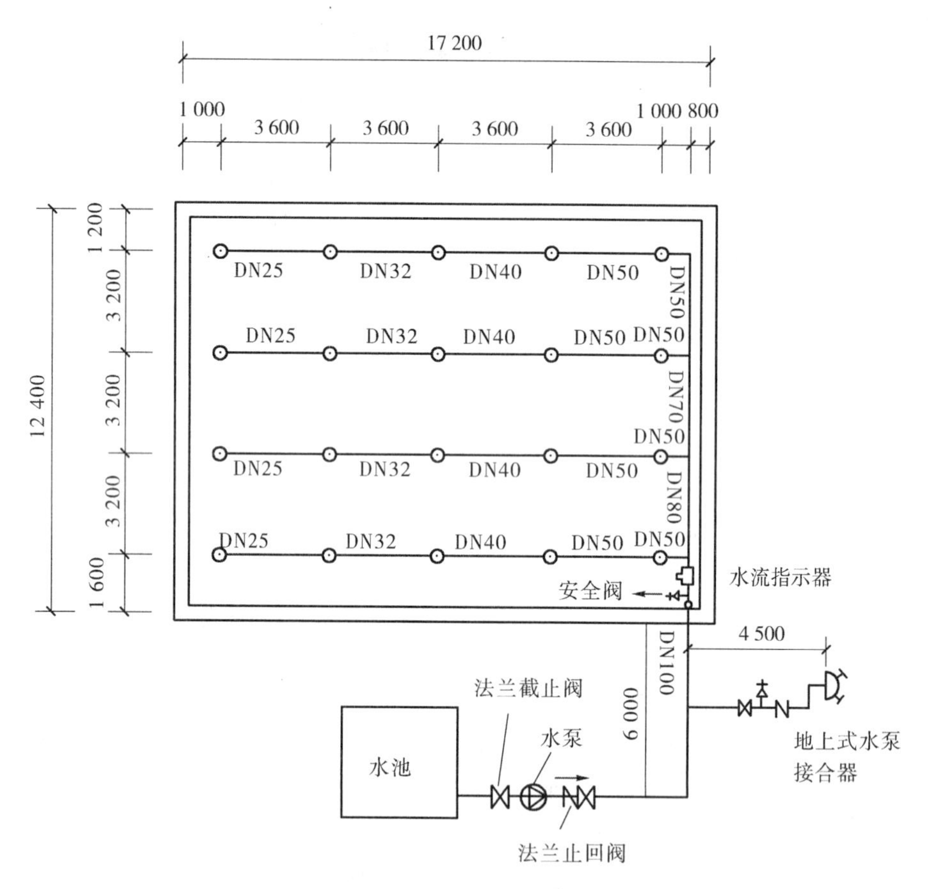

图 5-1　自动喷水灭火系统管道平面图　（单位：mm）

一、清单工程量

（1）镀锌钢管 DN100：31.70m。

分析图可知，DN100 镀锌钢管工程量包括引入管的水平距离，加上立管的长度，加上每层装有安全信号阀和水流指示器供水干管的水平距离。另外，还包括连接地上式消防水泵接合

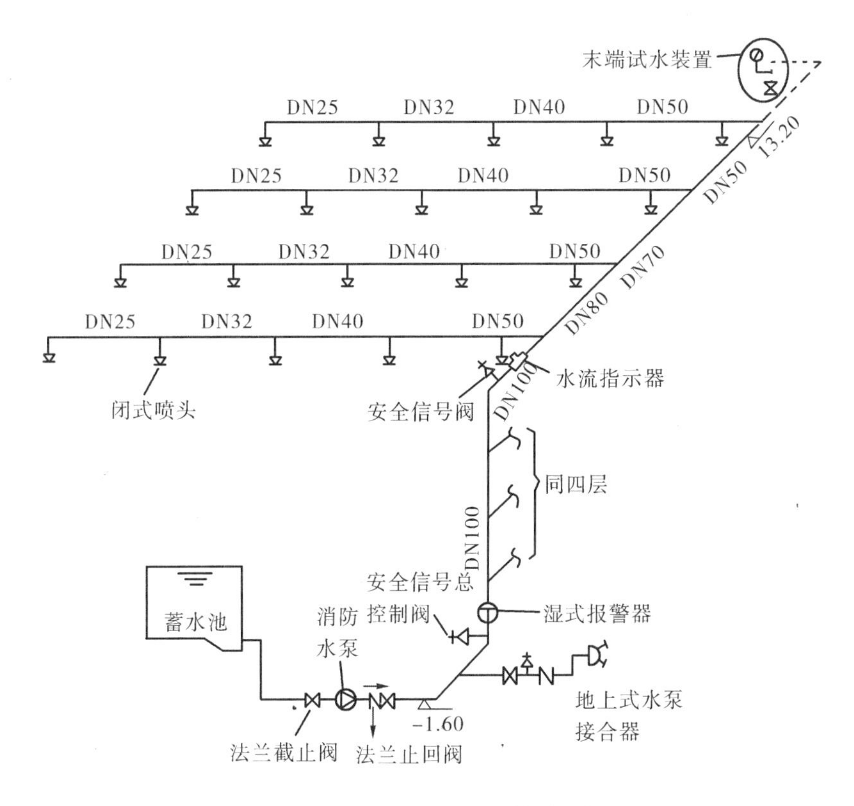

图 5-2　自动喷水灭火系统管道系统图

器的水平管距离。由图 5-1 得,引入管的水平距离为 6.00m,每层 DN100 镀锌钢管供水干管的水平距离为 1.60m,连接消防水泵接合器的水平管距离为 4.50m;由图 5-2 得,引入管管道埋深 -1.60m,立管顶标高 13.20m。该建筑楼共 4 层,则 DN100 镀锌钢管工程量为[6.00 + 1.60 ×4 +4.50 + (1.60 +13.20)]m =31.70m。

(2)镀锌钢管 DN80:12.80m。

分析图可知,DN80 镀锌钢管工程量包括每层连接两根横支管的横干管水平距离,由图5-1 得,任意两根横支管之间的水平距离为 3.20m,该建筑楼共 4 层,则 DN80 镀锌钢管工程量为 3.20 ×4m =12.80m。

(3)镀锌钢管 DN70:12.80m。

3.20(每层任意两根横支管间距) ×4m =12.80m

(4)镀锌钢管 DN50:86.40m。

分析图可知,DN50 镀锌钢管工程量包括每层连接横干管和每根支管第二个喷头的水平管距离,加上每层连接北边两根横支管的水平距离。由图 5-1 得,每层连接横干管和每根支管第二个喷头的水平管距离为(3.60 +1.00)m,每层连接北边两根横支管的横干管水平距离为 3.20m,该建筑楼共 4 层,每层有 4 根横支管,则 DN50 镀锌钢管工程量为[(3.60 +1.00) × 4 ×4 +3.20 ×4]m =86.40m。

(5)镀锌钢管 DN40:57.60m。

(6)镀锌钢管 DN32:57.60m。

(7)镀锌钢管 DN25:57.60m。

分析图可知:DN40,DN32,DN25 镀锌钢管工程量均包括每层每根支管连接两个喷头的支管水平距离。由图5-1得,每层每根支管连接两个喷头的水平距离为3.60m,该建筑楼共4层,每层有4根横支管,则DN40镀锌钢管工程量为3.60×4×4m=57.60m。DN32镀锌钢管和DN25镀锌钢管工程量同DN40镀锌钢管,即其工程量均为57.60m。

(8)无吊顶、DN15闭式水喷头:80个。

每层每根横支管有5个喷头,共4层,每层有4根横支管,则共有5×4×4个=80个。

(9)湿式报警器DN100:1组。

(10)水流指示器(法兰连接)DN100:4个每层横干管上有1个,共4层,则共有1×4个=4个。

(11)末端试水装置DN25:4组每层1组,共4层,则共有1×4组=4组。

(12)低压安全阀DN100:5个每层横干管上设一个安全信号阀,共4层,加上立管底部设有一个安全信号总控制阀,则DN100安全阀工程量共有(1×4+1)个=5个。

(13)低压法兰截止阀DN100:2个消防水泵前后各设1个,则共有(1+1)个=2个。

(14)低压法兰止回阀DN100:1个消防水泵后设1个,防止水倒流。

(15)地上式消防水泵接合器DN100:1套。

(16)消防水泵:1台(离心式耐腐蚀泵,设备重量1t)。

清单工程量计算如表5-1所示。

表5-1 清单工程量计算表

序号	项目编码	项目名称	项目特征描述	计算单位	工程量
1	030901001001	水喷淋镀锌钢管DN100	室内安装,镀锌钢管DN100,螺纹连接,管网水冲洗,给水系统	m	31.70
2	030901001002	水喷淋镀锌钢管DN80	室内安装,镀锌钢管DN80,螺纹连接,管网水冲洗,给水系统	m	12.80
3	030901001003	水喷淋镀锌钢管DN70	室内安装,镀锌钢管DN70,螺纹连接,管网水冲洗,给水系统	m	12.80
4	030901001004	水喷淋镀锌钢管DN50	室内安装,镀锌钢管DN50,螺纹连接,管网水冲洗,给水系统	m	86.40
5	030901001005	水喷淋镀锌钢管DN40	室内安装,镀锌钢管DN40,螺纹连接,管网水冲洗,给水系统	m	57.60
6	030901001006	水喷淋镀锌钢管DN32	室内安装,镀锌钢管DN32,螺纹连接,管网水冲洗,给水系统	m	57.60
7	030901001007	水喷淋镀锌钢管DN25	室内安装,镀锌钢管DN25,螺纹连接,管网水冲洗,给水系统	m	57.60
8	030901003001	水喷淋(雾)喷头	无吊顶,DN15普通洒水喷头	个	80
9	030901004001	报警装置	湿式报警器DN100	组	1
10	030901006001	水流指示器	法兰连接,DN100	个	4
11	030901008001	末端试水装置	DN25	组	4
12	030807005001	低压安全阀门	安全阀DN100	个	5
13	030807003001	低压法兰阀门	低压法兰截止阀DN100	个	2
14	030807003002	低压法兰阀门	低压法兰止回阀DN100	个	1
15	030901012001	消防水泵接合器	地上式消防水泵接合器,DN100室内安装	套	1
16	030109001001	消防水泵	单级离心式耐腐蚀泵,设备重量在1t以内	台	1

二、定额工程量

(1)水喷淋镀锌钢管 DN100。

共31.70m,采用定额7-73计算,计量单位:10m。

(2)水喷淋镀锌钢管 DN80。

共12.80m,采用定额7-72计算,计量单位:10m。

(3)水喷淋镀锌钢管 DN70。

共12.80m,采用定额7-71计算,计量单位:10m。

(4)水喷淋镀锌钢管 DN50。

共86.40m,采用定额7-70计算,计量单位:10m。

(5)水喷淋镀锌钢管 DN40。

共57.60m,采用定额7-69计算,计量单位:10m。

(6)水喷淋镀锌钢管 DN32。

共57.60m,采用定额7-68计算,计量单位:10m。

(7)水喷淋镀锌钢管 DN25。

共57.60m,采用定额7-67计算,计量单位:10m。

(8)公称直径 DN50 以内自动喷水灭火系统管网水冲洗。

包括水喷淋镀锌钢管 DN50:86.40m,DN40:57.60m,DN32:57.60m,DN25:57.60m,共(86.40+57.60+57.60+57.60)m=259.20m,采用定额7-132计算,计量单位:100m。

(9)公称直径 DN70 自动喷水灭火系统管网水冲洗。

共12.80m,采用定额7-133计算,计量单位:100m。

(10)公称直径 DN80 自动喷水灭火系统管网水冲洗。

共12.80m,采用定额7-134计算,计量单位:100m。

(11)公称直径 DN100 自动喷水灭火系统管网水冲洗。

共31.70m,采用定额7-135计算,计量单位:100m。

(12)无吊顶 DN15 水喷头。

共80个,采用定额7-76计算,计量单位:10个。

(13)湿式报警装置安装(DN100)。

共1组,采用定额7-80计算,计量单位:组。

(14)水流指示器 DN100,法兰连接。

共4个,采用定额7-94计算,计量单位:个。

(15)末端试水装置 DN25。

共4组,采用定额7-102计算,计量单位:组。

(16)安全阀 DN100,低压。

共5个,采用定额6-1342计算,计量单位:个。

(17)低压法兰阀 DN100。

共3个,2个法兰截止阀,1个法兰止回阀,采用定额6-1278计算,计量单位:个。

(18)地上式消防水泵接合器 DN100。

共1套,采用定额7-123计算,计量单位:套。

(19)消防水泵(单级离心式耐腐蚀泵)。

共1台，采用定额1-792计算，计量单位：台。

(20)预算与计价

某建筑楼消防自动喷水灭火系统工程施工图预算如表5-2所示。

表5-2 某建筑楼消防自动喷水灭火系统施工图预算表

序号	定额编号	分项工程名称	计量单位	工程量	基价/元	其中					合计/元
						人工费	材料费/元	机械费/元	管理费/元	利润/元	
1	7-73	水喷淋镀锌钢管DN100	10m	3.17	144.11	72.72	15.59	7.08	38.54	10.18	456.83
2	7-72	水喷淋镀锌钢管DN80	10m	1.28	134.50	64.53	18.77	7.97	34.20	9.03	172.16
3	7-71	水喷淋镀锌钢管DN70	10m	1.28	115.94	55.04	16.98	7.04	29.17	7.71	148.40
4	7-70	水喷淋镀锌钢管DN50	10m	8.64	102.71	49.50	13.05	6.99	26.24	6.93	887.41
5	7-69	水喷淋镀锌钢管DN40	10m	5.76	100.31	47.53	13.10	7.84	25.19	6.65	577.79
6	7-68	水喷淋镀锌钢管DN32	10m	5.76	83.48	41.78	8.52	5.19	22.14	5.85	480.84
7	7-67	水喷淋镀锌钢管DN25	10m	5.76	77.25	40.22	6.69	3.39	21.32	5.63	444.96
8	7-132	公称直径DN50以内自动喷水灭火系统管网水冲洗	100m	2.59	184.03	55.93	80.46	10.17	29.64	7.83	476.64
9	7-133	公称直径DN70自动喷水灭火系统管网水冲洗	100m	0.13	223.13	61.44	109.43	11.10	32.56	8.60	29.01
10	7-134	公称直径DN80自动喷水灭火系统管网水冲洗	100m	0.13	251.12	61.44	136.95	11.57	32.56	8.60	32.65
11	7-135	公称直径DN100自动喷水灭火系统管网水冲洗	100m	0.32	305.96	61.44	189.92	13.44	32.56	8.60	97.91
12	7-76	无吊顶 DN15水喷头	10个	8	82.45	34.92	20.96	3.17	18.51	4.89	659.60
13	7-80	湿式报警装置安装DN100	组	1	560.13	152.28	272.80	33.02	80.71	21.32	560.13
14	7-94	水流指示器法兰连接DN100	个	4	115.23	32.94	40.46	19.76	17.41	4.61	460.92
15	7-102	末端试水装置安装DN25	组	4	105.15	33.38	47.67	1.74	17.69	4.67	420.60

（续表）

序号	定额编号	分项工程名称	计量单位	工程量	基价/元	其中					合计/元
						人工费	材料费/元	机械费/元	管理费/元	利润/元	
16	6-1342	低压安全阀DN100	个	5	75.43	33.57	13.71	5.66	17.79	4.70	377.15
17	6-1278	低压法兰阀DN100	个	3	44.64	19.79	6.79	4.80	10.49	2.77	133.92
18	7-123	地上式水泵接合器DN100	套	1	189.48	46.20	104.33	7.99	24.49	6.47	189.48
19	1-792	单级离心式耐腐蚀泵	台	1	499.11	217.15	104.67	31.80	115.09	30.40	499.11
合　价											7 327.27

注：该表格中未计价材料均未在材料费中体现，具体可参考工程量清单综合单价分析表。

三、将定额计价转换为清单计价形式

分部分项工程和单价措施项目清单与计价如表5-3所示。工程量清单工程量清单综合单价分析如表5-4～表5-19所示。

表5-3　分部分项工程和单价措施项目清单与计价表

工程名称：某建筑楼消防自动喷水灭火系统　　　标段：　　　　第　页　共　页

序号	项目编码	项目名称	项目特征描述	计量单位	工程量	金额/元		
						综合单价	合价	其中：暂估价
1	030901001001	水喷淋镀锌钢管DN100	室内安装，镀锌钢管DN100，螺纹连接，管网水冲洗，给水系统	m	31.70	82.98	2 630.47	—
2	030901001002	水喷淋镀锌钢管DN80	室内安装，镀锌钢管DN80，螺纹连接，管网水冲洗，给水系统	m	12.80	74.23	950.14	—
3	030901001003	水喷淋镀锌钢管DN70	室内安装，镀锌钢管DN70，螺纹连接，管网水冲洗，给水系统	m	12.80	61.32	748.90	—
4	030901001004	水喷淋镀锌钢管DN50	室内安装，镀锌钢管DN50，螺纹连接，管网水冲洗，给水系统	m	86.40	48.58	4 109.87	—
5	030901001005	水喷淋镀锌钢管DN40	室内安装，镀锌钢管DN40，螺纹连接，管网水冲洗，给水系统	m	57.60	45.79	2 637.50	—
6	030901001006	水喷淋镀锌钢管DN32	室内安装，镀锌钢管DN32，螺纹连接，管网水冲洗，给水系统	m	57.60	34.17	1 968.19	—
7	030901001007	水喷淋镀锌钢管DN25	室内安装，镀锌钢管DN25，螺纹连接，管网水冲洗，给水系统	m	57.60	28.27	1 628.35	—

（续表）

序号	项目编码	项目名称	项目特征描述	计量单位	工程量	金额/元		
						综合单价	合价	其中：暂估价
8	030901003001	水喷淋（雾）喷头	无吊顶，DN15 普通洒水喷头	个	80	22.90	1 832.00	—
9	030901004001	报警装置	湿式报警器 DN100	组	1	2 009.16	2 009.16	—
10	030901006001	水流指示器	法兰连接，DN100	个	4	393.26	1 573.04	—
11	030901008001	末端试水装置	DN25	组	4	181.91	727.64	—
12	030807005001	低压安全阀门	安全阀 DN100	个	5	1 611.43	8 057.15	—
13	030807003001	低压法兰阀门	低压法兰截止阀 DN100	个	2	314.64	629.28	—
14	030807003002	低压法兰阀门	低压法兰止回阀 DN10	个	1	154.64	154.64	—
15	030901012001	消防水泵接合器	室内地上式消防水泵接合器，DN100	套	1	1 019.48	1 019.48	—
16	030109001001	消防水泵	单级离心式耐腐蚀泵，设备重量在 1t 以内	台	1	499.11	499.11	—
本页小计							31 174.92	—
合　计							31 174.92	—

表 5-4　工程量清单综合单价分析表 1

工程名称：某建筑楼消防自动喷水灭火系统　　标段：　　第 1 页　共 16 页

项目编码	030901001001	项目名称	水喷淋镀锌钢管 DN100	计量单位	m	工程量	31.7

定额编号	定额名称	定额单位	数量	单价：人工费	单价：材料费	单价：机械费	单价：管理费和利润	合价：人工费	合价：材料费	合价：机械费	合价：管理费和利润
清单综合单价组成明细											
7-73	镀锌钢管 DN100	10m	0.1	72.72	15.59	7.08	48.72	7.27	1.56	0.71	4.87
7-135	管网水冲洗	100m	0.01	61.44	189.92	13.44	41.16	0.61	1.90	0.13	0.41
人工单价		小　计						7.88	3.46	0.84	5.28
26.00 元/工日		未计价材料费						65.52			
清单项目综合单价								82.98			

	主要材料名称、规格、型号	单位	数量	单价/元	合价/元	暂估单价/元	暂估合价/元
材料费明细	镀锌钢管 DN100	m	1.02	51.49	52.52	—	—
	镀锌钢管接头零件	个	0.52	25.00	13.00		
	其他材料费			—		—	
	材料费小计			—	65.52	—	

注：管理费利润均以人工费为取费基数，管理费费率为 53%，利润率为 14%。下同。

表 5-5 工程量清单综合单价分析表 2

工程名称：某建筑楼消防自动喷水灭火系统　　　标段：　　　　　　第 2 页 共 16 页

项目编码	030901001002	项目名称	水喷淋镀锌钢管 DN80			计量单位	m		工程量	12.8	
清单综合单价组成明细											
定额编号	定额名称	定额单位	数量	单价				合价			
				人工费	材料费	机械费	管理费和利润	人工费	材料费	机械费	管理费和利润
7-72	镀锌钢管 DN80	10m	0.1	64.53	18.77	7.97	43.23	6.45	1.88	0.80	4.32
7-134	管网水冲洗	100m	0.01	61.44	136.95	11.57	41.16	0.61	1.37	0.12	0.41
人工单价				小计				7.06	3.25	0.92	4.73
26.00 元/工日				未计价材料费				58.27			
清单项目综合单价								74.23			
材料费明细	主要材料名称、规格、型号					单位	数量	单价/元	合价/元	暂估单价/元	暂估合价/元
	镀锌钢管 DN80					m	1.02	39.30	40.09	—	—
	镀锌钢管接头零件					个	0.83	21.90	18.18		
	其他材料费							—		—	
	材料费小计							—	58.27	—	

表 5-6 工程量清单综合单价分析表 3

工程名称：某建筑楼消防自动喷水灭火系统　　　标段：　　　　　　第 3 页 共 16 页

项目编码	030901001003	项目名称	水喷淋镀锌钢管 DN70			计量单位	m		工程量	12.8	
清单综合单价组成明细											
定额编号	定额名称	定额单位	数量	单价				合价			
				人工费	材料费	机械费	管理费和利润	人工费	材料费	机械费	管理费和利润
7-71	镀锌钢管 DN70	10m	0.1	55.04	16.98	7.04	36.88	5.50	1.70	0.70	3.69
7-133	管网水冲洗	100m	0.01	61.44	109.43	11.10	41.16	0.61	1.09	0.11	0.41
人工单价				小计				6.11	2.79	0.81	4.10
26.00 元/工日				未计价材料费				47.51			
清单项目综合单价								61.32			
材料费明细	主要材料名称、规格、型号					单位	数量	单价/元	合价/元	暂估单价/元	暂估合价/元
	镀锌钢管 DN70					m	1.02	30.52	31.13	—	—
	镀锌钢管接头零件					个	0.89	18.40	16.38		
	其他材料费							—		—	
	材料费小计							—	47.51	—	

表 5-7　工程量清单综合单价分析表 4

工程名称：某建筑楼消防自动喷水灭火系统　　　标段：　　　　第 4 页　共 16 页

项目编码	030901001004	项目名称	水喷淋镀锌钢管 DN50	计量单位	m	工程量	86.40

<table>
<tr><td colspan="12">清单综合单价组成明细</td></tr>
<tr><td rowspan="2">定额编号</td><td rowspan="2">定额名称</td><td rowspan="2">定额单位</td><td rowspan="2">数量</td><td colspan="4">单　价</td><td colspan="4">合　价</td></tr>
<tr><td>人工费</td><td>材料费</td><td>机械费</td><td>管理费和利润</td><td>人工费</td><td>材料费</td><td>机械费</td><td>管理费和利润</td></tr>
<tr><td>7-70</td><td>镀锌钢管 DN50</td><td>10m</td><td>0.1</td><td>49.50</td><td>13.05</td><td>6.99</td><td>33.17</td><td>4.95</td><td>1.31</td><td>0.70</td><td>3.32</td></tr>
<tr><td>7-132</td><td>管网水冲洗</td><td>100m</td><td>0.01</td><td>55.93</td><td>80.46</td><td>10.17</td><td>37.47</td><td>0.56</td><td>0.80</td><td>0.10</td><td>0.37</td></tr>
<tr><td colspan="3">人工单价</td><td colspan="5">小　计</td><td>5.51</td><td>2.11</td><td>0.80</td><td>3.69</td></tr>
<tr><td colspan="3">26.00 元/工日</td><td colspan="5">未计价材料费</td><td colspan="4">36.47</td></tr>
<tr><td colspan="8">清单项目综合单价</td><td colspan="4">48.58</td></tr>
</table>

<table>
<tr><td rowspan="7">材料费明细</td><td>主要材料名称、规格、型号</td><td>单位</td><td>数量</td><td>单价/元</td><td>合价/元</td><td>暂估单价/元</td><td>暂估合价/元</td></tr>
<tr><td>镀锌钢管 DN50</td><td>m</td><td>1.02</td><td>22.99</td><td>23.45</td><td>—</td><td>—</td></tr>
<tr><td>镀锌钢管接头零件</td><td>个</td><td>0.93</td><td>14.00</td><td>13.02</td><td></td><td></td></tr>
<tr><td></td><td></td><td></td><td></td><td></td><td></td><td></td></tr>
<tr><td></td><td></td><td></td><td></td><td></td><td></td><td></td></tr>
<tr><td colspan="3">其他材料费</td><td>—</td><td></td><td>—</td><td></td></tr>
<tr><td colspan="3">材料费小计</td><td>—</td><td>36.47</td><td>—</td><td></td></tr>
</table>

表 5-8　工程量清单综合单价分析表 5

工程名称：某建筑楼消防自动喷水灭火系统　　　标段：　　　　第 5 页　共 16 页

项目编码	030901001005	项目名称	水喷淋镀锌钢管 DN40	计量单位	m	工程量	57.60

<table>
<tr><td colspan="12">清单综合单价组成明细</td></tr>
<tr><td rowspan="2">定额编号</td><td rowspan="2">定额名称</td><td rowspan="2">定额单位</td><td rowspan="2">数量</td><td colspan="4">单　价</td><td colspan="4">合　价</td></tr>
<tr><td>人工费</td><td>材料费</td><td>机械费</td><td>管理费和利润</td><td>人工费</td><td>材料费</td><td>机械费</td><td>管理费和利润</td></tr>
<tr><td>7-69</td><td>镀锌钢管 DN40</td><td>10m</td><td>0.1</td><td>47.53</td><td>13.10</td><td>7.84</td><td>31.84</td><td>4.75</td><td>1.31</td><td>0.78</td><td>3.18</td></tr>
<tr><td>7-132</td><td>管网水冲洗</td><td>100m</td><td>0.01</td><td>55.93</td><td>80.46</td><td>10.17</td><td>37.47</td><td>0.56</td><td>0.80</td><td>0.10</td><td>0.37</td></tr>
<tr><td colspan="3">人工单价</td><td colspan="5">小　计</td><td>5.31</td><td>2.11</td><td>0.88</td><td>3.55</td></tr>
<tr><td colspan="3">26.00 元/工日</td><td colspan="5">未计价材料费</td><td colspan="4">33.94</td></tr>
<tr><td colspan="8">清单项目综合单价</td><td colspan="4">45.79</td></tr>
</table>

<table>
<tr><td rowspan="7">材料费明细</td><td>主要材料名称、规格、型号</td><td>单位</td><td>数量</td><td>单价/元</td><td>合价/元</td><td>暂估单价/元</td><td>暂估合价/元</td></tr>
<tr><td>镀锌钢管 DN40</td><td>m</td><td>1.02</td><td>18.09</td><td>18.45</td><td>—</td><td>—</td></tr>
<tr><td>镀锌钢管接头零件</td><td>个</td><td>1.22</td><td>12.70</td><td>15.49</td><td></td><td></td></tr>
<tr><td></td><td></td><td></td><td></td><td></td><td></td><td></td></tr>
<tr><td></td><td></td><td></td><td></td><td></td><td></td><td></td></tr>
<tr><td colspan="3">其他材料费</td><td>—</td><td></td><td>—</td><td></td></tr>
<tr><td colspan="3">材料费小计</td><td>—</td><td>33.94</td><td>—</td><td></td></tr>
</table>

表 5-9　工程量清单综合单价分析表 6

工程名称:某建筑楼消防自动喷水灭火系统　　　　标段:　　　　　　　　　第 6 页　共 16 页

项目编码	030901001006	项目名称	水喷淋镀锌钢管 DN32			计量单位	m		工程量		57.60
清单综合单价组成明细											
定额编号	定额名称	定额单位	数量	单价				合价			
				人工费	材料费	机械费	管理费和利润	人工费	材料费	机械费	管理费和利润
7-68	镀锌钢管 DN32	10m	0.1	41.78	8.52	5.19	27.99	4.18	0.85	0.52	2.80
7-132	管网水冲洗	100m	0.01	55.93	80.46	10.17	37.47	0.56	0.80	0.10	0.37
人工单价		小　计						4.74	1.65	0.62	3.17
26.00 元/工日		未计价材料费						23.99			
清单项目综合单价								34.17			
材料费明细	主要材料名称、规格、型号				单位	数量		单价/元	合价/元	暂估单价/元	暂估合价/元
	镀锌钢管 DN32				m	1.02		14.86	15.16	—	—
	镀锌钢管接头零件				个	0.81		10.90	8.83		
	其他材料费							—		—	
	材料费小计							—	23.99	—	

表 5-10　工程量清单综合单价分析表 7

工程名称:某建筑楼消防自动喷水灭火系统　　　　标段:　　　　　　　　　第 7 页　共 16 页

项目编码	030901001007	项目名称	水喷淋镀锌钢管 DN25			计量单位	m		工程量		57.60
清单综合单价组成明细											
定额编号	定额名称	定额单位	数量	单价				合价			
				人工费	材料费	机械费	管理费和利润	人工费	材料费	机械费	管理费和利润
7-67	镀锌钢管 DN25	10m	0.1	40.22	6.69	3.39	26.95	4.02	0.67	0.34	2.70
7-132	管网水冲洗	100m	0.01	55.93	80.46	10.17	37.47	0.56	0.80	0.10	0.37
人工单价		小　计						4.58	1.47	0.44	3.07
26.00 元/工日		未计价材料费						18.71			
清单项目综合单价								28.27			
材料费明细	主要材料名称、规格、型号				单位	数量		单价/元	合价/元	暂估单价/元	暂估合价/元
	镀锌钢管 DN25				m	1.02		11.50	11.73	—	—
	镀锌钢管接头零件				个	0.72		9.70	6.98		
	其他材料费							—		—	
	材料费小计							—	18.71	—	

表 5-11　工程量清单综合单价分析表 8

工程名称:某建筑楼消防自动喷水灭火系统　　　　标段:　　　　　　　　　　第 8 页　共 16 页

项目编码	030901003001	项目名称	水喷淋(雾)喷头	计量单位	个	工程量	80

清单综合单价组成明细											
定额编号	定额名称	定额单位	数量	单价				合价			
				人工费	材料费	机械费	管理费和利润	人工费	材料费	机械费	管理费和利润
7-76	无吊顶 DN15 喷头	10 个	0.1	34.92	20.96	3.17	23.40	3.49	2.10	0.32	2.34
人工单价		小　计						3.49	2.10	0.32	2.34
26.00 元/工日		未计价材料费						14.65			
清单项目综合单价								22.90			

材料费明细	主要材料名称、规格、型号	单位	数量	单价/元	合价/元	暂估单价/元	暂估合价/元
	普通洒水喷头	个	1.01	14.50	14.65	—	—
	其他材料费			—		—	
	材料费小计			—	14.65	—	

表 5-12　工程量清单综合单价分析表 9

工程名称:某建筑楼消防自动喷水灭火系统　　　　标段:　　　　　　　　　　第 9 页　共 16 页

项目编码	030901004001	项目名称	湿式报警装置安装 DN100	计量单位	组	工程量	1

清单综合单价组成明细											
定额编号	定额名称	定额单位	数量	单价				合价			
				人工费	材料费	机械费	管理费和利润	人工费	材料费	机械费	管理费和利润
7-80	湿式报警装置	组	1	152.28	272.80	33.02	102.03	152.28	272.80	33.02	102.03
人工单价		小　计						152.28	272.80	33.02	102.03
26.00 元/工日		未计价材料费						1 449.03			
清单项目综合单价								2 009.16			

材料费明细	主要材料名称、规格、型号	单位	数量	单价/元	合价/元	暂估单价/元	暂估合价/元
	湿式报警装置	套	1.00	1 386.00	1 386.00	—	—
	钢板平焊法兰	片	2.20	28.65	63.03		
	其他材料费			—		—	
	材料费小计			—	1 449.03	—	

表 5-13　工程量清单综合单价分析表 10

工程名称:某建筑楼消防自动喷水灭火系统　　　　标段:　　　　　　　　　　第 10 页　共 16 页

项目编码	030901006001	项目名称	水流指示器	计量单位	个	工程量	4

清单综合单价组成明细											
定额编号	定额名称	定额单位	数量	单价				合价			
				人工费	材料费	机械费	管理费和利润	人工费	材料费	机械费	管理费和利润
7-94	水流指示器法兰连接 DN100	个	1	32.94	40.46	19.76	22.07	32.94	40.46	19.76	22.07

（续表）

人工单价		小 计				32.94	40.46	19.76	22.07
26.00元/工日		未计价材料费				278.03			
清单项目综合单价						393.26			
材料费明细	主要材料名称、规格、型号			单位	数量	单价/元	合价/元	暂估单价/元	暂估合价/元
	水流指示器(法兰)DN100			个	1	215.00	215.00	—	—
	钢板平焊法兰			片	2.20	28.65	63.03		
	其他材料费					—		—	
	材料费小计					—	278.03	—	

表5-14 工程量清单综合单价分析表11

工程名称：某建筑楼消防自动喷水灭火系统　　标段：　　第11页　共16页

项目编码	030901008001	项目名称	末端试水装置 DN25			计量单位	组		工程量	4	
清单综合单价组成明细											
定额编号	定额名称	定额单位	数量	单价				合价			
				人工费	材料费	机械费	管理费和利润	人工费	材料费	机械费	管理费和利润
7-102	末端试水装置 DN25	组	1	33.38	47.67	1.74	22.36	33.38	47.67	1.74	22.36
人工单价		小 计						33.38	47.67	1.74	22.36
26.00元/工日		未计价材料费						76.76			
清单项目综合单价								181.91			
材料费明细	主要材料名称、规格、型号					单位	数量	单价/元	合价/元	暂估单价/元	暂估合价/元
	法兰阀门 DN25J41T-16					个	2.02	38.00	76.76	—	—
	其他材料费							—		—	
	材料费小计							—	76.76	—	

表5-15 工程量清单综合单价分析表12

工程名称：某建筑楼消防自动喷水灭火系统　　标段：　　第12页　共16页

项目编码	030807005001	项目名称	法兰阀门(低压安全阀)			计量单位	个		工程量	5	
清单综合单价组成明细											
定额编号	定额名称	定额单位	数量	单价				合价			
				人工费	材料费	机械费	管理费和利润	人工费	材料费	机械费	管理费和利润
6-1342	低压安全阀 DN100	个	1	33.57	13.71	5.66	22.49	33.57	13.71	5.66	22.49
人工单价		小 计						33.57	13.71	5.66	22.49
26.00元/工日		未计价材料费						1 536.00			
清单项目综合单价								1 611.43			
材料费明细	主要材料名称、规格、型号					单位	数量	单价/元	合价/元	暂估单价/元	暂估合价/元
	低压安全阀门					个	1	1 536.00	1 536.00	—	—
	其他材料费							—		—	
	材料费小计							—	1 536.00	—	

表 5-16　工程量清单综合单价分析表 13

工程名称:某建筑楼消防自动喷水灭火系统　　　　标段:　　　　　　　　　　　第 13 页　共 16 页

项目编码	030807003001	项目名称	低压法兰截止阀			计量单位	个		工程量	2	
清单综合单价组成明细											
定额编号	定额名称	定额单位	数量	单价				合价			
				人工费	材料费	机械费	管理费和利润	人工费	材料费	机械费	管理费和利润
6-1278	低压法兰截止阀 DN100	个	1	19.79	6.79	4.80	13.26	19.79	6.79	4.80	13.26
人工单价		小　计						19.79	6.79	4.80	13.26
26.00 元/工日		未计价材料费						270.00			
清单项目综合单价								314.64			
材料费明细	主要材料名称、规格、型号					单位	数量	单价/元	合价/元	暂估单价/元	暂估合价/元
	低压法兰截止阀 J41T－16DN100					个	1.00	270.00	270.00	—	—
	其他材料费							—		—	
	材料费小计							—	270.00	—	

表 5-17　工程量清单综合单价分析表 14

工程名称:某建筑楼消防自动喷水灭火系统　　　　标段:　　　　　　　　　　　第 14 页　共 16 页

项目编码	030807003002	项目名称	低压法兰止回阀			计量单位	个		工程量	1	
清单综合单价组成明细											
定额编号	定额名称	定额单位	数量	单价				合价			
				人工费	材料费	机械费	管理费和利润	人工费	材料费	机械费	管理费和利润
6-1278	低压法兰止回阀 DN100	个	1	19.79	6.79	4.80	13.26	19.79	6.79	4.80	13.26
人工单价		小　计						19.79	6.79	4.80	13.26
26.00 元/工日		未计价材料费						110.00			
清单项目综合单价								154.64			
材料费明细	主要材料名称、规格、型号					单位	数量	单价/元	合价/元	暂估单价/元	暂估合价/元
	低压法兰止回阀 H44T-16DN100					个	1	110.00	110.00	—	—
	其他材料费							—		—	
	材料费小计							—	110.00	—	

表 5-18　工程量清单综合单价分析表 15

工程名称:某建筑楼消防自动喷水灭火系统　　　标段:　　　　　　第 15 页　共 16 页

<table>
<tr><td>项目编码</td><td>030901012001</td><td colspan="2">项目名称</td><td colspan="3">消防水泵接合器</td><td>计量单位</td><td>套</td><td>工程量</td><td colspan="2">1</td></tr>
<tr><td colspan="12">清单综合单价组成明细</td></tr>
<tr><td rowspan="2">定额编号</td><td rowspan="2">定额名称</td><td rowspan="2">定额单位</td><td rowspan="2">数量</td><td colspan="4">单　价</td><td colspan="4">合　价</td></tr>
<tr><td>人工费</td><td>材料费</td><td>机械费</td><td>管理费和利润</td><td>人工费</td><td>材料费</td><td>机械费</td><td>管理费和利润</td></tr>
<tr><td>7-123</td><td>地上式水泵接合器 DN100</td><td>套</td><td>1</td><td>46.20</td><td>104.33</td><td>7.99</td><td>30.96</td><td>46.20</td><td>104.33</td><td>7.99</td><td>30.96</td></tr>
<tr><td colspan="2">人工单价</td><td colspan="6">小　计</td><td>46.20</td><td>104.33</td><td>7.99</td><td>30.96</td></tr>
<tr><td colspan="2">26.00 元/工日</td><td colspan="6">未计价材料费</td><td colspan="4">830.00</td></tr>
<tr><td colspan="8">清单项目综合单价</td><td colspan="4">1 019.48</td></tr>
<tr><td rowspan="7">材料费明细</td><td colspan="5">主要材料名称、规格、型号</td><td>单位</td><td>数量</td><td>单价/元</td><td>合价/元</td><td>暂估单价/元</td><td>暂估合价/元</td></tr>
<tr><td colspan="5">地上式水泵接合器 SSA 直径 100mm</td><td>套</td><td>1</td><td>830.00</td><td>830.00</td><td>—</td><td>—</td></tr>
<tr><td colspan="5"></td><td></td><td></td><td></td><td></td><td></td><td></td></tr>
<tr><td colspan="5"></td><td></td><td></td><td></td><td></td><td></td><td></td></tr>
<tr><td colspan="5"></td><td></td><td></td><td></td><td></td><td></td><td></td></tr>
<tr><td colspan="7">其他材料费</td><td>—</td><td></td><td>—</td><td></td></tr>
<tr><td colspan="7">材料费小计</td><td>—</td><td>830.00</td><td>—</td><td></td></tr>
</table>

表 5-19　工程量清单综合单价分析表 16

工程名称:某建筑楼消防自动喷水灭火系统　　　标段:　　　　　　第 16 页　共 16 页

<table>
<tr><td>项目编码</td><td>030109001001</td><td colspan="2">项目名称</td><td colspan="3">消防水泵</td><td>计量单位</td><td>台</td><td>工程量</td><td colspan="2">1</td></tr>
<tr><td colspan="12">清单综合单价组成明细</td></tr>
<tr><td rowspan="2">定额编号</td><td rowspan="2">定额名称</td><td rowspan="2">定额单位</td><td rowspan="2">数量</td><td colspan="4">单　价</td><td colspan="4">合　价</td></tr>
<tr><td>人工费</td><td>材料费</td><td>机械费</td><td>管理费和利润</td><td>人工费</td><td>材料费</td><td>机械费</td><td>管理费和利润</td></tr>
<tr><td>1-792</td><td>单级离心式耐腐蚀泵</td><td>台</td><td>1</td><td>217.15</td><td>104.67</td><td>31.80</td><td>145.49</td><td>217.15</td><td>104.67</td><td>31.80</td><td>145.49</td></tr>
<tr><td colspan="2">人工单价</td><td colspan="6">小　计</td><td>217.15</td><td>104.67</td><td>31.80</td><td>145.49</td></tr>
<tr><td colspan="2">26.00 元/工日</td><td colspan="6">未计价材料费</td><td colspan="4">—</td></tr>
<tr><td colspan="8">清单项目综合单价</td><td colspan="4">499.11</td></tr>
<tr><td rowspan="6">材料费明细</td><td colspan="5">主要材料名称、规格、型号</td><td>单位</td><td>数量</td><td>单价/元</td><td>合价/元</td><td>暂估单价/元</td><td>暂估合价/元</td></tr>
<tr><td colspan="5"></td><td></td><td></td><td></td><td></td><td></td><td></td></tr>
<tr><td colspan="5"></td><td></td><td></td><td></td><td></td><td></td><td></td></tr>
<tr><td colspan="5"></td><td></td><td></td><td></td><td></td><td></td><td></td></tr>
<tr><td colspan="7">其他材料费</td><td>—</td><td></td><td>—</td><td></td></tr>
<tr><td colspan="7">材料费小计</td><td>—</td><td></td><td>—</td><td></td></tr>
</table>

四、投标报价

(1)投标总价如下所示。

投 标 总 价

招标人:某建筑楼

工程名称:某建筑楼消防自动喷水灭火系统安装工程

投标总价(小写):　　97 834.35 元

　　　　(大写):玖万柒仟捌佰叁拾肆元叁角伍分

投标人:巨力建筑装饰公司

(单位盖章)

法定代表人:巨力建筑装饰公司

或其授权人:法定代表人

(签字或盖章)

编制人:×××签字盖造价工程师或造价员专用章

(造价人员签字盖专用章)

编制时间:××××年×月×日

(2)总说明如下所示,有关投标报价如表5-20～表5-28所示。

总　说　明

工程名称:某建筑楼消防自动喷水灭火系统　　　标段:　　　　　　　　　　第　页　共　页

1.工程概况

某建筑楼消防自动喷水灭火系统

如图所示为某建筑楼消防自动喷水灭火系统示意图,该系统采用无吊顶DN15闭式喷头,在每层的供水干管上,装有安全信号阀(带启动指示)及水流指示器,在立管底部设有湿式报警器和安全信号总控制阀。为保证供水安全,该系统设有一套地上式水泵接合器,该系统由一台消防水泵直接供水。自动喷水灭火系统管材选用镀锌钢管,安装喷头前,需对管网进行水冲洗。

2.投标控制价包括范围

为本次招标的安装施工图范围内的安装工程。

3.投标控制价编制依据

(1)招标文件及其所提供的工程量清单和有关计价的要求,招标文件的补充通知和答疑纪要。

(2)该工程施工图及投标施工组织设计。

(3)有关的技术标准,规范和安全管理规定。

(4)省建设主管部门颁发的计价定额和计价管理办法及有关计价文件。

(5)材料价格采用工程所在地工程造价管理机构年月工程造价信息发布的价格信息,对于造价信息没有发布的材料,其价格参照市场价。

表5-20　建设项目投标报价汇总表

工程名称:某建筑楼消防自动喷水灭火系统　　　标段:　　　　　　　　　　第　页　共　页

序号	单项工程名称	金额/元	其中		
			暂估价/元	安全文明施工费/元	规费/元
1	某建筑楼消防自动喷水灭火系统安装工程	97 834.35	10 000		
合　计		97 834.35	10 000		

注:本表适用于建设项目招标控制价或投标报价的汇总。

表5-21　单项工程投标报价汇总表

工程名称:某建筑楼消防自动喷水灭火系统　　　标段:　　　　　　　　　　第　页　共　页

序号	单项工程名称	金额/元	其中		
			暂估价/元	安全文明施工费/元	规费/元
1	某建筑楼消防自动喷水灭火系统安装工程	97 834.35	10 000		
合　计		97 834.35	10 000		

注:本表适用于单项工程招标控制价或投标报价的汇总。

暂估价包括分部分项工程中的暂估价和专业工程暂估价。

表 5-22　单位工程投标报价汇总表

工程名称:某建筑楼消防自动喷水灭火系统　　　　标段:　　　　　　　　第　页　共　页

序号	汇总内容	金额/元	其中:暂估价/元
1	分部分项工程	31 174.92	10 000
1.1	某建筑楼消防自动喷水灭火系统安装工程	31 174.92	10 000
1.2			
1.3			
1.4			
1.5			
2	措施项目	402.41	—
2.1	其中:安全文明施工费		—
3	其他项目	47 975	—
3.1	其中:暂估价	10 000	—
3.2	其中:暂列金额	3 117.492	—
3.3	其中:专业工程暂估价	10 000	—
3.4	其中:计日工	24 234	—
3.5	其中:总承包服务费	623.498 4	—
4	规费	15 055.881 28	—
5	税金	3 226.140 005	—
合计=1+2+3+4+5		97 834.35	—

注:①本表适用于单位工程招标控制价或投标报价的汇总,如无单位工程划分,单项工程也使用本表汇总。

②本工程在计算式所采用的费率为《建设工程费用定额汇编》中的安徽省建设工程清单计价费用定额(2005)安装工程。

表 5-23　总价措施项目清单与计价表

工程名称:某建筑楼消防自动喷水灭火系统　　　　标段:　　　　　　　　第　页　共　页

序号	项目名称	计算基础	费率/%	金额/元	调整费率/%	调整后金额/元	备注
1	安全文明施工费	人工费+机械费(3 381.60)	5.5	185.988			
2	夜间施工增加费	人工费+机械费(3 381.60)	0.1	3.381 6			
3	二次搬运费	人工费+机械费(3 381.60)	1	33.816			
4	冬雨季施工增加费	人工费+机械费(3 381.60)	1.6	54.105 6			
5	已完工程及设备保护费	人工费+机械费(3 381.60)	0.2	6.763 2			
6	缩短工期增加费	人工费+机械费(3 381.60)	3.5	118.356			
合　计				402.41			

编制人(造价人员):　　　　　　　　　　　　　　复核人(造价工程师):

注:①"计算基础"中安全文明施工费可为"定额基价"、"定额人工费"或"定额人工费+定额机械费",其他项目可为"定额人工费"或"定额人工费+定额机械费。

②按施工方案计算的措施费,若无"计算基础"和"费率"的数值,也可只填"金额"数值,但应在备注栏说明施工方案出处或计算方法。

③本工程在计算式所采用的费率为《建设工程费用定额汇编》中的安徽省建设工程清单计价费用定额(2005)安装工程。

表 5-24　其他项目清单与计价汇总表

工程名称:某建筑楼消防自动喷水灭火系统　　　　标段:　　　　　　　　　　　　　　第　页　共　页

序　号	项目名称	金额/元	结算金额/元	备　　注
1	暂列金额	3 117.492		一般按分部分项工程的 10%
2	暂估价	10 000		
2.1	材料(工程设备)暂估价/结算价			
2.2	专业工程暂估价/结算价	10 000		
3	计日工	24 234		
4	总承包服务费	623.498 4		
5	索赔与现场签证			
合　　计		47 975		

注:① 材料(工程设备)暂估单价进入清单项目综合单价,此处不汇总。

②本工程在计算式所采用的费率为《建设工程费用定额汇编》中的安徽省建设工程清单计价费用定额(2005)安装工程。

表 5-25　暂列金额明细表

工程名称:某建筑楼消防自动喷水灭火系统　　　　标段:　　　　　　　　　　　　　　第　页　共　页

序　号	项目名称	计量单位	暂定金额/元	备　　注
1	暂列金额		3 117.492	
2				
3				
4				
5				
6				
7				
8				
9				
10				
11				
合　　计			3 117.492	

注:①此表由招标人填写,如不能详列,也可只列暂定金额总额,投标人应将上述暂列金额计入投标总价中。

②本工程在计算式所采用的费率为《建设工程费用定额汇编》中的安徽省建设工程清单计价费用定额(2005)安装工程。

表 5-26　专业工程暂估价及结算价表

工程名称:某建筑楼消防自动喷水灭火系统　　　　标段:　　　　　　　　　　　　　　第　页　共　页

序号	工程名称	工程内容	暂估金额/元	结算金额/元	差额 ±/元	备　注
1	某建筑楼消防自动喷水灭火系统安装工程		10 000			
合　　计			10 000			

注:此表"暂估金额"由招标人填写,投标人应将"暂估金额"计入投标总价中。结算时按合同约定结算金额填写。

表5-27　计日工表

工程名称:某建筑楼消防自动喷水灭火系统　　　标段:　　　　　　　　　　　　第　页　共　页

编号	项目名称	单位	暂定数量	实际数量	综合单价/元	合价/元	
						暂定	实际
一	人工						
1	普工	工日	200		60	12 000	
2	技工	工日	50		100	5 000	
3							
4							
人工小计						17 000	
二	材　料						
1	地上式水泵接合器 SSA 直径100mm	套	1		830.00	830	
2	低压法兰止回阀 J41T-16DN100	个	2		110.00	220	
3	低压安全阀门	个	1		1 536.00	1 536	
4	钢板平焊法兰	片	5		28.65	145	
5							
材料小计						2 731	
三	施工机械						
1							
2							
施工机械小计						2 668	
四	企业管理费和利润					1 835	
总　计						24 234	

注:①此表项目名称、暂定数量由招标人填写,编制招标控制价时,单价由招标人按有关计价规定确定;投标时,单价由投标人自主报价,按暂定数量计算合价计入投标总价中。结算时,按发承包双方确认的实际数量计算合价。

②本工程在计算式所采用的费率为《建设工程费用定额汇编》中的安徽省建设工程清单计价费用定额(2005)安装工程。

表5-28　规费、税金项目计价表

工程名称:某建筑楼消防自动喷水灭火系统　　　标段:　　　　　　　　　　　　第　页　共　页

序号	项目名称	计算基础	计算基数	计算费率/%	金额/元
1	规费	定额人工费	25 958.416	58	15 055.881 28
1.1	社会保险费	定额人工费			
(1)	养老保险费	定额人工费	25 958.416	30	7 787.524 8
(2)	失业保险费	定额人工费	25 958.416	3	778.752 48
(3)	医疗保险费	定额人工费	25 958.416	10	2 595.841 6
(4)	工伤保险费	定额人工费			
(5)	生育保险费	定额人工费			
1.2	住房公积金	定额人工费	25 958.416	15	3 893.762 4

（续表）

序号	项目名称	计算基础	计算基数	计算费率/%	金额/元
1.3	工程排污费	按工程所在地环境保护部门收取标准,按实计入			
2	税金	分部分项工程费＋措施项目费＋其他项目费＋规费－按规定不计税的工程设备金额	94 608.211 28	3.410	3 226.140 005
合　计					33 337.90

编制人（造价人员）：　　　　　　　　　　　　复核人（造价工程师）：

注：本工程在计算式所采用的费率为《建设工程费用定额汇编》中的安徽省建设工程清单计价费用定额（2005）安装工程。

（3）工程量清单综合单价分析表见表5-4～表5-19。

项目六　某单位住宅楼给排水工程

图6-1为某单元住宅楼卫生间内给排水平面图,图6-2为给水管道系统图,图6-3为排水管道系统图,其中,给水管采用螺纹连接镀锌钢管,埋地管刷沥青2遍,明管刷银粉漆2遍,排水管采用承插排水铸铁管(水泥接口)均刷沥青2遍,试计算该单元住宅楼内给排水工程预算工程量。

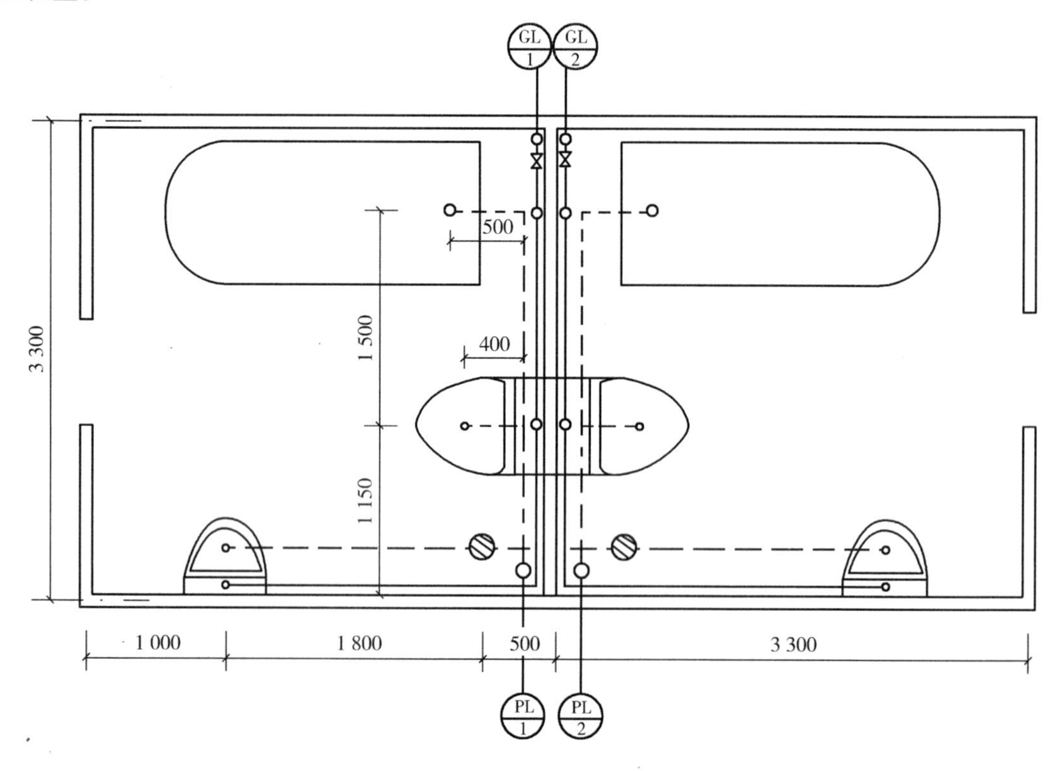

图6-1　给排水平面图

分析图可知,该单元有两个完全一样的给水系统和两个完全一样的排水系统,只是方向不同,所以只要计算出一个系统,然后乘以2即完成相应工程量的计算。

一、清单工程量

1. 管道系统

1)给水系统

(1)镀锌钢管DN40。

①埋地部分:5.18m。

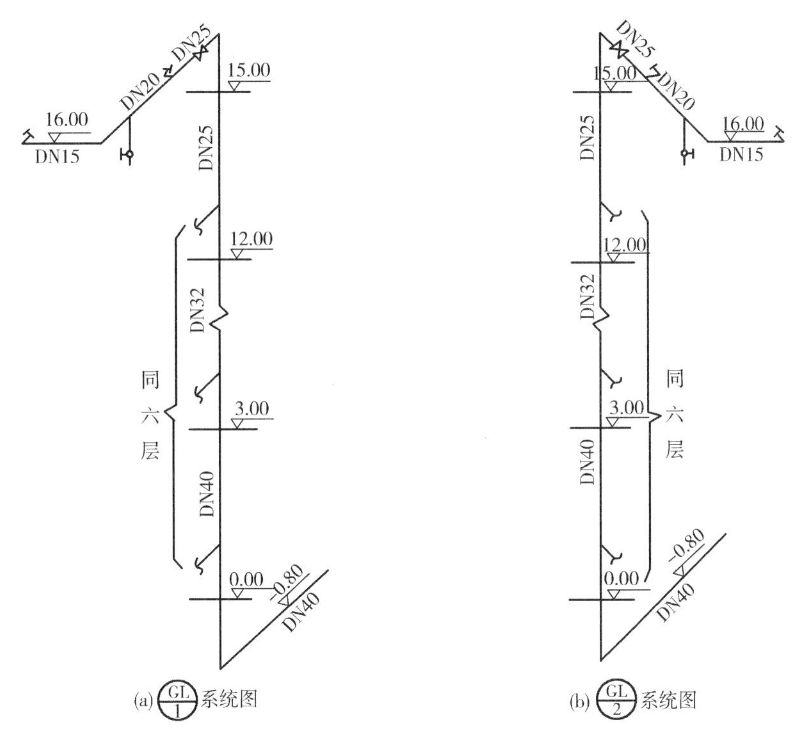

图 6-2　给水管道系统图

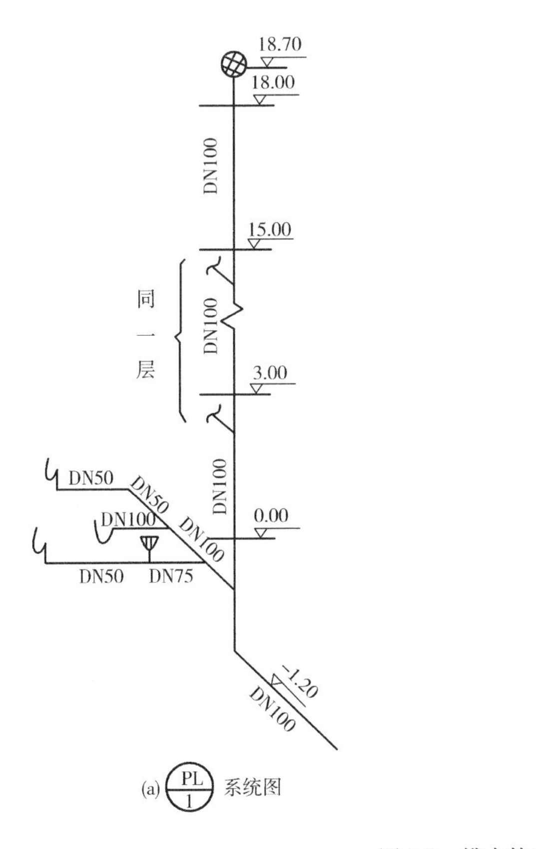

图 6-3　排水管道系统图

分析图可知,给水管道从室外引进室内,包括室内外管道界线 1.5m,穿墙厚度 0.24m,立管中心至墙面距离 0.05m,另外由系统图 7-2 可知,还应包括埋地立管部分 0.80m,因为有 2 个系统,则乘以 2 即为 DN40 镀锌钢管埋地部分全部工程量,应为(1.5 +0.24 +0.05 +0.80) × 2m =5.18m。

②明装部分:8m。

分析图可知,DN40 镀锌钢管明装部分的工程量包括底层到二层的距离,加上用水设施距离二层地面的高度。每一层高度为 3m,用水设施距离二层地面的高度为 1m,总共每个单独系统需要 DN40 的镀锌钢管 4m,有 2 个系统,乘以 2 即为图中全部的 DN40 明装部分工程量,应为(3 +1) ×2m =8m。

(2)镀锌钢管 DN32:(3 ×3)(二层至五层支管上方) ×2m =18m。

(3)镀锌钢管 DN25:10.32m。

分析图可知,DN25 镀锌钢管工程量包括五层至六层支管上方的距离,加上各层立管到浴盆的支管距离,五层至六层支管上方的距离为 3m,每层立管到浴盆的支管距离为:[3.3 - 0.12 ×2(两侧墙中心线至墙面距离) -1.15 -1.5 -0.05(管中心至墙面距离)]m =0.36m,共 6 层,则每个系统 DN25 镀锌钢管工程量为(3 +0.36 ×6)m =5.16m,有 2 个系统乘以 2,即为图中 DN25 镀锌钢管的全部工程量,应为 5.16 ×2m =10.32m。

(4)镀锌钢管 DN20:18m。

分析图可知,DN20 镀锌钢管工程量包括各层浴盆到便器的支管距离。各层浴盆到便器的支管距离为 1.5m,每个系统共 6 层,有 2 个系统,则乘以 6,再乘以 2,即为图中 DN20 镀锌钢管的全部工程量,因此为 1.5 ×6 ×2m =18m。

(5)镀锌钢管 DN15:38.76m。

分析图可知,DN15 镀锌钢管工程量包括各层便器到洗脸盆的支管距离。各层便器到洗手盆的支管距离为[1.15 -0.05(管中心至墙面距离) +0.5 -0.12(墙中心线至墙面距离) - 0.05 +1.8]m =3.23m,每个系统共 6 层,有 2 个系统,则乘以 6,再乘以 2,即为图中 DN15 镀锌钢管的全部工程量,因此为 3.23 ×6 ×2m =38.76m。

给水管道工程量汇总如表 6-1 所示。

表 6-1　给水系统镀锌钢管工程量汇总表

安装部分	规　格	单　位	数　量	备　注
埋地管	DN40	m	5.18	均为螺纹连接
明　管	DN40	m	8	
	DN32	m	18	
	DN25	m	10.32	
	DN20	m	18	
	DN15	m	38.76	

2)排水系统

(1)铸铁管 DN100:59.30m。

单系统 DN100:29.65m。

①立管:(18.70 +1.20)m =19.9m(见图 6-3)。

②水平管:10.29m。

分析图可知,DN100 水平铸铁管包括连接室内到室外的主干管部分,加上连接各层便器的支管部分。连接室内到室外的主干管包括立管中心至墙面距离 0.15m,穿墙厚度 0.24m,室内外管道界线 1.5m,则为(1.5+0.15+0.24)m=1.89m;连接各层便器的支管工程量为(0.4+1.15-0.15)m=1.4m,共 6 层,则为 1.4×6m=8.4m,因此单系统水平管 DN100 铸铁管工程量为(1.89+8.4)m=10.29m。

单系统 DN100 铸铁管总工程量为(19.9+10.29)m=30.19m。

有 2 个系统,乘以 2 即为图中 DN100 铸铁管的全部工程量,则为:30.19×2m=60.38m。

(2)铸铁管 DN75:2.76m。

分析图可知,DN75 铸铁管工程量包括连接地漏的支管距离,由图 6-1 可计算得单层连接地漏的支管距离为[0.5-0.12(半墙厚)-0.15(管中心至墙面距离)]m=0.23m,共 6 层,2 个系统,则乘以 6,乘以 2 即为图中 DN75 铸铁管的全部工程量,因此为 0.23×6×2m=2.76m。

(3)铸铁管 DN50:45.6m。

分析图可知,DN50 铸铁管工程量包括连接浴盆到便器的排水支管距离,加上连接洗脸盆到地漏的支管距离。连接浴盆到便器的排水支管距离为(0.5+1.5)m=2.0m;连接洗脸盆到地漏的支管距离为 1.8m,则各层 DN50 铸铁管工程量为(2.0+1.8)m=3.8m,共 6 层,2 个系统,乘以 6,再乘以 2 即为图中 DN50 铸铁管的全部工程量,则为(3.8×6×2)m=45.6m。

排水管道工程量汇总如表 6-2 所示。

表 6-2　排水铸铁管工程量汇总表

规　　格	单　　位	数　　量	备　　注
DN100	m	60.38	均为排水铸铁管水泥接口
DN75	m	2.76	
DN50	m	45.6	

2. 卫生器具安装

(1)坐式便器(带低水箱),12 套。

每个系统每层 1 套,共 6 层,2 个系统,则工程量为 1×6×2 套=12 套。

(2)浴缸(搪瓷、冷热水带喷头),12 组。

每个系统每层 1 组,共 6 层,2 个系统,则工程量为 1×6×2 组=12 组。

(3)洗脸盆,12 组。

每个系统每层 1 组,共 6 层,2 个系统,则工程量为 1×6×2 组=12 组。

(4)地漏 DN50,12 个。

每个系统每层 1 个,共 6 层,2 个系统,则工程量为 1×6×2 个=12 个。

3. 阀门、水嘴安装

DN25 阀门 12 个。

每个系统每层进户管上有 1 个,共 6 层,2 个系统,则工程量为 1×6×2 个=12 个。

4. 刷油工程量

(1)镀锌钢管

(1)埋地管刷沥青二遍,每遍工程量为

DN40 管:$5.18\text{m} \times 0.15\text{m}^2/\text{m} = 0.78\text{m}^2$

(2)明管刷两遍银粉漆,每遍工程量为

DN40 管:$8\text{m} \times 0.15\text{m}^2/\text{m} = 1.2\text{m}^2$

DN32 管:$18\text{m} \times 0.13\text{m}^2/\text{m} = 2.34\text{m}^2$

DN25 管:$10.32\text{m} \times 0.11\text{m}^2/\text{m} = 1.14\text{m}^2$

DN20 管:$18\text{m} \times 0.084\text{m}^2/\text{m} = 1.51\text{m}^2$

DN15 管:$38.76\text{m} \times 0.08\text{m}^2/\text{m} = 3.10\text{m}^2$

2)铸铁排水管

铸铁排水管的表面积,可根据管壁厚度按实际计算,一般习惯上是将焊接钢管表面积乘系数1.2,即为铸铁管表面积(包括承口部分)。

铸铁管刷沥青二遍,每遍工程量为

DN100 管:$60.38\text{m} \times 0.36\text{m}^2/\text{m} \times 1.2 = 26.08\text{m}^2$

DN75 管:$2.76\text{m} \times 0.28\text{m}^2/\text{m} \times 1.2 = 0.93\text{m}^2$

DN50 管:$45.6\text{m} \times 0.19\text{m}^2/\text{m} \times 1.2 = 10.40\text{m}^2$

二、定额工程量

(1)定额工程量同清单工程量。

(2)预算与计价。

给排水工程施工图预算如表6-3所示。

表6-3 给排水工程施工图预算表

工程名称:给排水工程　　　　标段:　　　　第 页 共 页

序号	定额编号	分项工程名称	计量单位	工程量	基价/元	其中			合计/元
						人工费/元	材料费/元	机械费/元	
1	1-5	镀锌钢管安装(埋地)DN40	m	5.18	22.53	8.22	13.88	0.43	116.71
2	1-5	镀锌钢管安装DN40	m	8	22.53	8.22	13.88	0.43	180.24
3	1-4	镀锌钢管安装DN32	m	18	19.66	6.90	12.38	0.38	353.88
4	1-3	镀锌钢管安装DN25	m	10.32	17.12	6.90	9.83	0.39	176.68
5	1-2	镀锌钢管安装DN20	m	18	13.08	5.74	7.11	0.23	235.44
6	1-1	镀锌钢管安装DN15	m	38.76	11.59	5.74	5.62	0.23	449.23
7	1-136	铸铁管安装DN100	m	60.38	52.76	9.44	42.95	0.37	3 185.65
8	1-135	铸铁管安装DN75	m	2.76	38.49	7.30	30.90	0.29	106.23

（续表）

序号	定额编号	分项工程名称	计量单位	工程量	基价/元	其　中			合计/元
						人工费/元	材料费/元	机械费/元	
9	1-134	铸铁管安装DN50	m	45.60	28.26	6.27	21.74	0.25	1 288.66
10	15-3	管道刷沥青第一遍	m^2	38.19	4.82	3.08	1.62	0.12	184.08
11	15-4	管道刷沥青第二遍	m^2	38.19	2.89	1.45	1.38	0.06	110.37
12	15-7	管道刷银粉漆第一遍	m^2	9.29	2.84	1.95	0.81	0.08	26.38
13	15-8	管道刷银粉漆第二遍	m^2	9.29	2.25	1.45	0.74	0.06	20.90
14	5-46	坐式便器	组	12	28.69	21.29	6.56	0.84	344.28
15	5-3	浴盆	组	12	598.58	34.97	562.23	1.38	7 182.96
16	5-8	洗脸盆	组	12	140.15	15.12	124.43	0.60	1 681.80
17	5-77	地漏 DN50	个	12	6.72	5.01	1.51	0.20	80.64
18	4-3	阀门 DN25	个	12	7.06	3.77	3.11	0.18	84.72
合　计									15 808.85

三、将定额计价转换为清单计价形式

分部分项工程和单价措施项目清单与计价如表6-4所示。工程量清单综合单价分析如表6-5～表6-18所示。

表6-4　分部分项工程和单价措施项目清单与计价表

工程名称:某单位住宅楼给排水工程　　　　标段:　　　　第　页　共　页

序号	项目编码	项目名称	项目特征描述	计量单位	工程量	金额/元		
						综合单价	合价	其中:暂估价
1	031001001001	镀锌钢管 DN40	给水系统,螺纹连接,埋地,刷沥青二遍	m	5.18	29.54	153.02	—
2	031001001002	镀锌钢管 DN40	给水系统,螺纹连接,刷银粉两遍	m	8	29.04	232.32	—
3	031001001003	镀锌钢管 DN32	给水系统,螺纹连接,刷银粉两遍	m	18	25.22	453.96	—
4	031001001004	镀锌钢管 DN25	给水系统,螺纹连接,刷银粉两遍	m	10.32	22.34	230.55	—
5	031001001005	镀锌钢管 DN20	给水系统,螺纹连接,刷银粉两遍	m	18	17.28	311.04	—
6	031001001006	镀锌钢管 DN15	给水系统,螺纹连接,刷银粉两遍	m	38.76	15.68	607.76	—
7	031001005001	承插铸铁管DN100	排水系统,水泥接口,刷沥青二遍	m	60.38	66.54	3 945.83	—

（续表）

序号	项目编码	项目名称	项目特征描述	计量单位	工程量	金额/元		
						综合单价	合价	其中：暂估价
8	031001005002	承插铸铁管 DN75	排水系统，水泥接口，刷沥青二遍	m	2.76	48.15	132.89	—
9	031001005003	承插铸铁管 DN50	排水系统，水泥接口，刷沥青二遍	m	45.6	35.57	1 621.99	—
10	031004006001	大便器	连体式坐式便器	组	12	102.33	1 227.96	—
11	031004001001	浴缸	钢板陶瓷浴缸	组	12	828.95	9 947.40	—
12	031004003001	洗脸盆	钢管连接，冷热水	组	12	188.90	2 266.80	—
13	031004014001	地漏 DN50	DN50，铸铁地漏	个	12	23.44	281.28	—
14	031003001001	阀门 DN25	螺纹阀门 DN25 铁壳铜杆铜芯	个	12	20.95	251.40	—
合　计							21 664.20	—

表 6-5　工程量清单综合单价分析表 1

工程名称：某单位住宅楼给排水工程　　　标段：　　　第 1 页　共 14 页

项目编码	031001001001	项目名称	镀锌钢管安装（埋地）DN40	计量单位	m	工程量	5.18

定额编号	定额名称	定额单位	数量	单价				合价			
清单综合单价组成明细											
				人工费	材料费	机械费	管理费和利润	人工费	材料费	机械费	管理费和利润
1-5	镀锌钢管 DN40	m	1	8.22	13.88	0.43	5.45	8.22	13.88	0.43	5.45
15-3	管道刷沥青第一遍	m^2	0.15	3.08	1.62	0.12	1.79	0.46	0.24	0.02	0.27
15-4	管道刷沥青第二遍	m^2	0.15	1.45	1.38	0.06	0.88	0.22	0.21	0.01	0.13
人工单价		小　计						8.90	14.33	0.46	5.85
32.530 元/工日		未计价材料费						—			
清单项目综合单价								29.54			

材料费明细	主要材料名称、规格、型号	单位	数量	单价/元	合价/元	暂估单价/元	暂估合价/元
	其他材料费			—		—	
	材料费小计			—		—	

注：《北京市建设工程费用定额》中规定：管理费以直接费中的人工费为取费基数，其管理费费率为 44.0%，利润以直接费（人工费 + 材料费 + 机械费）与管理费之和为取费基数，其利润率为 7%。（下同）

表 6-6 工程量清单综合单价分析表 2

工程名称:某单位住宅楼给排水工程　　标段:　　第 2 页　共 14 页

<table>
<tr><td>项目编码</td><td colspan="2">031001001002</td><td>项目名称</td><td colspan="3">镀锌钢管安装 DN40</td><td colspan="2">计量单位</td><td>m</td><td>工程量</td><td>8</td></tr>
<tr><td colspan="12">清单综合单价组成明细</td></tr>
<tr><td rowspan="2">定额编号</td><td rowspan="2">定额名称</td><td rowspan="2">定额单位</td><td rowspan="2">数量</td><td colspan="4">单　价</td><td colspan="4">合　价</td></tr>
<tr><td>人工费</td><td>材料费</td><td>机械费</td><td>管理费和利润</td><td>人工费</td><td>材料费</td><td>机械费</td><td>管理费和利润</td></tr>
<tr><td>1-5</td><td>镀锌钢管 DN40</td><td>m</td><td>1</td><td>8.22</td><td>13.88</td><td>0.43</td><td>5.45</td><td>8.22</td><td>13.88</td><td>0.43</td><td>5.45</td></tr>
<tr><td>15-7</td><td>管道刷银粉漆第一遍</td><td>m^2</td><td>0.15</td><td>1.95</td><td>0.81</td><td>0.08</td><td>1.12</td><td>0.29</td><td>0.12</td><td>0.012</td><td>0.17</td></tr>
<tr><td>15-8</td><td>管道刷银粉漆第二遍</td><td>m^2</td><td>0.15</td><td>1.45</td><td>0.74</td><td>0.06</td><td>0.84</td><td>0.22</td><td>0.11</td><td>0.009</td><td>0.13</td></tr>
<tr><td colspan="3">人工单价</td><td colspan="5">小　计</td><td>8.73</td><td>14.11</td><td>0.45</td><td>5.75</td></tr>
<tr><td colspan="3">32.530 元/工日</td><td colspan="5">未计价材料费</td><td colspan="4">—</td></tr>
<tr><td colspan="8">清单项目综合单价</td><td colspan="4">29.04</td></tr>
<tr><td rowspan="5">材料费明细</td><td colspan="5">主要材料名称、规格、型号</td><td>单位</td><td>数量</td><td>单价/元</td><td>合价/元</td><td>暂估单价/元</td><td>暂估合价/元</td></tr>
<tr><td colspan="5"></td><td></td><td></td><td></td><td></td><td></td><td></td></tr>
<tr><td colspan="5"></td><td></td><td></td><td></td><td></td><td></td><td></td></tr>
<tr><td colspan="7">其他材料费</td><td>—</td><td></td><td>—</td><td></td></tr>
<tr><td colspan="7">材料费小计</td><td>—</td><td></td><td>—</td><td></td></tr>
</table>

表 6-7 工程量清单综合单价分析表 3

工程名称:某单位住宅楼给排水工程　　标段:　　第 3 页　共 14 页

<table>
<tr><td>项目编码</td><td colspan="2">031001001003</td><td>项目名称</td><td colspan="3">镀锌钢管安装 DN32</td><td colspan="2">计量单位</td><td>m</td><td>工程量</td><td>18</td></tr>
<tr><td colspan="12">清单综合单价组成明细</td></tr>
<tr><td rowspan="2">定额编号</td><td rowspan="2">定额名称</td><td rowspan="2">定额单位</td><td rowspan="2">数量</td><td colspan="4">单　价</td><td colspan="4">合　价</td></tr>
<tr><td>人工费</td><td>材料费</td><td>机械费</td><td>管理费和利润</td><td>人工费</td><td>材料费</td><td>机械费</td><td>管理费和利润</td></tr>
<tr><td>1-4</td><td>镀锌钢管 DN32</td><td>m</td><td>1</td><td>6.90</td><td>12.38</td><td>0.38</td><td>4.63</td><td>6.90</td><td>12.38</td><td>0.38</td><td>4.63</td></tr>
<tr><td>15-7</td><td>管道刷银粉漆第一遍</td><td>m^2</td><td>0.13</td><td>1.95</td><td>0.81</td><td>0.08</td><td>1.12</td><td>0.25</td><td>0.11</td><td>0.010</td><td>0.15</td></tr>
<tr><td>15-8</td><td>管道刷银粉漆第二遍</td><td>m^2</td><td>0.13</td><td>1.45</td><td>0.74</td><td>0.06</td><td>0.84</td><td>0.19</td><td>0.10</td><td>0.008</td><td>0.11</td></tr>
<tr><td colspan="3">人工单价</td><td colspan="5">小　计</td><td>7.34</td><td>12.59</td><td>0.40</td><td>4.89</td></tr>
<tr><td colspan="3">32.530 元/工日</td><td colspan="5">未计价材料费</td><td colspan="4">—</td></tr>
<tr><td colspan="8">清单项目综合单价</td><td colspan="4">25.22</td></tr>
<tr><td rowspan="5">材料费明细</td><td colspan="5">主要材料名称、规格、型号</td><td>单位</td><td>数量</td><td>单价/元</td><td>合价/元</td><td>暂估单价/元</td><td>暂估合价/元</td></tr>
<tr><td colspan="5"></td><td></td><td></td><td></td><td></td><td></td><td></td></tr>
<tr><td colspan="5"></td><td></td><td></td><td></td><td></td><td></td><td></td></tr>
<tr><td colspan="7">其他材料费</td><td>—</td><td></td><td>—</td><td></td></tr>
<tr><td colspan="7">材料费小计</td><td>—</td><td></td><td>—</td><td></td></tr>
</table>

表 6-8　工程量清单综合单价分析表 4

工程名称:某单位住宅楼给排水工程　　　　标段:　　　　第 4 页　共 14 页

项目编码	031001001004	项目名称	镀锌钢管安装 DN25			计量单位	m		工程量	10.32	
清单综合单价组成明细											
定额编号	定额名称	定额单位	数量	单价				合价			
				人工费	材料费	机械费	管理费和利润	人工费	材料费	机械费	管理费和利润
1-3	镀锌钢管 DN25	m	1	6.90	9.83	0.39	4.45	6.90	9.83	0.39	4.45
15-7	管道刷银粉漆第一遍	m^2	0.11	1.95	0.81	0.08	1.12	0.21	0.089	0.009	0.12
15-8	管道刷银粉漆第二遍	m^2	0.11	1.45	0.74	0.06	0.84	0.16	0.081	0.007	0.09
人工单价		小　计						7.27	10.00	0.41	4.66
32.530 元/工日		未计价材料费						—			
清单项目综合单价								22.34			
材料费明细	主要材料名称、规格、型号				单位	数量		单价/元	合价/元	暂估单价/元	暂估合价/元
	其他材料费							—		—	
	材料费小计							—		—	

表 6-9　工程量清单综合单价分析表 5

工程名称:某单位住宅楼给排水工程　　　　标段:　　　　第 5 页　共 14 页

项目编码	031001001005	项目名称	镀锌钢管安装 DN20			计量单位	m		工程量	18	
清单综合单价组成明细											
定额编号	定额名称	定额单位	数量	单价				合价			
				人工费	材料费	机械费	管理费和利润	人工费	材料费	机械费	管理费和利润
1-2	镀锌钢管 DN20	m	1	5.74	7.11	0.23	3.62	5.74	7.11	0.23	3.62
15-7	管道刷银粉漆第一遍	m^2	0.084	1.95	0.81	0.08	1.12	0.16	0.068	0.006 7	0.09
15-8	管道刷银粉漆第二遍	m^2	0.084	1.45	0.74	0.06	0.84	0.12	0.062	0.005 0	0.07
人工单价		小　计						6.02	7.24	0.24	3.78
32.530 元/工日		未计价材料费						—			
清单项目综合单价								17.28			
材料费明细	主要材料名称、规格、型号				单位	数量		单价/元	合价/元	暂估单价/元	暂估合价/元
	其他材料费							—		—	
	材料费小计							—		—	

表 6-10　工程量清单综合单价分析表 6

工程名称:某单位住宅楼给排水工程　　　　标段:　　　　第 6 页　共 14 页

项目编码	031001001006	项目名称	镀锌钢管安装 DN15			计量单位	m		工程量	38.76	
清单综合单价组成明细											
定额编号	定额名称	定额单位	数量	单价				合价			
				人工费	材料费	机械费	管理费和利润	人工费	材料费	机械费	管理费和利润
1-1	镀锌钢管 DN15	m	1	5.74	5.62	0.23	3.52	5.74	5.62	0.23	3.52
15-7	管道刷银粉漆第一遍	m^2	0.08	1.95	0.81	0.08	1.12	0.16	0.065	0.006	0.09
15-8	管道刷银粉漆第二遍	m^2	0.08	1.45	0.74	0.06	0.84	0.12	0.059	0.005	0.07
人工单价		小计						6.02	5.74	0.24	3.68
32.530 元/工日		未计价材料费						—			
清单项目综合单价								15.68			

材料费明细	主要材料名称、规格、型号	单位	数量	单价/元	合价/元	暂估单价/元	暂估合价/元
	其他材料费			—		—	
	材料费小计			—		—	

表 6-11　工程量清单综合单价分析表 7

工程名称:某单位住宅楼给排水工程　　　　标段:　　　　第 7 页　共 14 页

项目编码	031001005001	项目名称	承插铸铁管安装 DN100			计量单位	m		工程量	60.38	
清单综合单价组成明细											
定额编号	定额名称	定额单位	数量	单价				合价			
				人工费	材料费	机械费	管理费和利润	人工费	材料费	机械费	管理费和利润
1-136	铸铁管安装 DN100	m	1	9.44	42.95	0.37	8.13	9.44	42.95	0.37	8.13
15-3	管道刷沥青第一遍	m^2	0.43	3.08	1.62	0.12	1.79	1.32	0.70	0.05	0.77
15-4	管道刷沥青第二遍	m^2	0.43	1.45	1.38	0.06	0.88	0.62	0.59	0.03	0.38
人工单价		小计						11.38	44.24	0.45	9.28
32.530 元/工日		未计价材料费						—			
清单项目综合单价								65.35			

材料费明细	主要材料名称、规格、型号	单位	数量	单价/元	合价/元	暂估单价/元	暂估合价/元
	其他材料费			—		—	
	材料费小计			—		—	

表 6-12　工程量清单综合单价分析表 8

工程名称：某单位住宅楼给排水工程　　　　标段：　　　　第 8 页　共 14 页

项目编码	031001005002	项目名称	承插铸铁管安装 DN75			计量单位	m		工程量	2.76	
清单综合单价组成明细											
定额编号	定额名称	定额单位	数量	单价				合价			
				人工费	材料费	机械费	管理费和利润	人工费	材料费	机械费	管理费和利润
1-135	铸铁管安装 DN75	m	1	7.30	30.90	0.29	6.13	7.30	30.90	0.29	6.13
15-3	管道刷沥青第一遍	m^2	0.34	3.08	1.62	0.12	1.79	1.05	0.55	0.04	0.61
15-4	管道刷沥青第二遍	m^2	0.34	1.45	1.38	0.06	0.88	0.49	0.47	0.02	0.30
人工单价		小　计						8.84	31.92	0.35	7.04
32.530 元/工日		未计价材料费						—			
清单项目综合单价								48.15			
材料费明细	主要材料名称、规格、型号					单位	数量	单价/元	合价/元	暂估单价/元	暂估合价/元
	其他材料费							—		—	
	材料费小计							—		—	

表 6-13　工程量清单综合单价分析表 9

工程名称：某单位住宅楼给排水工程　　　　标段：　　　　第 9 页　共 14 页

项目编码	031001005003	项目名称	承插铸铁管安装 DN50			计量单位	m		工程量	45.6	
清单综合单价组成明细											
定额编号	定额名称	定额单位	数量	单价				合价			
				人工费	材料费	机械费	管理费和利润	人工费	材料费	机械费	管理费和利润
1-134	铸铁管安装 DN50	m	1	6.27	21.74	0.25	4.93	6.27	21.74	0.25	4.93
15-3	管道刷沥青第一遍	m^2	0.23	3.08	1.62	0.12	1.79	0.71	0.37	0.027	0.41
15-4	管道刷沥青第二遍	m^2	0.23	1.45	1.38	0.06	0.88	0.33	0.32	0.014	0.20
人工单价		小　计						7.31	22.43	0.29	5.54
32.530 元/工日		未计价材料费						—			
清单项目综合单价								35.57			
材料费明细	主要材料名称、规格、型号					单位	数量	单价/元	合价/元	暂估单价/元	暂估合价/元
	其他材料费							—		—	
	材料费小计							—		—	

表 6-14　工程量清单综合单价分析表 10

工程名称:某单位住宅楼给排水工程　　标段:　　第 10 页　共 14 页

项目编码	031004006001	项目名称	低水箱坐式便器安装			计量单位	组	工程量	12		
清单综合单价组成明细											
定额编号	定额名称	定额单位	数量	单价				合价			
				人工费	材料费	机械费	管理费和利润	人工费	材料费	机械费	管理费和利润
5-46	低水箱坐便器	套	1	21.29	6.56	0.84	12.03	21.29	6.56	0.84	12.03
人工单价		小计						21.29	6.56	0.84	12.03
32.530 元/工日		未计价材料费						61.61			
清单项目综合单价								102.33			
材料费明细	主要材料名称、规格、型号				单位	数量	单价/元	合价/元	暂估单价/元	暂估合价/元	
	坐便器(卫工)				件	1.01	61.00	61.61			
	其他材料费						—		—		
	材料费小计						—	61.61	—		

表 6-15　工程量清单综合单价分析表 11

工程名称:某单位住宅楼给排水工程　　标段:　　第 11 页　共 14 页

项目编码	031004001001	项目名称	浴缸安装			计量单位	组	工程量	12		
清单综合单价组成明细											
定额编号	定额名称	定额单位	数量	单价				合价			
				人工费	材料费	机械费	管理费和利润	人工费	材料费	机械费	管理费和利润
5-3	浴盆	组	1	34.97	562.23	1.38	58.37	34.97	562.23	1.38	58.37
人工单价		小计						34.97	562.23	1.38	58.37
32.530 元/工日		未计价材料费						172.00			
清单项目综合单价								828.95			
材料费明细	主要材料名称、规格、型号				单位	数量	单价/元	合价/元	暂估单价/元	暂估合价/元	
	钢板陶瓷浴盆(普通型)彩—等 1100×700×350(E)加				件	1	172.00	172.00			
	其他材料费						—		—		
	材料费小计						—	172.00	—		

表 6-16　工程量清单综合单价分析表 12

工程名称:某单位住宅楼给排水工程　　标段:　　第 12 页　共 14 页

项目编码	031004003001	项目名称	洗脸盆安装			计量单位	组	工程量	12		
清单综合单价组成明细											
定额编号	定额名称	定额单位	数量	单价				合价			
				人工费	材料费	机械费	管理费和利润	人工费	材料费	机械费	管理费和利润
5-8	洗脸盆	组	1	15.12	124.43	0.60	16.93	15.12	124.43	0.60	16.93

（续表）

人工单价	小　计					15.12	124.43	0.60	16.93
32.530元/工日	未计价材料费					31.82			
清单项目综合单价						188.90			
材料费明细	主要材料名称、规格、型号			单位	数量	单价/元	合价/元	暂估单价/元	暂估合价/元
	洗脸盆560mm×410mm×200mm			件	1.01	31.50	31.82		
	其他材料费					—		—	
	材料费小计					—	31.82	—	

表6-17　工程量清单综合单价分析表13

工程名称：某单位住宅楼给排水工程　　　　标段：　　　　第13页　共14页

项目编码	031004014001	项目名称	地漏DN50安装		计量单位	个	工程量	12		
清单综合单价组成明细										
定额编号	定额名称	定额单位	数量	单价				合价		
				人工费	材料费	机械费	管理费和利润	人工费	材料费	机械费	管理费和利润
5-77	地漏DN50	个	1	5.01	1.51	0.20	2.82	5.01	1.51	0.20	2.82
人工单价		小　计						5.01	1.51	0.20	2.82
32.530元/工日		未计价材料费						13.90			
清单项目综合单价								23.44			
材料费明细	主要材料名称、规格、型号			单位	数量			单价/元	合价/元	暂估单价/元	暂估合价/元
	铸铁地漏DN50			个	1			13.90	13.90		
	其他材料费							—		—	
	材料费小计							—	13.90	—	

表6-18　工程量清单综合单价分析表14

工程名称：某单位住宅楼给排水工程　　　　标段：　　　　第14页　共14页

项目编码	031003001001	项目名称	螺纹阀门DN25		计量单位	个	工程量	12			
清单综合单价组成明细											
定额编号	定额名称	定额单位	数量	单价				合价			
				人工费	材料费	机械费	管理费和利润	人工费	材料费	机械费	管理费和利润
4-3	螺纹阀门DN25	个	1	3.77	3.11	0.18	2.27	3.77	3.11	0.18	2.27
人工单价		小　计						3.77	3.11	0.18	2.27
32.530元/工日		未计价材料费						11.62			
清单项目综合单价								20.95			

（续表）

材料费明细	主要材料名称、规格、型号	单位	数量	单价/元	合价/元	暂估单价/元	暂估合价/元
	螺纹阀门 DN25	个	1.01	11.50	11.62		
	其他材料费			—		—	
	材料费小计			—	11.62	—	

四、投标报价

（1）投标总价如下所示。

投标总价

招标人：某单位住宅楼

工程名称：某单位住宅楼给排水工程

投标总价（小写）：74 220.94 元

（大写）：柒万肆仟贰佰贰拾元玖角肆分整

投标人：巨力建筑装饰公司

（单位盖章）

法定代表人：巨力建筑装饰公司

或其授权人：法定代表人

（签字或盖章）

编制人：×××签字盖造价工程师或造价员专用章

（造价人员签字盖专用章）

编制时间：××××年×月×日

(2)总说明如下所示,有关投标报价如表6-19～表6-27所示。

总　说　明

工程名称:某单位住宅楼给排水工程　　标段:　　第　页　共　页

1.工程概况

本工程为某单位住宅楼给排水工程 给水管采用螺纹连接镀锌钢管,埋地管刷沥青2遍,明管刷银粉漆2遍,排水管采用承插排水铸铁管(水泥接口)均刷沥青2遍。

2.投标控制价包括范围:

为本次招标的安装施工图范围内的安装工程。

3.投标控制价编制依据:

(1)招标文件及其所提供的工程量清单和有关计价的要求,招标文件的补充通知和答疑纪要。

(2)该工程施工图及投标施工组织设计。

(3)有关的技术标准,规范和安全管理规定。

(4)省建设主管部门颁发的计价定额和计价管理办法及有关计价文件。

(5)材料价格采用工程所在地工程造价管理机构年月工程造价信息发布的价格信息,对于造价信息没有发布的材料,其价格参照市场价。

表6-19　建设项目投标报价汇总表

工程名称:某单位住宅楼给排水工程　　标段:　　第　页　共　页

序号	单项工程名称	金额/元	其中		
			暂估价/元	安全文明施工费/元	规费/元
1	某单位住宅楼给排水工程	74 220.94	10 000		
合　计		74 220.94	10 000		

注:本表适用于建设项目招标控制价或投标报价的汇总。

表6-20　单项工程投标报价汇总表

工程名称:某单位住宅楼给排水工程　　标段:　　第　页　共　页

序号	单项工程名称	金额/元	其中		
			暂估价/元	安全文明施工费/元	规费/元
1	某单位住宅楼给排水工程	74 220.94	10 000		
合　计		74 220.94	10 000		

注:本表适用于单项工程招标控制价或投标报价的汇总。

暂估价包括分部分项工程中的暂估价和专业工程暂估价。

表 6-21　单位工程投标报价汇总表

工程名称:某单位住宅楼给排水工程　　　　标段:　　　　　　　第　页　共　页

序号	汇总内容	金额/元	其中:暂估价/元
1	分部分项工程	21 664.2	—
1.1	某单位住宅楼给排水工程	21 664.2	—
1.2			—
1.3			—
1.4			—
1.5			—
2	措施项目	331.100 816 2	—
2.1	其中:安全文明施工费	153.029 789	—
3	其他项目	48 228.654	—
3.1	其中:暂估价	10 000	—
3.2	其中:暂列金额	2 166.42	—
3.3	其中:专业工程暂估价	10 000	—
3.4	其中:计日工	25 628.95	—
3.5	其中:总承包服务费	433.284	—
4	规费	1 549.506 192	—
5	税金	2 447.475 02	—
合计 = 1 + 2 + 3 + 4 + 5		74 220.94	—

注:①本表适用于单位工程招标控制价或投标报价的汇总,如无单位工程划分,单项工程也使用本表汇总。

②本工程在计算式所采用的费率为《建设工程费用定额汇编》中的安徽省建设工程清单计价费用定额(2005)安装工程。

表 6-22　总价措施项目清单与计价表

工程名称:某单位住宅楼给排水工程　　　　标段:　　　　　　　第　页　共　页

序号	项目名称	计算基础	费率/%	金额/元	调整费率/%	调整后金额/元	备注
1	安全文明施工费	人工费 + 机械费(2 782.359 8)	5.5	153.029 789			
2	夜间施工增加费	人工费 + 机械费(2 782.359 8)	0.1	2.782 359 8			
3	二次搬运费	人工费 + 机械费(2 782.359 8)	1	27.823 598			
4	冬雨季施工增加费	人工费 + 机械费(2 782.359 8)	1.6	44.517 756 8			
5	已完工程及设备保护费	人工费 + 机械费(2 782.359 8)	0.2	5.564 719 6			
6	缩短工期增加费	人工费 + 机械费(2 782.359 8)	3.5	97.382 593			
合　计				331.100 816 2			

注:①“计算基础”中安全文明施工费可为“定额基价”、“定额人工费”或“定额人工费 + 定额机械费”,其他项目可为“定额人工费”或“定额人工费 + 定额机械费”。

②按施工方案计算的措施费,若无“计算基础”和“费率”的数值,也可只填“金额”数值,但应在备注栏说明施工方案出处或计算方法。

③本工程在计算式所采用的费率为《建设工程费用定额汇编》中的安徽省建设工程清单计价费用定额(2005)安装工程。

表 6-23　其他项目清单与计价汇总表

工程名称:某单位住宅楼给排水工程　　　　标段:　　　　第　页　共　页

序　号	项目名称	金额/元	结算金额/元	备　注
1	暂列金额	2 166.42		一般按分部分项工程的10%
2	暂估价	10 000		
2.1	材料(工程设备)暂估价/结算价			
2.2	专业工程暂估价/结算价	10 000		
3	计日工	25 628.95		
4	总承包服务费	433.284		
5	索赔与现场签证			
	合　计	48 228.654		

注:①材料(工程设备)暂估单价进入清单项目综合单价,此处不汇总。

②本工程在计算式所采用的费率为《建设工程费用定额汇编》中的安徽省建设工程清单计价费用定额(2005)安装工程。

表 6-24　暂列金额明细表

工程名称:某单位住宅楼给排水工程　　　　标段:　　　　第　页　共　页

序　号	项目名称	计量单位	暂定金额/元	备　注
1	暂列金额		2 166.42	一般按分部分项工程的10%
2				
3				
4				
5				
6				
7				
8				
9				
10				
11				
	合　计		2 166.42	

注:①此表由招标人填写,如不能详列,也可只列暂定金额总额,投标人应将上述暂列金额计入投标总价中。

②本工程在计算式所采用的费率为《建设工程费用定额汇编》中的安徽省建设工程清单计价费用定额(2005)安装工程。

表 6-25　专业工程暂估价及结算价表

工程名称:某单位住宅楼给排水工程　　　　标段:　　　　第　页　共　页

序号	工程名称	工程内容	暂估金额/元	结算金额/元	差额±/元	备　注
1	某单位住宅楼给排水工程		10 000			
	合　计		10 000			

注:此表“暂估金额”由招标人填写,投标人应将“暂估金额”计入投标总价中。结算时按合同约定结算金额填写。

表6-26　计 日 工 表

工程名称:某单位住宅楼给排水工程　　　　标段:　　　　第　页　共　页

编号	项目名称	单位	暂定数量	实际数量	综合单价/元	合价/元	
						暂定	实际
一	人　工						
1	普工	工日	200		60	12 000	
2	技工(综合)	工日	50		100	5 000	
3							
人工小计						17 000	
二	材　料						
1	坐便器	件	1.01		61.00	61.61	
2	洗脸盆 560×410×200	件	1.01		31.50	31.815	
3	螺纹阀门 DN25	个	1.01		11.50	11.615	
4							
5							
6							
材料小计						105.04	
三	施工机械						
1	灰浆搅拌机	台班	2		18.38	37	
2	自升式塔式起重机	台班	5		526.20	2 631	
3							
4							
施工机械小计						2 668	
四	企业管理费和利润					5 855.91	
总　　计						5 855.91	

注:①此表项目名称、暂定数量由招标人填写,编制招标控制价时,单价由招标人按有关计价规定确定;投标时,单价由投标人自主报价,按暂定数量计算合价计入投标总价中。结算时,按发承包双方确认的实际数量计算合价。

②本工程在计算式所采用的费率为《建设工程费用定额汇编》中的安徽省建设工程清单计价费用定额(2005)安装工程。

表6-27　规费、税金项目计价表

工程名称:某单位住宅楼给排水工程　　　　标段:　　　　第　页　共　页

序号	项目名称	计算基础	计算基数	计算费率/%	金额/元
1	规费	定额人工费	2 671.562 4	58	1 549.506 192
1.1	社会保险费	定额人工费			
(1)	养老保险费	定额人工费	2 671.562 4	30	801.468 72
(2)	失业保险费	定额人工费	2 671.562 4		380.146 872
(3)	医疗保险费	定额人工费	2 671.562 4	10	267.156 24
(4)	工伤保险费	定额人工费			
(5)	生育保险费	定额人工费			

（续表）

序号	项目名称	计算基础	计算基数	计算费率/%	金额/元
1.2	住房公积金	定额人工费	2 671.562 4	15	400.734 36
1.3	工程排污费	按工程所在地环境保护部门收取标准，按实计入			
2	税金	分部分项工程费＋措施项目费＋其他项目费＋规费－按规定不计税的工程设备金额	71 773.461 01	3.41	2 447.475 02
合　计					5 546.487 404

编制人（造价人员）：　　　　　　　　　　　　　　　复核人（造价工程师）：

注：本工程在计算式所采用的费率为《建设工程费用定额汇编》中的安徽省建设工程清单计价费用定额（2005）安装工程。

（3）工程量清单综合单价分析表见表6-5～表6-18。

项目七　某市中心医院采暖设计工程

本工程为某市中心医院采暖设计,该中心医院共三层,一层层高为4.5m,二、三层的层高为3.5m。此设计采用机械循环热水供暖系统中的单管下供上回式顺流同程式,可以减轻垂直失调现象。此系统中供回水温度采用低温热水,即供回水温度分别为95℃/70℃热水,由室外城市热力管网供热。管道采用镀锌钢管,管径DN≤32mm的镀锌钢管采用螺纹连接,管径DN>32mm的镀锌钢管采用焊接。其中,顶层所走的水平回水干管和底层所走的水平供水干管,以及供回水总立管和与城市热力管网相连的供回水管均需做保温处理,需手工除轻锈后,再刷防锈漆两遍。采用40mm厚的纤维类制品管壳保温,外裹玻璃布保护层;其他立管和房间内与散热器连接的管均需手工除轻锈后,刷防锈漆一遍,银粉漆两遍。根据《暖通空调规范实施手册》,采暖管道穿过楼板和隔墙时,宜装设套管,故此设计中的穿楼板和隔墙的管道设镀锌铁皮套管,套管尺寸比管道大一到两号,管道设支架,支架刷防锈漆两遍,调和漆两遍。

散热器采用铸铁四柱813型,落地式安装,散热器表面刷防锈漆一遍,银粉漆两遍。每组散热器设手动排气阀一个,每根供水立管和回水立管各设截止阀一个,根据《暖通空调规范实施手册》,热水采暖系统,应在热力入口出处的供回水总管上设置温度计、压力表。

系统安装完毕应进行水压试验,系统水压试验压力是工作压力的1.5倍,10分钟内压力降不大于0.02MPa且系统不渗水为合格。系统试压合格后,投入使用前进行冲洗,冲洗至排出水不含泥沙、铁屑等杂物且水色不浑浊为合格,冲洗前应将温度计、调节阀及平衡阀等拆除,待冲洗合格后再装上。

具体设计内容如图7-1~图7-4所示。

一、清单工程量

1.设备

1)散热器安装

如图7-2、图7-3所示,一层铸铁四柱813型散热器片数(12×20×2+14+20×2)片=534片

【注释】 12——表示每组散热器的片数;
20——表示立管数;
2——表示一根立管带两组散热器;
14——表示每组散热器的片数;
20——表示每组散热器的片数;
2——表示立管数。

二层散热器片数〔10×20×2+12+18×2)片=448片

【注释】 10——表示每组散热器的片数;
20——表示立管数;
2——表示一根立管带两组散热器;

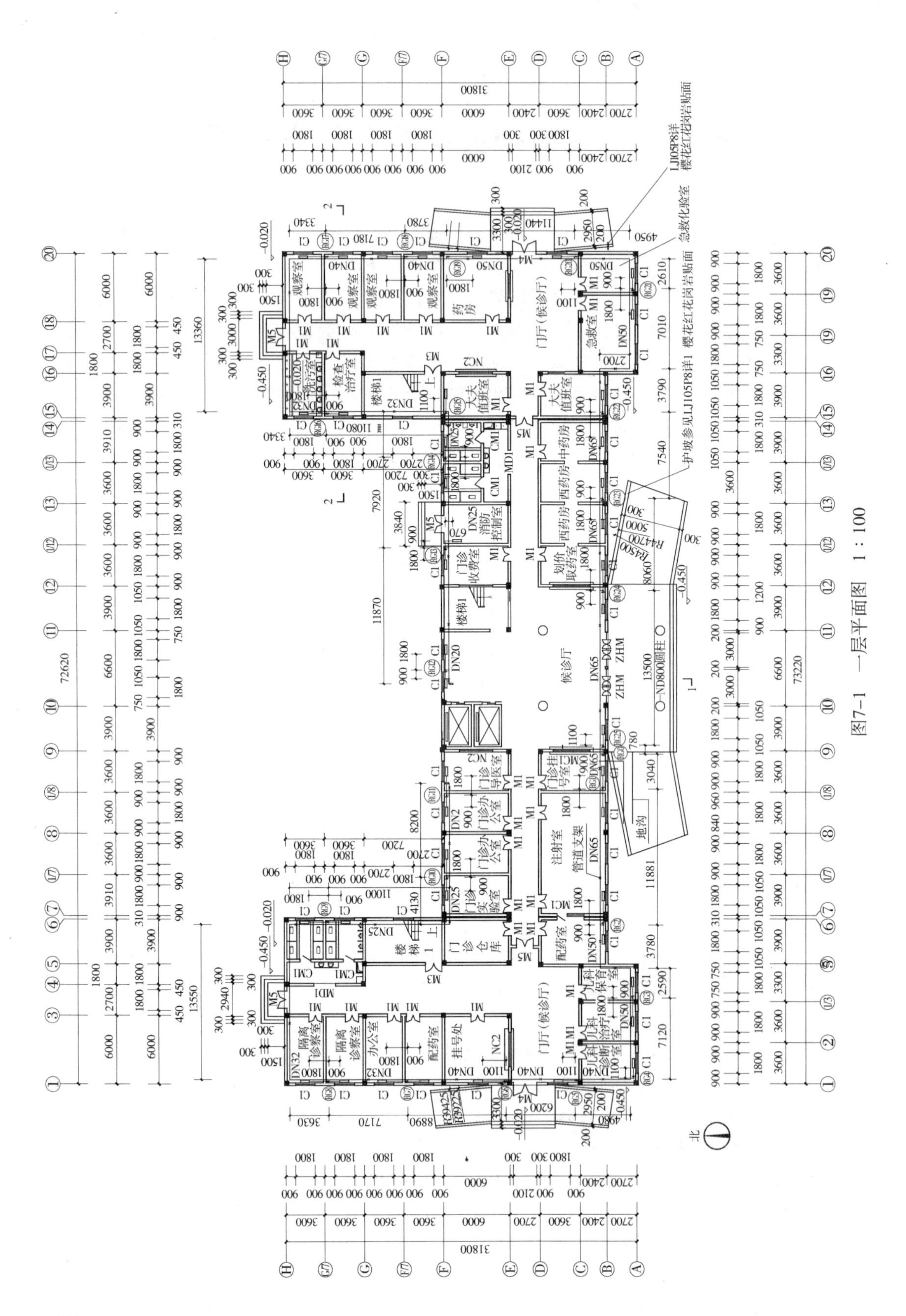

图7-1 一层平面图 1∶100

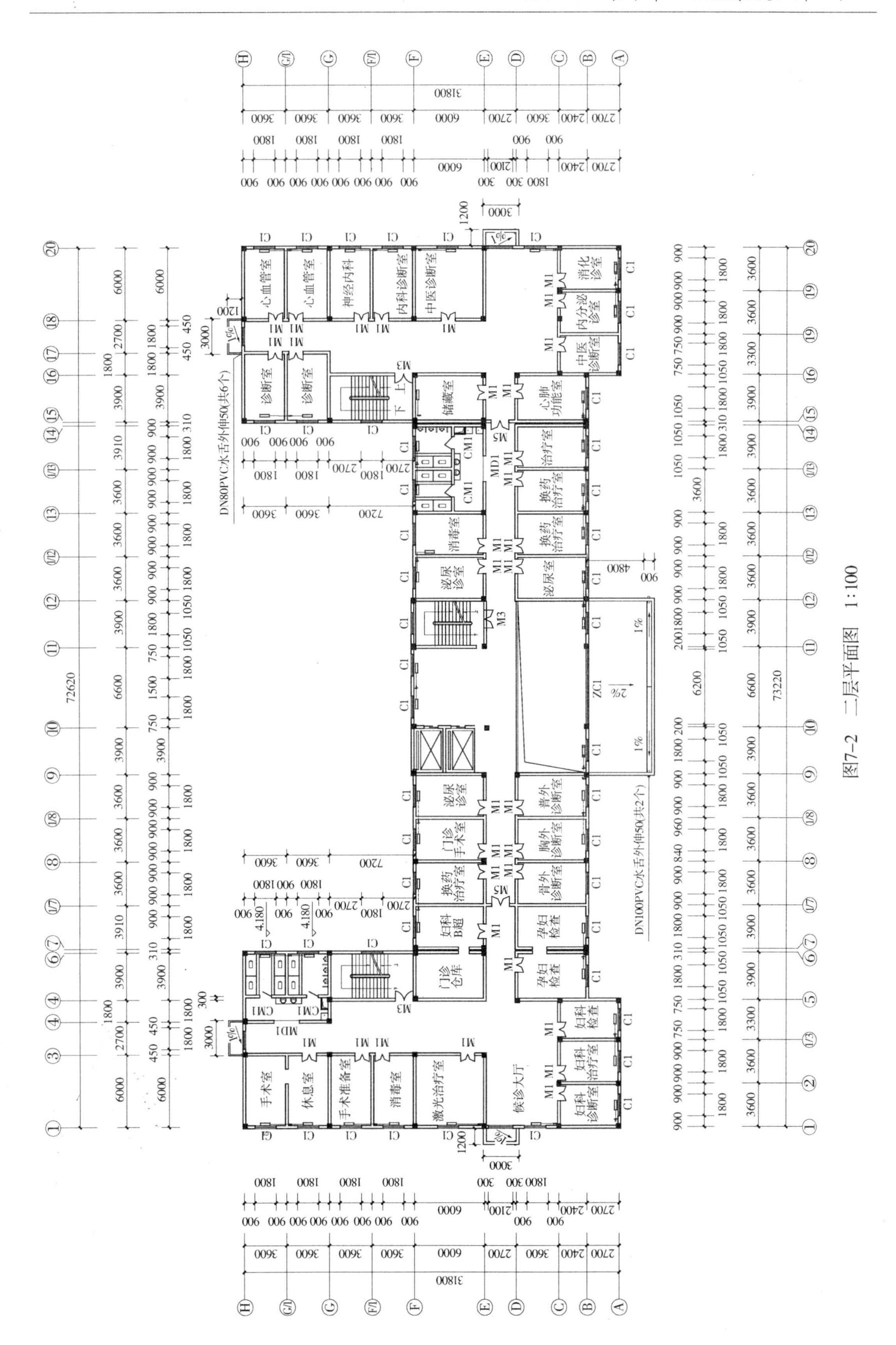

图7-2　二层平面图　1:100

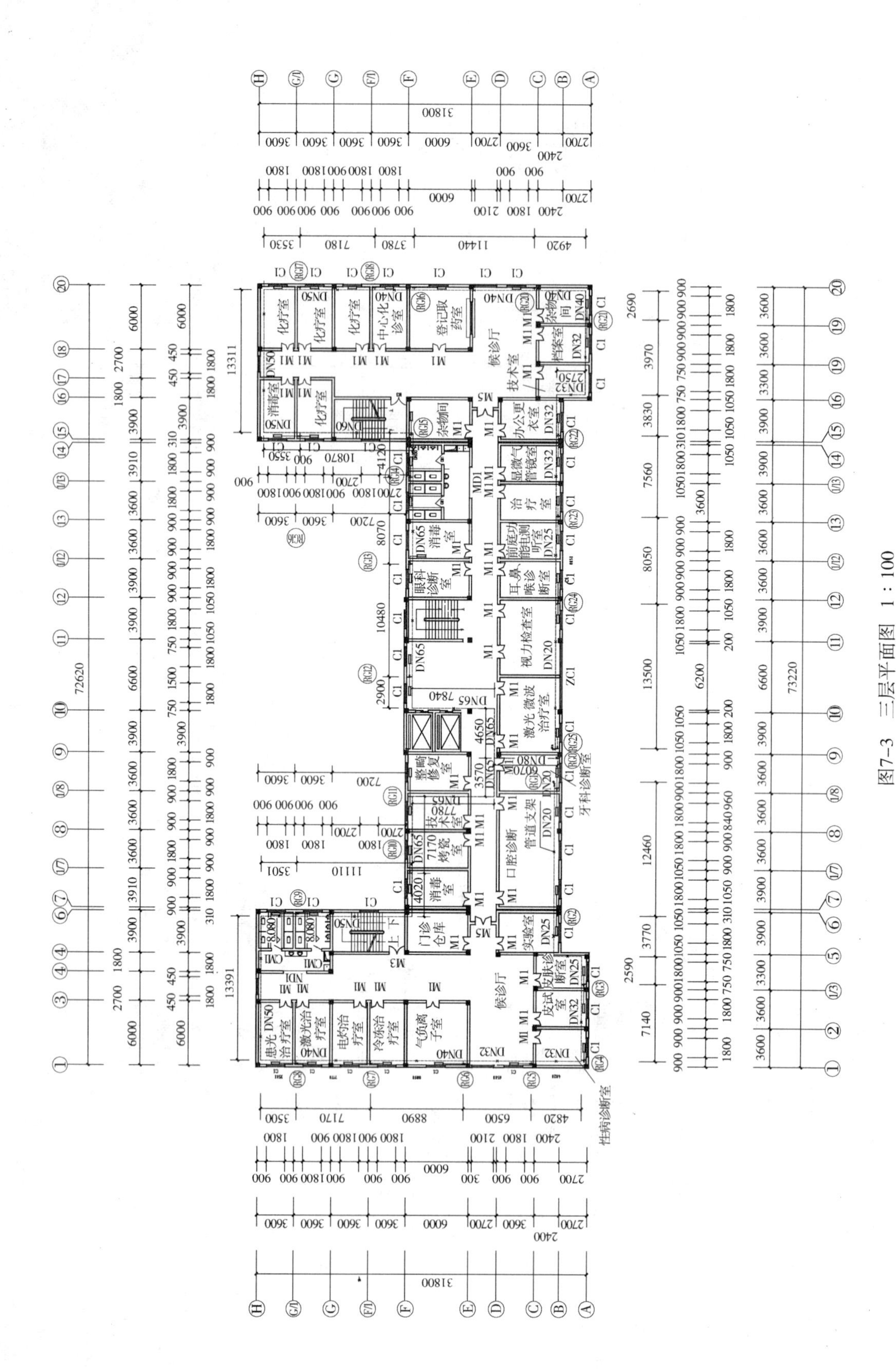

图7-3 三层平面图 1：100

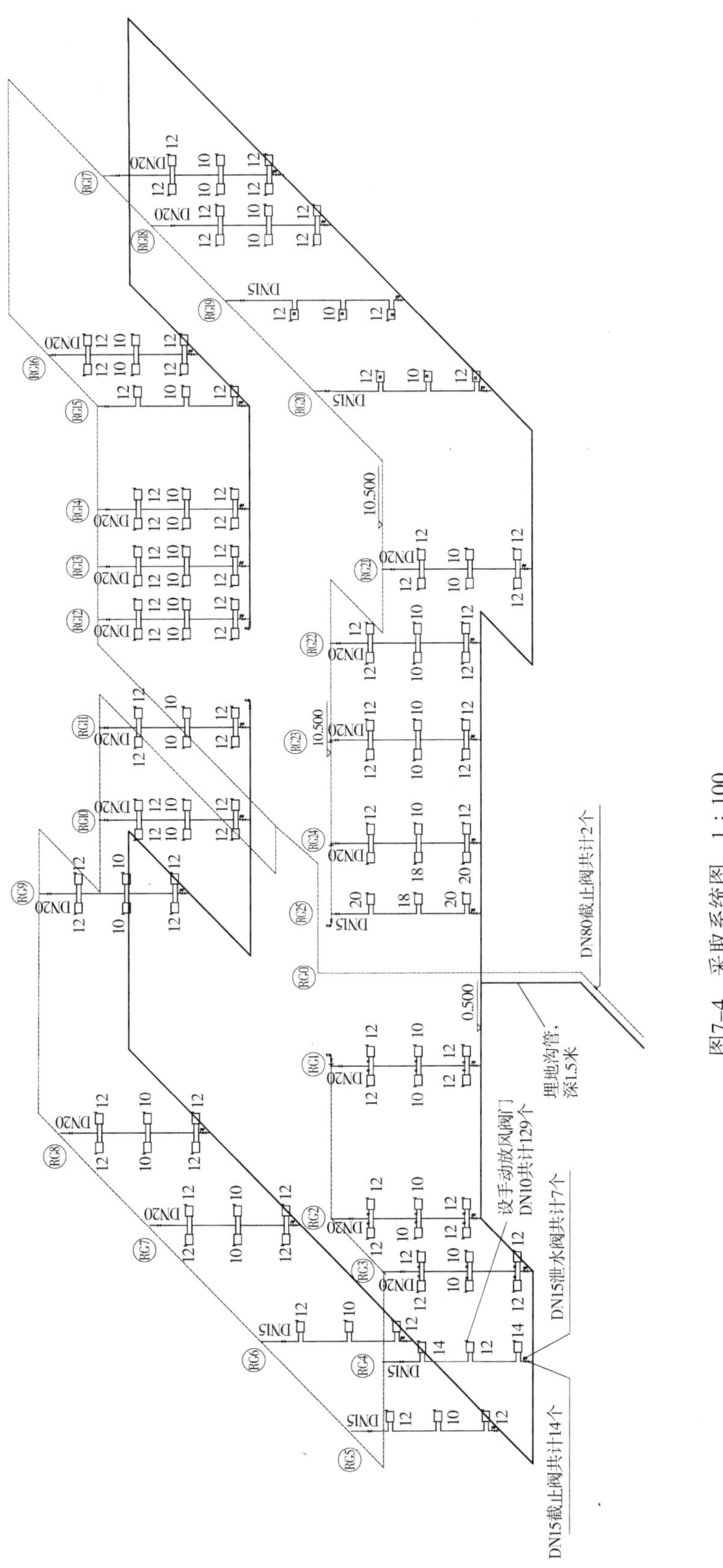

图7-4　采取系统图　1：100

12——表示每组散热器的片数；

18——表示每组散热器的片数；

2——表示立管数。

顶层散热器片数(12×20×2+14+20×2)片=534片

【注释】 12——表示每组散热器的片数；

20——表示立管数；

2——表示一根立管带两组散热器；

14——表示每组散热器的片数；

20——表示每组散热器的片数；

2——表示立管数。

由以上计算可知该采暖工程所需散热器片数共计:534片(底层)+448片(中间层)+534片(顶层)=1 516片。

2)阀门

(1)DN10手动放风阀门:每组散热器设手动放风阀一个,共计129个。

【注释】 (7×3+18×6)个=129个

其中7——表示立管数,即立管4,5,6,15,19,20,25;

3——表示此七根立管每根带三组散热器；

18——表示立管数,既立管1,2,3,7,8,9,10,11,12,13,14,16,17,18,21,22,23,24;

6——表示此18根立管每根带六组散热器。

(2)DN15截止阀。

每根与散热器相连接的供水立管的始末端各设一个,共计14个。

【注释】 (7×2)个=14个

其中7——表示立管数,既立管4,5,6,15,19,20,25;

2——表示此七根立管始端和末端各设一个。

(3)DN20截止阀。

每根与散热器相连接的供水立管的始末端各设一个,共计36个。

【注释】 (18×2)个=36个

其中18——表示立管数,即立管1,2,3,7,8,9,10,11,12,13,14,16,17,18,21,22,23,24;

2——表示此十八根立管始端和末端各设一个。

(4)DN80截止阀。

供回水总管(既热水引入管)各设一个截止阀,共计2个。

(5)DN15泄水阀。

每根供水立管截止阀前各设泄水阀一个,共计7个。

【注释】 其中7——表示立管数,即立管4,5,6,15,19,20,25的末端设一个泄水阀。

(6)DN20泄水阀。

每根回水立管截止阀前各设泄水阀一个,共计18个。

【注释】 其中18——表示立管数,即立管1,2,3,7,8,9,10,11,12,13,14,16,17,18,21,22,23,24的末端设一个泄水阀。

(7)自动排气阀。

供回水干管最高处各设一个,共计4个。

(8)闸阀 DN20。

自动排气阀前各设闸阀一个,共计4个。

(9)温度仪表。

供回水干管上各设温度仪表一个,共计2个。

(10)压力仪表。

供回水干管上各设压力仪表一个,共计2个。

(11)流量仪表。

此医院仅需要一个流量仪表。

2. 管道

1)室外管道

根据《暖通空调规范实施手册》可知,采暖热源管道室内外一入口阀门为界,室外热力管井至外墙面距离为3.6米,入口阀门距外墙面距离1.2米,故室外镀锌钢管DN80的管长为(3.6-1.2)×2m=4.8m。

【注释】 其中2——表示立管数,一根供水立管,一根回水立管。

2)室内管道

(1)镀锌钢管DN80(室内)。

①供水镀锌钢管DN80:1.5m。

②回水镀锌钢管DN80。

$$[1.5+(10.500-0.500)+6.07]m=17.57m$$

③共计。

$$(1.5+17.57)m=19.07m$$

【注释】 其中1.5——表示地沟内立管长度;
10.500——表示回水干管标高;
0.500——表示供水干管标高;
6.07——表示回水干管水平管的长度。

(2)镀锌钢管DN65。

①供水镀锌钢管DN65。

$$(3.04+11.88+0.78+13.5+8.06+7.54)m=44.8m$$

②回水镀锌钢管DN65。

$$[7.17+(7.78+3.57)+8.07+10.48+(2.90+7.84+4.65)]m=52.46m$$

③共计。

$$(44.8+52.46)m=97.26m$$

【注释】 3.04——表示总供水立管至1号立管之间供水干管的长度;
11.88——表示1号立管至2号立管之间供水干管的长度;
0.78——表示0号立管至25号立管之间供水干管的长度;
13.5——表示25号立管至24号立管之间供水干管的长度;
8.06——表示24号立管至23号立管之间供水干管的长度;
7.54——表示23号立管至22号立管之间供水干管的长度;

7.17——表示10号立管至11号立管之间回水干管的长度；

7.78+3.57——表示11号立管至0号立管之间回水干管的长度；

8.07——表示14号立管至13号立管之间回水干管的长度；

10.48——表示13号立管至12号立管之间回水干管的长度；

2.90+7.84+4.65——表示12号立管至0号立管之间回水干管的长度。

（3）镀锌钢管DN50。

①供水镀锌钢管DN50。

[(3.78+2.7+2.59)+7.12+(3.79+2.70+7.01)+(2.61+4.95)+11.44]m=48.69m

②回水镀锌钢管DN50。

[(4.02+11.11)+(3.50+13.39+3.50)+4.12+10.87+(3.55+13.31+3.53)+7.18]m=78.08m

③共计。

(48.69+78.08)m=126.77m

【注释】 其中3.78+2.7+2.59——表示2号立管至3号立管之间供水干管的长度；

7.12——表示3号立管至4号立管之间供水干管的长度；

3.79+2.70+7.01——表示21号立管至22号立管之间供水干管的长度；

2.61+4.95——表示21号立管至20号立管之间供水干管的长度；

11.44——表示20号立管至19号立管之间供水干管的长度；

4.02+11.11——表示9号立管至10号立管之间回水干管的长度；

3.50+13.39+3.50——表示8号立管至9号立管之间回水干管的长度；

4.12——表示14号立管至15号立管之间回水干管的长度；

10.87——表示16号立管至15号立管之间回水干管的长度；

3.55+13.31+3.53——表示16号立管至17号立管之间回水干管的长度；

7.18——表示17号立管至18号立管之间回水干管的长度。

（4）镀锌钢管DN40。

①供水镀锌钢管DN40。

(4.98+6.20+8.89+3.78+7.18)m=31.03m

②回水镀锌钢管DN40。

[7.17+8.89+3.78+11.44+(4.92+2.69)]m=38.89m

③共计。

(31.03+38.89)m=69.92m

【注释】 其中4.98——表示4号立管至5号立管之间供水干管的长度；

6.20——表示5号立管至6号立管之间供水干管的长度；

8.89——表示6号立管至7号立管之间供水干管的长度；

3.78——表示18号立管至19号立管之间供水干管的长度；

7.18——表示18号立管至17号立管之间供水干管的长度；

7.17——表示7号立管至8号立管之间回水干管的长度；

8.89——表示7号立管至6号立管之间回水干管的长度；

3.78——表示18号立管至19号立管之间回水干管的长度；

11.44——表示 19 号立管至 20 号立管之间回水干管的长度；

4.92 +2.69——表示 21 号立管至 20 号立管之间回水干管的长度。

(5) 镀锌钢管 DN32。

①供水镀锌钢管 DN32。

[7.17 + (3.63 +13.55 +3.60) + 11.08 + (3.34 +13.36 +3.34)]m =59.07m

②回水镀锌钢管 DN32。

[7.14 +4.82 +6.50 + (3.97 +2.75 +3.83) +7.56]m =36.57m

③共计。

(59.07 +36.57)m =95.64m

【注释】 其中7.17——表示 7 号立管至 8 号立管之间供水干管的长度；

3.63 +13.55 +3.60——表示 8 号立管至 9 号立管之间供水干管的长度；

11.08——表示 15 号立管至 16 号立管之间供水干管的长度；

3.34 +13.36 +3.34——表示 16 号立管至 17 号立管之间供水干管的长度；

7.14——表示 3 号立管至 4 号立管之间回水干管的长度；

4.82——表示 4 号立管至 5 号立管之间回水干管的长度；

6.50——表示 6 号立管至 5 号立管之间回水干管的长度；

3.97 +2.75 +3.83——表示 21 号立管至 22 号立管之间回水干管的长度；

7.56——表示 22 号立管至 23 号立管之间回水干管的长度。

(6) 镀锌钢管 DN25。

①供水镀锌钢管 DN25。

[(11.00 +4.13) +3.98 +7.92]m =27.03m

②回水镀锌钢管 DN25。

[8.05 + (3.77 +2.59)]m =14.41m

③共计。

(27.03 +14.41)m =41.44m

【注释】 其中11.00 +4.13——表示 9 号立管至 10 号立管之间供水干管的长度；

3.98——表示 15 号立管至 14 号立管之间供水干管的长度；

7.92——表示 14 号立管至 13 号立管之间供水干管的长度；

8.05——表示 23 号立管至 24 号立管之间回水干管的长度；

3.77 +2.59——表示 2 号立管至 3 号立管之间回水干管的长度。

(7) 镀锌钢管 DN20。

①供水镀锌钢管 DN20。

{(8.20 +11.87) + [3.00 +2.6 +2.6 + (0.9 +1.8) ×2 ×6] ×18}m =750.87m

②回水镀锌钢管 DN20。

(12.46 +13.50)m =25.96m

③共计。

(25.96 +750.87)m =776.83m

【注释】 其中需加保温层的水管的长度：

8.20——表示 10 号立管至供水干管末端的长度；

11.87——表示 13 号立管至供水干管末端的长度；

12.46——表示2号立管至回水干管末端的长度；
13.50——表示24号立管至回水干管末端的长度；
不需做保温层的水管的长度
3.00——表示顶层回水干管至顶层散热器的供水立管的距离；
2.6(第一个)——表示顶层散热器至中间层散热器之间供水立管的长度；
2.6(第二个)——表示中间层散热器至底层散热器之间供水立管的长度；
0.9+1.8——表示散热器与立管相连的水管的长度；
2——表示每组散热器上下各两段管子；
6——表示每根立管连六组散热器；
18——表示立管数，共18根这种立管，即立管12,3,7,8,9,10,11,12,13,14,16,17,18,21,22,23,24。

其中需加保温层的水管的长度为(8.20+11.87+25.96)m=46.03m；不需做保温层的730.80m。

(8) 镀锌钢管DN15。

①供水镀锌钢管DN15。

$$(3.00+2.6+2.6+1.10\times 2\times 3)\times 7\text{m}=103.60\text{m}$$

②回水焊接钢管DN15。

回水管长度为零。

共计：103.60m。

【注释】 其中镀锌钢管DN15——表示与散热器相连接的供回水管，且供回水的长度相等；
3.00——表示顶层回水干管至顶层散热器的供水立管的距离；
2.6(第一个)——表示顶层散热器至中间层散热器之间供水立管的长度；
2.6(第二个)——表示中间层散热器至底层散热器之间供水立管的长度；
1.10——表示散热器与立管相连的水管的长度；
2——表示每组散热器上下各两段管子；
3——表示每根立管连三组散热器；
7——表示立管数，即立管4,5,6,15,19,20,25。

③管道支架制作安装。

本设计中选用A型不保温双管支架，管道支架的安装如表7-1所示。

根据《建筑安装工程施工图集》可知：层高小于等于5m时，每层需安装一个支架，位置距地面1.8m。当层高大于5m时，每层需安装2个，位置匀称安装。本工程层高均小于5m，综上可知，立管DN20需安装3(每层各设一个)×18(共18根立管)，即54个，立管DN15需安装3(每层各设一个)×7(共18根立管)，即21个。

表7-1 管道支架的安装表

管道公称直径/mm		15	20	25	32	40	50	65	80	100
支架最大间距/m	保温管	1.5	2.0	2.0	2.5	3.0	3.0	4.0	4.0	4.5
	不保温管	2.5	3.0	3.5	4.0	4.5	5.0	6.0	6.0	6.5

对于水平干管：由图可知DN20的支架共设6个，综上可知，DN20的支架共设60个；DN25的支架共设5个，DN32的支架共设14个，DN40的支架共设9个，DN50的支架共设19个，

DN65 的支架共设 12 个，DN80 的支架共设 2 个。根据《安装工程预算常用定额项目对照图示》中管道支架的重量如表 7-2 所示。

表 7-2　管道支架重量表　（单位：kg/个）

托架形式	管道种类	DN15	DN20	DN25	DN32	DN40	DN50	DN65	DN80
A 型	双管不保温	0.28	0.34	0.48	0.94	1.38	2.27	2.44	2.72
C 型	双管保温	0.35	0.39	0.53	0.99	1.43	2.22	2.39	2.65

DN15 的支架 0.28kg/个 ×21 个 =5.88kg

DN20 的支架 0.34kg/个 ×60 个 =20.40kg

DN25 的支架 0.48kg/个 ×5 个 =2.40kg

DN32 的支架 0.94kg/个 ×14 个 =13.16kg

DN40 的支架 1.38kg/个 ×9 个 =12.42kg

DN50 的支架 2.27kg/个 ×19 个 =43.13kg

DN65 的支架 2.44kg/个 ×12 个 =29.28kg

DN80 的支架 2.72kg/个 ×2 个 =5.44kg

管道支架的总重量为

(5.88 +20.40 +2.40 +13.16 +12.42 +43.13 +5.44 +29.28)kg =132.11kg

清单工程量计算如表 7-3 所示。

表 7-3　清单工程量计算表

序号	项目编码	项目名称	项目特征描述	计算单位	工程量
1	031005001001	铸铁散热器	四柱 813 型，刷防锈漆一遍，银粉漆两遍	片	1 516
2	031003001001	螺纹阀门	DN10 手动放风阀，铸铁	个	129
3	031003001002	螺纹阀门	DN15 截止阀，铸铁	个	14
4	031003001003	螺纹阀门	DN20 截止阀，铸铁	个	36
5	031003001004	螺纹阀门	DN80 截止阀，铸铁	个	2
6	031003001005	螺纹阀门	DN15 泄水阀，铸铁	个	7
7	031003001006	螺纹阀门	DN20 泄水阀，铸铁	个	18
8	031003001007	螺纹阀门	DN20 闸阀，铸铁	个	4
9	031003001008	自动排气阀	自动排气阀 DN20，铸铁	个	4
10	030601001001	温度仪表	温度计，双金属温度计	支	2
11	030601002001	压力仪表	压力表，就地式	台	2
12	030601004001	流量仪表	椭圆齿轮流量计，就地指示式	台	1
13	031001001001	镀锌钢管	室外采暖热水管，DN80，焊接，手工除轻锈，刷防锈漆两遍，采用厚度 40mm 纤维类制品管壳保温，外缠玻璃布保护层	m	4.8
14	031001001002	镀锌钢管	室内采暖热水管，DN80，焊接，手工除轻锈，刷防锈漆两遍，采用厚度 40mm 纤维类制品管壳保温，外缠玻璃布保护层	m	19.07

（续表）

序号	项目编码	项目名称	项目特征描述	计算单位	工程量
15	031001001003	镀锌钢管	室内采暖热水管，DN65，焊接，手工除轻锈，刷防锈漆两遍，采用厚度40mm纤维类制品管壳保温，外缠玻璃布保护层	m	97.26
16	031001001004	镀锌钢管	室内采暖热水管，DN50，焊接，手工除轻锈，刷防锈漆两遍，采用厚度40mm纤维类制品管壳保温，外缠玻璃布保护层	m	126.77
17	031001001005	镀锌钢管	室内采暖热水管，DN40，焊接，手工除轻锈，刷防锈漆两遍，采用厚度40mm纤维类制品管壳保温，外缠玻璃布保护层	m	69.92
18	031001001006	镀锌钢管	室内采暖热水管，DN32，焊接，手工除轻锈，刷防锈漆两遍，采用厚度40mm纤维类制品管壳保温，外缠玻璃布保护层	m	95.64
19	031001001007	镀锌钢管	室内采暖热水管，DN25，螺纹连接，手工除轻锈，刷防锈漆两遍，采用厚度40mm纤维类制品管壳保温，外缠玻璃布保护层	m	41.44
20	031001001008	镀锌钢管	室内采暖热水管，DN20，螺纹连接，手工除轻锈，刷防锈漆两遍，采用厚度41mm纤维类制品管壳保温，外缠玻璃布保护层	m	46.03
21	031001001009	镀锌钢管	室内采暖热水管，DN20，螺纹连接，手工除轻锈，刷防锈漆一遍，银粉漆两遍	m	730.8
22	031001001010	镀锌钢管	室内采暖热水管，DN15，螺纹连接，手工除轻锈，刷防锈漆一遍，银粉漆两遍	m	103.6
23	031002001001	管道支架	安装A型不保温双管支架，刷防锈漆两遍，调和漆两遍	kg	132.11

二、定额工程量

1. 铸铁散热器（柱型）

计量单位：10片，安装数量1 516片，工程量：1 516片/10片 = 151.6

套定额子目8-491

2. 阀门

阀门工程量汇总如表7-4所示。

表7-4 阀门工程量汇总

螺纹阀门型号		计量单位	安装数量	套定额子目
DN10	手动排气阀	个	129	8-302
DN15	截止阀	个	14	8-241
DN20	截止阀	个	36	8-242
DN80	截止阀	个	2	8-248
DN15	泄水阀	个	7	8-241

（续表）

螺纹阀门型号		计量单位	安装数量	套定额子目
DN20	泄水阀	个	18	8-242
DN20	闸阀	个	4	8-242

3. 自动排气阀(DN20)

计量单位:个,安装数量:4,套定额子目 8-300

4. 温度仪表(双金属温度计)

计量单位:个,安装数量:2,套定额子目 10-2

5. 压力仪表(就地压力表)

计量单位:个,安装数量:2,套定额子目 10-25

6. 流量仪表(就地指示式椭圆齿轮流量计)

计量单位:个,安装数量:1,套定额子目 10-39

7. 管道

管道工程量汇总如表 7-5 所示。

表 7-5　管道工程量汇总见表

管道类型型号	计量单位/m	计算式/(m/m)	工程量	套定额子目
室外 DN80 钢管(焊接)	10	4.8/10	0.48	8-19
室内 DN80 钢管(焊接)	10	19.07/10	1.91	8-105
室内 DN65 钢管(焊接)	10	97.26/10	9.73	8-104
室内 DN50 钢管(焊接)	10	126.77/10	12.68	8-103
室内 DN40 钢管(焊接)	10	69.92/10	6.99	8-102
室内 DN32 钢管(焊接)	10	95.64/10	9.56	8-101
室内 DN25 钢管(螺纹连接)	10	41.44/10	4.14	8-100
室内 DN20 钢管(螺纹连接)	10	776.83/10	777.68	8-99
室内 DN15 钢管(螺纹连接)	10	103.60/10	10.36	8-98

8. 管道手工除轻锈、刷防锈漆、刷银粉、保温层、保护层制作

(1) DN15 镀锌钢管(手工除轻锈,刷防锈漆一遍,银粉漆两遍)。

手工除轻锈:长度:103.60m,除锈工程量:$103.60\text{m} \times 0.067\text{m}^2/\text{m} = 6.94\text{m}^2$。

计量单位:10m^2,工程量:0.69(10m^2),套定额子目 11-1。

刷防锈漆一遍:由手工除轻锈工程量可知,刷防锈漆一遍的工程量为 6.94m^2

计量单位:10m^2,工程量:0.69(10m^2),套定额子目 11-53。

刷银粉漆第一遍:由手工除轻锈工程量可知,刷银粉漆第一遍的工程量为 6.94m^2。

计量单位:10m^2,工程量:0.69(10m^2),套定额子目 11-56。

刷银粉漆第二遍:由手工除轻锈工程量可知,刷银粉漆第二遍的工程量为 6.94m^2。

计量单位:10m^2,工程量:0.69(10m^2),套定额子目 11-57。

【注释】 103.60×0.067——表示 DN15 镀锌钢管 103.60m 长的的表面积;

0.067——是由《简明供热设计手册》表 3-27 每米长管道表面积和表 1-2 焊接钢管规格可查得,DN15 的每米长管道表面积为 $0.066\ 5\text{m}^2$,在此估读一位为

$0.067m^2$；

6.94——表示 DN15 镀锌钢管 103.60m 长的的表面积；

0.69——表示以计量单位 $10m^2$ 计算时的工程量，$6.94m^2 \div 10m^2 = 0.69$（$10m^2$）。

（2）DN20 镀锌钢管（手工除轻锈，刷防锈漆一遍，银粉漆两遍）。

手工除轻锈：长度：730.80m，除锈工程量：$730.80m \times 0.084m^2/m$（由《简明供热设计手册》可查得，DN20 的每米长管道表面积为 $0.084m^2$）$=61.39m^2$。

定额单位：$10m^2$，工程量：6.14（$10m^2$），套定额子目 11-1。

刷防锈漆一遍：由手工除轻锈工程量可知，刷防锈漆一遍的工程量为 $61.39m^2$。

定额单位：$10m^2$，数量：6.14（$10m^2$），套定额子目 11-53。

刷银粉漆第一遍：由手工除轻锈工程量可知，刷银粉漆第一遍的工程量为 $61.39m^2$。

定额单位：$10m^2$，数量：6.14（$10m^2$），套定额子目 11-56。

刷银粉漆第二遍：由手工除轻锈工程量可知，刷银粉漆第二遍的工程量为 $61.39m^2$。

定额单位：$10m^2$，数量：6.14（$10m^2$），套定额子目 11-57。

【注释】 730.80×0.084——表示 DN20 镀锌钢管 730.80m 长的的表面积；

0.084——由《简明供热设计手册》表 3-27 每米长管道表面积和表 1-2 焊接钢管规格可查得，DN20 的每米长管道表面积为 $0.084m^2$；

61.39——表示 DN20 镀锌钢管 730.80m 长的的表面积；

6.14——表示以计量单位 $10m^2$ 计算时的工程量，$61.39m^2 \div 10m^2 = 6.14$（$10m^2$）。

（3）DN20 镀锌钢管（手工除轻锈，刷防锈漆二遍，采用 40mm 厚的纤维类制品管壳保温，外裹玻璃布保护层）。

手工除轻锈：长度：46.03m，除锈工程量：$46.03m \times 0.084m^2/m$（由《简明供热设计手册》可查得，DN20 的每米长管道表面积为 $0.084m^2$）$=3.87m^2$。

定额单位：$10m^2$，工程量：0.39（$10m^2$），套定额子目 11-1。

刷防锈漆第一遍：由手工除轻锈工程量可知，刷防锈漆一遍的工程量为 $3.87m^2$。

定额单位：$10m^2$，数量：0.39（$10m^2$），套定额子目 11-53。

刷防锈漆第二遍：由手工除轻锈工程量可知，刷银粉漆第一遍的工程量为 $3.87m^2$。

定额单位：$10m^2$，数量：0.39（$10m^2$），套定额子目 11-54。

保温层：根据《全国统一安装工程预算工程量计算规则》可知，管道保温层工程量计算公式为 $V = \pi \times (D + 1.033\delta) \times 1.033\delta \times L$。

式中 D——管道直径（m）；

1.033——调整系数；

δ——保温层厚度（m）；

L——设备筒体或管道的长度（m），这里指管道的长度。

根据《简明供热设计手册》表 1-2 焊接钢管规格可查得，DN20 普通钢管的直径为 26.8mm。

由上可知，DN20 镀锌钢管的保温层工程量为

$$
\begin{aligned}
V &= \pi \times (D + 1.033\delta) \times 1.033\delta \times L \\
&= 3.14 \times (0.0268 + 1.033 \times 0.04) \times 1.033 \times 0.04 \times 46.03m^3 \\
&= 0.41m^3
\end{aligned}
$$

计量单位 m^3，工程量 $0.41m^3$，套定额子目 11-1825。

保护层:根据《全国统一安装工程预算工程量计算规则》可知,管道保护层工程量计算依据公式为 $S=\pi\times(D+2.1\delta+0.0082)\times L$。

式中　S——保护层的表面积(m^2);

D——管道直径(m);

2.1——调整系数;

δ——保温层厚度(m);

L——设备筒体或管道的长度(m),这里指管道的长度;

0.008 2——捆扎线直径或钢带厚(m)。

由上可知,DN20 镀锌钢管的保护层工程量为

$$
\begin{aligned}
S &= \pi\times(D+2.1\delta+0.0082)\times L\\
&= 3.14\times(0.0268+2.1\times0.04+0.0082)\times46.03\text{m}^2\\
&= 17.20\text{m}^2
\end{aligned}
$$

计量单位 $10m^2$,工程量 1.72($10m^2$),套定额子目 11-2153。

【注释】 46.03×0.084——表示 DN20 镀锌钢管 46.03m 长的的表面积;

0.084——是由《简明供热设计手册》表 3-27 每米长管道表面积和表 1-2 焊接钢管规格可查得,DN20 的每米长管道表面积为 $0.084m^2$;

3.87——表示 DN20 镀锌钢管 46.03m 长的的表面积;

0.39——表示以计量单位计算时的工程量,$3.87m^2\div10m^2=0.39(10m^2)$;

0.41——表示以计量单位 m^3 计算时的工程量;

1.72——表示以计量单位 $10m^2$ 计算时的工程量。

(4)DN25 镀锌钢管(手工除轻锈,刷防锈漆二遍,采用 40mm 厚的纤维类制品管壳保温,外裹玻璃布保护层)。

手工除轻锈:长度:41.44m,除锈工程量:41.44m×0.105m^2/m(由《简明供热设计手册》可查得,DN25 每米长管道表面积为 0.105m^2)=4.35m^2。

计量单位:$10m^2$,工程量:0.435,套定额子目 11-1。

刷防锈漆第一遍:由手工除轻锈工程量可知,刷防锈漆第一遍的工程量为 3.87m^2。

定额单位:$10m^2$,工程量:0.435($10m^2$),套定额子目 11-53。

刷防锈漆第二遍:由手工除轻锈工程量可知,刷防锈漆第二遍的工程量为 3.87m^2。

定额单位:$10m^2$,工程量:0.435($10m^2$),套定额子目 11-54。

保温层:根据《简明供热设计手册》表 1-2 焊接钢管规格可查得,DN25 普通钢管的直径为 33.5mm。

由上可知,DN25 镀锌钢管的保温层工程量为

$$
\begin{aligned}
V &= \pi\times(D+1.033\delta)\times1.033\delta\times L\\
&= 3.14\times(0.0335+1.033\times0.04)\times1.033\times0.04\times41.44\text{m}^3\\
&= 0.40\text{m}^3
\end{aligned}
$$

计量单位 m^3,工程量 0.40m^3,套定额子目 11-1825。

保护层:由上可知,DN25 镀锌钢管的保护层工程量为

$$
\begin{aligned}
S &= \pi\times(D+2.1\delta+0.0082)\times L\\
&= 3.14\times(0.0335+2.1\times0.04+0.0082)\times41.446\text{m}^2\\
&= 16.36\text{m}^2
\end{aligned}
$$

计量单位 $10m^2$,工程量1.64($10m^2$),套定额子目11-2153。

【注释】 41.44×0.105——表示DN25镀锌钢管41.44m长的的表面积;

0.105——是由《简明供热设计手册》表3-27每米长管道表面积和表1-2焊接钢管规格可查得,DN25的每米长管道表面积为 $0.105m^2$;

4.35——表示DN25镀锌钢管41.44m长的的表面积;

0.435——表示以计量单位计算时的工程量,$4.35m^2 \div 10m^2 = 0.435(10m^2)$

0.40——表示以计量单位 m^3 计算时的工程量;

1.64——表示以计量单位 $10m^2$ 计算时的工程量。

(5)DN32镀锌钢管(手工除轻锈,刷防锈漆两遍,采用厚度40mm纤维制品管壳保温,外缠玻璃布保护层)。

手工除轻锈:长度:95.64m,除锈工程量:$95.64m \times 0.133m^2/m = 12.72m^2$。

定额单位:$10m^2$,数量:1.27,套定额子目11-1。

刷防锈漆一遍:由手工除轻锈工程量可知,刷防锈漆一遍的工程量为 $12.72m^2$。

定额单位:$10m^2$,数量:1.27,套定额子目11-53。

刷防锈漆二遍:由手工除轻锈工程量可知,刷防锈漆一遍的工程量为 $12.72m^2$。

定额单位:$10m^2$,数量:1.27,套定额子目11-54。

根据《简明供热设计手册》表1-2焊接钢管规格可查得,DN32普通钢管的直径为42.3mm。

由上可知,DN32镀锌钢管的保温层工程量为

$$
\begin{aligned}
V &= \pi \times (D + 1.033\delta) \times 1.033\delta \times L \\
&= 3.14 \times (0.0423 + 1.033 \times 0.04) \times 1.033 \times 0.04 \times 95.64m^3 \\
&= 1.04m^3
\end{aligned}
$$

计量单位 m^3,工程量 $1.04m^3$,套定额子目11-1825。

保护层:

由上可知,DN32镀锌钢管的保护层工程量为

$$
\begin{aligned}
S &= \pi \times (D + 2.1\delta + 0.0082) \times L \\
&= 3.14 \times (0.0423 + 2.1 \times 0.04 + 0.0082) \times 95.64m^2 \\
&= 40.39m^2
\end{aligned}
$$

计量单位 $10m^2$,工程量4.04($10m^2$),套定额子目11-2153。

【注释】 95.64×0.133——表示DN32镀锌钢管41.44m长的的表面积;

0.133——由《简明供热设计手册》表3-27每米长管道表面积和表1-2焊接钢管规格可查得,DN25的每米长管道表面积为 $0.105m^2$;

13.12——表示DN32镀锌钢管98.67m长的的表面积;

1.27——表示以计量单位计算时的工程量,$12.72m^2 \div 10m^2 = 1.27(10m^2)$;

1.04——表示以计量单位 m^3 计算时的工程量;

4.04——表示以计量单位 $10m^2$ 计算时的工程量。

(6)DN40镀锌钢管(手工除轻锈,刷防锈漆两遍,采用厚度40mm纤维类制品管壳保温,外缠玻璃布保护层)。

手工除轻锈:长度:38.89m,除锈工程量:$38.89m \times 0.151m^2/m = 5.87m^2$。

定额单位:$10m^2$,数量:0.59,套定额子目11-1。

刷防锈漆一遍:由手工除轻锈工程量可知,刷防锈漆一遍的工程量为 $5.87m^2$。

定额单位:$10m^2$,数量:0.59,套定额子目 11-53。

刷防锈漆二遍:由手工除轻锈工程量可知,刷防锈漆一遍的工程量为 $5.87m^2$

定额单位:$10m^2$,数量:0.59,套定额子目 11-54。

保温层:

根据《简明供热设计手册》表 1-2 焊接钢管规格可查得,DN40 普通钢管的直径为 48mm。

由上可知,DN40 镀锌钢管的保温层工程量为

$$
\begin{aligned}
V &= \pi \times (D + 1.033\delta) \times 1.033\delta \times L \\
&= 3.14 \times (0.048 + 1.033 \times 0.04) \times 1.033 \times 0.04 \times 38.89m^3 \\
&= 0.45m^3
\end{aligned}
$$

计量单位 m^3,工程量 $0.45m^3$,套定额子目 11-1825。

保护层:

由上可知,DN40 镀锌钢管的保护层工程量为

$$
\begin{aligned}
S &= \pi \times (D + 2.1\delta + 0.0082) \times L \\
&= 3.14 \times (0.048 + 2.1 \times 0.04 + 0.0082) \times 38.89m^2 \\
&= 17.12m^2
\end{aligned}
$$

计量单位 $10m^2$,工程量 1.71($10m^2$),套定额子目 11-2153。

【注释】 38.89×0.151——表示 DN40 镀锌钢管 38.89m 长的的表面积;

0.151——由《简明供热设计手册》表 3-27 每米长管道表面积和表 1-2 焊接钢管规格可查得,DN40 的每米长管道表面积为 $0.151m^2$;

17.12——表示 DN40 镀锌钢管 38.89m 长的的表面积;

1.71——表示以计量单位计算时的工程量,$17.12m^2 \div 10m^2 = 1.71(10m^2)$;

0.45——表示以计量单位 m^3 计算时的工程量;

1.71——表示以计量单位 $10m^2$ 计算时的工程量。

(7)DN50 焊接钢管(手工除轻锈,刷防锈漆两遍,采用厚度 40mm 纤维制品类管壳保温,外缠玻璃布保护层)。

手工除轻锈:长度:126.77m,除锈工程量:$126.77m \times 0.188m^2/m = 23.83m^2$。

定额单位:$10m^2$,数量:2.38,套定额子目 11-1。

刷防锈漆一遍:由手工除轻锈工程量可知,刷防锈漆一遍的工程量为 $23.83m^2$。

定额单位:$10m^2$,数量:2.38,套定额子目 11-53。

刷防锈漆二遍:由手工除轻锈工程量可知,刷防锈漆一遍的工程量为 $23.83m^2$

定额单位:$10m^2$,数量:2.38,套定额子目 11-54。

保温层:

根据《简明供热设计手册》表 1-2 焊接钢管规格可查得,DN50 普通焊接钢管的直径为 60mm。

由上可知,DN50 镀锌钢管的保温层工程量为

$$
\begin{aligned}
V &= \pi \times (D + 1.033\delta) \times 1.033\delta \times L \\
&= 3.14 \times (0.06 + 1.033 \times 0.04) \times 1.033 \times 0.04 \times 126.77m^3 \\
&= 1.67m^3
\end{aligned}
$$

计量单位 m^3,工程量 $1.67m^3$,套定额子目 11-1833。

保护层:

由上可知,DN50 镀锌钢管的保护层工程量。

$$S=\pi\times(D+2.1\delta+0.0082)\times L$$
$$=3.14\times(0.06+2.1\times0.04+0.0082)\times126.778\text{m}^2$$
$$=60.58\text{m}^2$$

计量单位 10m^2,工程量 $6.06(10\text{m}^2)$,套定额子目 11-2153。

【注释】 126.77×0.188——表示 DN50 镀锌钢管 126.77m 长的的表面积;

0.188——由《简明供热设计手册》表 3-27 每米长管道表面积和表 1-2 焊接钢管规格可查得,DN50 的每米长管道表面积为 0.188m^2;

23.83m^2——表示 DN50 镀锌钢管 126.77m 长的的表面积;

2.38——表示以计量单位计算时的工程量,$23.83\text{m}^2\div10\text{m}^2=2.38(10\text{m}^2)$;

1.67——表示以计量单位 m^3 计算时的工程量;

6.06——表示以计量单位 10m^2 计算时的工程量。

(8)DN65 镀锌钢管(手工除轻锈,刷防锈漆两遍,采用厚度 40mm 纤维制品类管壳保温,外缠玻璃布保护层)。

手工除轻锈:长度:97.26m,除锈工程量:$97.26\text{m}\times0.239\text{m}^2/\text{m}=23.25\text{m}^2$。

定额单位:10m^2,数量:2.33,套定额子目 11-1。

刷防锈漆一遍:由手工除轻锈工程量可知,刷防锈漆一遍的工程量为 23.25m^2。

定额单位:10m^2,数量:2.33,套定额子目 11-53。

刷防锈漆二遍:由手工除轻锈工程量可知,刷防锈漆一遍的工程量为 23.25m^2。

定额单位:10m^2,数量:2.33,套定额子目 11-54。

保温层:

根据《简明供热设计手册》表 1-2 焊接钢管规格可查得,DN65 普通钢管的直径为 75.5mm。

由上可知,DN65 镀锌钢管的保温层工程量为

$$V=\pi\times(D+1.033\delta)\times1.033\delta\times L$$
$$=3.14\times(0.0755+1.033\times0.04)\times1.033\times0.04\times97.26\text{m}^3$$
$$=1.47\text{m}^3$$

计量单位 m^3,工程量 1.47m^3,套定额子目 11-1833。

保护层:

由上可知,DN65 镀锌钢管的保护层工程量为

$$S=\pi\times(D+2.1\delta+0.0082)\times L$$
$$=3.14\times(0.0755+2.1\times0.04+0.0082)\times97.26\text{m}^2$$
$$=51.21\text{m}^2$$

计量单位 10m^2,工程量 $5.12(10\text{m}^2)$,套定额子目 11-2153。

【注释】 97.26×0.239——表示 DN65 镀锌钢管 97.26m 长的的表面积;

2)0.239——由《简明供热设计手册》表 3-27 每米长管道表面积和表 1-2 焊接钢管规格可查得,DN65 的每米长管道表面积为 0.239m^2;

23.25——表示 DN65 镀锌钢管 124.07m 长的的表面积;

2.33——表示以计量单位计算时的工程量,$23.25\text{m}^2\div10\text{m}^2=2.33(10\text{m}^2)$;

1.47——表示以计量单位 m^3 计算时的工程量;

5.12——表示以计量单位 10m^2 计算时的工程量。

（9）DN80 镀锌钢管（室内，手工除轻锈，刷防锈漆两遍，采用厚度 40mm 纤维制品类管壳保温，外缠玻璃布保护层）。

手工除轻锈：长度：19.07m，除锈工程量：$19.07\text{m}\times0.280\text{m}^2/\text{m}=5.34\text{m}^2$。

定额单位：10m^2，数量：0.53，套定额子目 11-1。

刷防锈漆一遍：由手工除轻锈工程量可知，刷防锈漆一遍的工程量为 5.34m^2。

定额单位：10m^2，数量：0.53，套定额子目 11-53。

刷防锈漆二遍：由手工除轻锈工程量可知，刷防锈漆一遍的工程量为 5.34m^2。

定额单位：10m^2，数量：0.53，套定额子目 11-54。

保温层：

根据《简明供热设计手册》表 1-2 焊接钢管规格可查得，DN80 普通焊接钢管的直径为 88.5mm。

由上可知，DN80 焊接钢管的保温层工程量为

$$
\begin{aligned}
V &= \pi\times(D+1.033\delta)\times1.033\delta\times L\\
&=3.14\times(0.0885+1.033\times0.04)\times1.033\times0.04\times19.07\text{m}^3\\
&=0.32\text{m}^3
\end{aligned}
$$

计量单位 m^3，工程量 0.32m^3，套定额子目 11-1833。

保护层：

由上可知，DN80 焊接钢管的保护层工程量为

$$
\begin{aligned}
S &= \pi\times(D+2.1\delta+0.0082)\times L\\
&=3.14\times(0.0885+2.1\times0.04+0.0082)\times19.07\text{m}^2\\
&=10.82\text{m}^2
\end{aligned}
$$

计量单位 10m^2，工程量 1.08（10m^2），套定额子目 11-2153。

【注释】　19.07×0.280——表示 DN80 镀锌钢管 19.07m 长的的表面积；

0.280——由《简明供热设计手册》表 3-27 每米长管道表面积和表 1-2 焊接钢管规格可查得，DN80 的每米长管道表面积为 0.280m^2；

5.34——表示 DN80 镀锌钢管 19.07m 长的的表面积；

0.53——表示以计量单位计算时的工程量，$5.34\text{m}^2\div10\text{m}^2=0.53(10\text{m}^2)$；

0.32——表示以计量单位 m^3 计算时的工程量；

1.08——表示以计量单位 10m^2 计算时的工程量。

（10）DN80 镀锌钢管（室外，手工除轻锈，刷防锈漆两遍，采用厚度 40mm 纤维制品类管壳保温，外缠玻璃布保护层）。

手工除轻锈：长度：4.8m，除锈工程量：$4.8\text{m}\times0.280\text{m}^2/\text{m}=1.34\text{m}^2$。

定额单位：10m^2，数量：0.13，套定额子目 11-1。

刷防锈漆一遍：由手工除轻锈工程量可知，刷防锈漆一遍的工程量为 1.34m^2。

定额单位：10m^2，数量：0.13，套定额子目 11-53。

刷防锈漆二遍：由手工除轻锈工程量可知，刷防锈漆一遍的工程量为 1.34m^2。

定额单位：10m^2，数量：0.13，套定额子目 11-54。

保温层：

根据《简明供热设计手册》表 1-2 焊接钢管规格可查得，DN80 普通钢管的直径为 88.5mm。

由上可知，DN80 镀锌钢管的保温层工程量为

$$
\begin{aligned}
V &= \pi \times (D + 1.033\delta) \times 1.033\delta \times L \\
&= 3.14 \times (0.0885 + 1.033 \times 0.04) \times 1.033 \times 0.04 \times 4.8 \\
&= 0.08\text{m}^3
\end{aligned}
$$

计量单位 m^3,工程量 $0.08m^3$,套定额子目 11-1833。

保护层:

由上可知,DN80 焊接钢管的保护层工程量为

$$
\begin{aligned}
S &= \pi \times (D + 2.1\delta + 0.0082) \times L \\
&= 3.14 \times (0.0885 + 2.1 \times 0.04 + 0.0082) \times 4.80 \\
&= 2.72\text{m}^2
\end{aligned}
$$

计量单位 $10m^2$,工程量 0.27($10m^2$),套定额子目 11-2153。

【注释】 4.80 × 0.280——表示 DN80 镀锌钢管 4.8m 长的的表面积;

0.280——由《简明供热设计手册》表 3-27 每米长管道表面积和表 1-2 焊接钢管规格可查得,DN80 的每米长管道表面积为 $0.280m^2$;

1.34——表示 DN80 镀锌钢管 4.80m 长的的表面积;

0.13——表示以计量单位 $10m^2$ 计算时的工程量,$1.34m^2 \div 10m^2 = 0.13$ ($10m^2$);

0.08——表示以计量单位 m^3 计算时的工程量;

0.27——表示以计量单位 $10m^2$ 计算时的工程量。

9. 套管

套管选取原则:比管道尺寸大 1 ~ 2 号

1)镀锌铁皮套管(供回水干管穿楼板用)

(1)DN100 套管:2 个。

(2)DN25 套管:25 × 2 个 = 50 个。

2)镀锌铁皮套管(供回水干管穿墙用)

(1)DN100 套管:1 个。

(2)DN80 套管:18 个。

(3)DN65 套管:25 个。

(4)DN50 套管:12 个。

(5)DN40 套管:14 个。

(6)DN32 套管:22 个。

【注释】 2——表示 DN80 立管穿一、二层楼板;

50——表示 DN20 和 DN15 立管立管穿一、二层楼板,计算式 25 根 × 2 个/根 = 50 个中的 25 表式有 25 根立管 DN15、DN20,2 表示每根立管穿一、二层楼板;

1——表示 DN80 供回水水平管穿墙的个数;

18——表示 DN65 供回水水平管穿墙的个数;

25——表示 DN50 供回水水平管穿墙的个数;

12——表示 DN40 供回水水平管穿墙的个数;

14——表示 DN32 供回水水平管穿墙的个数;

22——表示DN20和DN25供回水水平管穿墙的个数。

10. 管道支架制作安装及其刷油

由清单工程量计算可得，管道支架重量为132.11kg。

定额计量单位：100kg，工程量1.32，套定额子目8-178

刷防锈漆第一遍：

定额计量单位：100kg，工程量1.32，套定额子目11-119

刷防锈漆第二遍：

定额计量单位：100kg，工程量1.32，套定额子目11-120

刷调和漆第一遍：

定额计量单位：100kg，工程量1.32，套定额子目11-126

刷调和漆第二遍：

定额计量单位：100kg，工程量1.32，套定额子目11-127

【注释】　1.32——表示以100kg为计量单位时的工程量。

11. 散热器片刷油漆（刷防锈漆一遍，银粉漆两遍）

根据《暖通空调常用数据手册》表1.4－12铸铁散热器综合性能表可查得，每片四柱813型散热器片的表面积为0.28m^2/片，即每片散热器片油漆面积为0.28m^2，共计：1516片×0.28m^2/片＝424.48m^2。

定额计量单位：10m^2，工程量424.48m^2÷10m^2＝42.45。

【注释】　42.45——表示以10m^2为计量单位时的工程量。

12. 管道压力试验

所有管道均在100mm以内，管长总计为

(103.60＋730.80＋46.03＋41.44＋95.64＋38.89＋126.77＋97.26＋19.07＋4.8)m＝1 304.30m

定额计量单位：100m，工程量13.04，套定额子目8-236

【注释】　103.60——表示镀锌钢管DN15的长度；

730.80——表示镀锌钢管DN20不需做保温层和保护层的长度；

46.03——表示镀锌钢管DN20需做保温层和保护层的长度；

41.44——表示镀锌钢管DN25的长度；

95.64——表示镀锌钢管DN32的长度；

38.89——表示镀锌钢管DN40的长度；

126.77——表示镀锌钢管DN50的长度；

97.26——表示镀锌钢管DN65的长度；

19.07——表示镀锌钢管DN80室内管的长度；

4.8——表示镀锌钢管DN80室外管的长度；

13.04——表示以100m为计量单位时的工程量。

下文亦如此，故不再标注。

13. 管道冲洗

系统管道管径均在50mm以内，(103.60＋730.80＋46.03＋41.44＋95.64＋38.89＋126.77)m＝

1183.17m。

定额计量单位:100m,数量 11.83,套定额子目 8-230

系统管道管径均在 100mm 以内,(97.26 + 19.07 + 4.8)m = 121.13m

定额计量单位:100m,数量 1.21,套定额子目 8-230

本工程套用《全国统一安装工程预算定额》。

14. 预算与计价

某市中心医院采暖工程预算如表 7-6 所示。

表 7-6 某市中心医院采暖工程预算表

序号	定额编号	分项工程名称	计量单位	工程量	基价/元	其中			合计/元
						人工费/元	材料费/元	机械费/元	
1	8-491	铸铁散热器(柱型)组成安装	10 片	151.6	87.73	9.61	78.12	—	13 299.87
2	8-302	手动放风阀	个	129	0.74	0.7	0.04	—	95.46
3	8-241	螺纹阀 DN15 截止阀安装	个	14	4.43	2.32	2.11	—	62.02
4	8-242	螺纹阀 DN20 截止阀安装	个	36	5	2.32	2.68	—	180.00
5	8-248	螺纹阀 DN80 截止阀安装	个	2	37.71	11.61	26.1	—	75.42
6	8-241	螺纹阀 DN15 泄水阀安装	个	7	4.43	2.32	2.11	—	31.01
7	8-242	螺纹阀 DN20 泄水阀安装	个	18	5	2.32	2.68	—	90.00
8	8-242	螺纹阀 DN20 闸阀安装	个	4	5	2.32	2.68	—	20.00
9	8-300	自动排气阀 DN20	个	4	11.58	5.11	6.47	—	46.32
10	10-2	双金属温度计安装	支	2	14.1	11.15	1.94	1.01	28.20
11	10-25	就地式压力表安装	台	2	16.81	12.07	4.16	0.58	33.62
12	10-39	就地指示式椭圆齿轮流量计安装	台	1	179.41	82.2	90.22	6.99	179.41
13	8-19	室外镀锌钢管 DN80	10m	0.48	45.88	22.06	22.09	1.73	22.02
	11-1	管道手工除轻锈	$10m^2$	0.13	11.27	7.89	3.38	—	1.47
	11-53	刷防锈漆第一遍	$10m^2$	0.13	7.4	6.27	1.13	—	0.96
	11-54	刷防锈漆第二遍	$10m^2$	0.13	7.28	6.27	1.01	—	0.95
	11-1833	保温层管道 ϕ133mm 以下	m^3	0.08	89.36	63.62	18.99	6.75	7.15
	11-2153	保护层	$10m^2$	0.27	11.11	10.91	0.2	—	3.00

（续表）

序号	定额编号	分项工程名称	计量单位	工程量	基价/元	其中			合计/元
						人工费/元	材料费/元	机械费/元	
14	8-105	室内镀锌钢管DN80	10m	1.91	122.03	67.34	50.8	3.89	233.08
	11-1	管道手工除轻锈	$10m^2$	0.53	11.27	7.89	3.38	—	5.97
	11-53	刷防锈漆第一遍	$10m^2$	0.53	7.4	6.27	1.13	—	3.92
	11-54	刷防锈漆第二遍	$10m^2$	0.53	7.28	6.27	1.01	—	3.86
	11-1833	保温层管道ϕ133mm以下	m^3	0.32	89.36	63.62	18.99	6.75	28.60
	11-2153	保护层	$10m^2$	1.08	11.11	10.91	0.2	—	12.00
15	8-104	室内镀锌钢管DN65	10m	9.73	115.48	63.62	46.87	4.99	1 123.62
	11-1	管道手工除轻锈	$10m^2$	2.33	11.27	7.89	3.38	—	26.26
	11-53	刷防锈漆第一遍	$10m^2$	2.33	7.4	6.27	1.13	—	17.24
	11-54	刷防锈漆第二遍	$10m^2$	2.33	7.28	6.27	1.01	—	16.96
	11-1833	保温层管道ϕ133mm以下	m^3	1.47	89.36	63.62	18.99	6.75	131.36
	11-2153	保护层	$10m^2$	5.12	11.11	10.91	0.2	—	56.88
16	8-103	室内镀锌钢管DN50	10m	12.68	101.55	62.23	36.06	3.26	1 287.65
	11-1	管道手工除轻锈	$10m^2$	2.83	11.27	7.89	3.38	—	31.89
	11-53	刷防锈漆第一遍	$10m^2$	2.83	7.4	6.27	1.13	—	20.94
	11-54	刷防锈漆第二遍	$10m^2$	2.83	7.28	6.27	1.01	—	20.60
	11-1833	保温层管道ϕ133mm以下	m^3	1.67	89.36	63.62	18.99	6.75	149.23
	11-2153	保护层	$10m^2$	6.06	11.11	10.91	0.2	—	67.32
17	8-102	室内镀锌钢管DN40	10m	3.89	93.39	60.84	31.16	1.39	363.29
	11-1	管道手工除轻锈	$10m^2$	0.59	11.27	7.89	3.38	—	6.65
	11-53	刷防锈漆第一遍	$10m^2$	0.59	7.4	6.27	1.13	—	4.37
	11-54	刷防锈漆第二遍	$10m^2$	0.59	7.28	6.27	1.01	—	4.30
	11-1825	保温层管道ϕ57mm以下	m^3	0.45	165.32	130.73	27.84	6.75	74.39
	11-2153	保护层	$10m^2$	1.71	11.11	10.91	0.2	—	19.00
18	8-101	室内镀锌钢管DN32	10m	9.56	87.41	51.08	35.3	1.03	835.64
	11-1	管道手工除轻锈	$10m^2$	1.27	11.27	7.89	3.38	—	14.31
	11-53	刷防锈漆第一遍	$10m^2$	1.27	7.4	6.27	1.13	—	9.40
	11-54	刷防锈漆第二遍	$10m^2$	1.27	7.28	6.27	1.01	—	9.25
	11-1825	保温层管道ϕ57mm以下	m^3	1.04	165.32	130.73	27.84	6.75	171.93
	11-2153	保护层	$10m^2$	4.04	11.11	10.91	0.2	—	44.88

（续表）

序号	定额编号	分项工程名称	计量单位	工程量	基价/元	其中			合计/元
						人工费/元	材料费/元	机械费/元	
19	8-100	室内镀锌钢管DN25	10m	4.14	81.37	51.08	29.26	1.03	336.87
	11-1	管道手工除轻锈	$10m^2$	0.435	11.27	7.89	3.38	—	4.90
	11-53	刷防锈漆第一遍	$10m^2$	0.435	7.4	6.27	1.13	—	3.22
	11-54	刷防锈漆第二遍	$10m^2$	0.435	7.28	6.27	1.01	—	3.17
	11-1825	保温层管道ϕ57mm以下	m^3	0.4	165.32	130.73	27.84	6.75	66.13
	11-2153	保护层	$10m^2$	1.64	11.11	10.91	0.2	—	18.22
20	8-99	室内镀锌钢管DN20（需加保温层、保护层的钢管）	10m	4.6	63.11	42.49	20.62	—	290.31
	11-1	管道手工除轻锈	$10m^2$	0.39	11.27	7.89	3.38	—	4.40
	11-53	刷防锈漆第一遍	$10m^2$	0.39	7.4	6.27	1.13	—	2.89
	11-54	刷防锈漆第二遍	$10m^2$	0.39	7.28	6.27	1.01	—	2.84
	11-1825	保温层管道ϕ57mm以下	m^3	0.41	165.32	130.73	27.84	6.75	67.78
	11-2153	保护层	$10m^2$	1.72	11.11	10.91	0.2	—	19.11
21	8-99	室内镀锌钢管DN20（不需加保温层和保护层的钢管）	10m	73.08	63.11	42.49	20.62	—	4 612.08
	11-1	管道手工除轻锈	$10m^2$	6.14	11.27	7.89	3.38	—	69.20
	11-53	刷防锈漆第一遍	$10m^2$	6.14	7.4	6.27	1.13	—	45.44
	11-56	刷银粉漆第一遍	$10m^2$	6.14	11.31	6.5	4.81	—	69.44
	11-57	刷银粉漆第二遍	$10m^2$	6.14	10.64	6.27	4.37	—	65.33
22	8-98	室内镀锌钢管DN15	10m	10.36	54.9	42.49	12.41	—	568.76
	11-1	管道手工除轻锈	$10m^2$	0.69	11.27	7.89	3.38	—	7.78
	11-53	刷防锈漆第一遍	$10m^2$	0.69	7.4	6.27	1.13	—	5.11
	11-56	刷银粉漆第一遍	$10m^2$	0.69	11.31	6.5	4.81	—	7.80
	11-57	刷银粉漆第二遍	$10m^2$	0.69	10.64	6.27	4.37	—	7.34
23	11-198	散热器片刷防锈漆一遍	$10m^2$	42.45	8.85	7.66	1.19	—	375.68
	11-200	散热器片刷银粉漆第一遍	$10m^2$	42.45	13.23	7.89	5.34	—	561.61
	11-201	散热器片刷银粉漆第二遍	$10m^2$	42.45	12.37	7.66	4.71	—	525.11

（续表）

序号	定额编号	分项工程名称	计量单位	工程量	基价/元	其中			合计/元
						人工费/元	材料费/元	机械费/元	
24	8-178	管道支架制作安装	100kg	1.32	654.69	235.45	194.98	224	864.19
	11-119	管道支架刷防锈漆第一遍	100kg	1.32	13.11	5.34	0.81	6.96	17.31
	11-120	管道支架刷防锈漆第二遍	100kg	1.32	12.79	5.11	0.72	6.96	16.88
	11-126	管道支架刷调和漆第一遍	100kg	1.32	12.33	5.11	0.26	6.96	16.28
	11-127	管道支架刷调和漆第二遍	100kg	1.32	12.3	5.11	0.23	6.96	16.24
25	8-175	镀锌铁皮套管DN100	个	3	4.34	2.09	2.25	—	13.02
26	8-174	镀锌铁皮套管DN80	个	18	4.34	2.09	2.25	—	78.12
27	8-173	镀锌铁皮套管DN65	个	25	4.34	2.09	2.25	—	108.50
28	8-172	镀锌铁皮套管DN50	个	12	2.89	1.39	1.5	—	34.68
29	8-171	镀锌铁皮套管DN40	个	14	2.89	1.39	1.5	—	40.46
30	8-170	镀锌铁皮套管DN32	个	22	2.89	1.39	1.5	—	63.58
31	8-169	镀锌铁皮套管DN25	个	50	1.7	0.7	1.00	—	85.00
32	8-231	管径DN100－DN50以内管道冲洗	100m	1.21	29.26	15.79	13.47	—	35.40
33	8-230	管径DN50以内管道冲洗	100m	11.83	20.49	12.07	8.42	—	242.40
34	8-236	管道压力试验	100m	13.04	173.48	107.51	56.02	9.95	2 262.18
本页小计									30 606.43

三、将定额计价转换为清单计价形式

分部分项工程和单价措施项目清单与计价如表7-7所示。工程量清单综合单价分析如表7-8～表7-30所示。

表7-7　分部分项工程和单价措施项目清单与计价表

工程名称：某市中心医院采暖工程　　　　标段：　　　　第　页　共　页

序号	项目编码	项目名称	项目特征描述	计量单位	工程量	金额/元		
						综合单价	合价	其中：暂估价
1	031005001001	铸铁散热器	四柱813型，先刷防锈漆遍，再刷银粉漆两遍	片	1 516	22.42	33 988.72	

（续表）

序号	项目编码	项目名称	项目特征描述	计量单位	工程量	金额/元		
						综合单价	合价	其中：暂估价
2	031003001001	螺纹阀门	DN10 手动放风阀	个	129	1.28	165.12	
3	031003001002	螺纹阀门	截止阀 DN15	个	14	18.4	257.60	
4	031003001003	螺纹阀门	截止阀 DN20	个	36	20.42	735.12	
5	031003001004	螺纹阀门	截止阀 DN80	个	2	117.03	234.06	
6	031003001005	螺纹阀门	泄水阀 DN15	个	7	18.4	128.80	
7	031003001006	螺纹阀门	泄水阀 DN20	个	18	20.42	367.56	
8	031003001007	螺纹阀门	闸阀 DN20	个	4	20.42	81.68	
9	031003001008	自动排气阀	自动排气阀 DN20	个	4	29.18	116.72	
10	030601001001	温度仪表	双金属温度计	支	2	42.28	84.56	
11	030601002001	压力仪表	就地式压力表	台	2	77.75	155.50	
12	030601004001	流量仪表	就地指示式椭圆齿轮流量计	台	1	246.5	246.50	
13	031001001001	镀锌钢管	室外镀锌钢管 DN80，焊接，手工除轻锈，刷防锈漆二遍，40mm 厚的纤维制品类管壳保温，外缠玻璃布	m	4.8	36.57	175.54	
14	031001001002	镀锌钢管	室内镀锌钢管 DN80，焊接，手工除轻锈，刷防锈漆二遍，40mm 厚的纤维制品类管壳保温，外缠玻璃布	m	19.07	47.72	910.02	
15	031001001003	镀锌钢管	室内镀锌钢管 DN65，焊接，手工除轻锈，刷防锈漆二遍，40mm 厚的纤维制品类管壳保温，外缠玻璃布	m	97.26	43.84	4 263.88	
16	031001001004	镀锌钢管	室内镀锌钢管 DN50，焊接，手工除轻锈，刷防锈漆二遍，40mm 厚的纤维制品类管壳保温，外缠玻璃布	m	126.77	38.85	4 925.01	
17	031001001005	镀锌钢管	室内镀锌钢管 DN40，焊接，手工除轻锈，刷防锈漆二遍，40mm 厚的纤维制品类管壳保温，外缠玻璃布	m	69.92	37.84	2 645.77	
18	031001001006	镀锌钢管	室内镀锌钢管 DN32，焊接，手工除轻锈，刷防锈漆二遍，40mm 厚的纤维制品类管壳保温，外缠玻璃布	m	95.64	35.26	3 372.27	
19	031001001007	镀锌钢管	室内镀锌钢管 DN25，螺纹连接，手工除轻锈，刷防锈漆二遍，40mm 厚的纤维制品类管壳保温，外缠玻璃布	m	41.44	33.35	1 382.02	

（续表）

序号	项目编码	项目名称	项目特征描述	计量单位	工程量	金额/元		
						综合单价	合价	其中：暂估价
20	031001001008	镀锌钢管	室内镀锌钢管DN20，螺纹连接，手工除轻锈，刷防锈漆二遍，40mm厚的纤维制品类管壳保温，外缠玻璃布	m	46.03	26.52	1 220.72	
21	031001001009	镀锌钢管	室内镀锌钢管DN20，螺纹连接，手工除轻锈，刷防锈漆一遍，再刷银粉漆两遍	m	730.8	21.21	15 500.27	
22	031001001010	镀锌钢管	室内镀锌钢管DN15，螺纹连接，手工除轻锈，刷防锈漆一遍，再刷银粉漆两遍	m	103.6	18.29	1 894.84	
23	031002001001	管道支架	管道支架，刷防锈漆二遍，刷调和漆二遍	kg	132.11	12.14	1 603.82	
本页小计							74 456.10	

表7-8　工程量清单综合单价分析表1

工程名称：某市中心医院采暖工程　　　　标段：　　　　第1页　共23页

项目编码	031005001001	项目名称	铸铁散热器(四柱813型)	计量单位	片	工程量	1 516

清单综合单价组成明细

定额编号	定额名称	定额单位	数量	单价				合价			
				人工费	材料费	机械费	管理费和利润	人工费	材料费	机械费	管理费和利润
8-491	铸铁散热器(柱型)组成安装	10片	0.1	9.61	78.12	0	12.52	0.96	7.81	0.00	1.25
11-198	散热器片刷防锈漆一遍	$10m^2$	0.028	7.66	1.19	0	5.70	0.21	0.03	0.00	0.16
11-200	散热器片刷银粉漆第一遍	$10m^2$	0.028	7.89	5.34	0	6.16	0.22	0.15	0.00	0.17
11-201	散热器片刷银粉漆第二遍	$10m^2$	0.028	7.66	4.71	0	5.95	0.21	0.13	0.00	0.17
人工单价		小　计						1.61	8.13	0.00	1.75
23.22元/工日		未计价材料费						10.93			
清单项目综合单价								22.42			

材料费明细	主要材料名称、规格、型号	单位	数量	单价/元	合价/元	暂估单价/元	暂估合价/元
	铸铁散热器　柱型	片	6.91×0.1	14.9	10.28		
	酚醛防锈漆各色	kg	1.05×0.028	11.4	0.33		

（续表）

材料费明细	主要材料名称、规格、型号	单位	数量	单价/元	合价/元	暂估单价/元	暂估合价/元
	酚醛清漆各色	kg	(0.450 + 0.410)× 0.028	13.5	0.32		
	其他材料费			—		—	
	材料费小计			—	10.93	—	

注：①参照北京市建设工程费用定额(2001)：管理费的计费基数为人工费，费率为62.0%；利润的计费基数为直接费（人工费＋材料费＋机械费）＋管理费，费率为7.0%；管理费：9.61×62.0%，利润：(9.61＋78.12＋9.61×62.0%)×7.0%，管理费和利润：9.61×62.0%＋(9.61＋78.12＋9.61×62.0%)×7.0%＝12.52元。

②铸铁散热器制作安装的数量＝定额工程量÷清单工程量÷定额单位。

③散热器片刷防锈漆一遍的数量＝刷防锈漆一遍定额工程量÷散热器制作清单工程量÷定额单位。

④散热器片刷银粉漆第一遍的数量＝刷银粉漆第一遍的定额工程量÷散热器制作清单工程量÷定额单位。

⑤散热器片刷银粉漆第二遍的数量＝刷银粉漆第二遍的定额工程量÷散热器制作清单工程量÷定额单位。

⑥由《全国统一安装工程预算定额》第八册　给排水、采暖、燃气工程8－491查得铸铁散热器柱型的未计价材料为6.91片，又查得它的单价为14.9元/片，故其合价为6.91×0.1×14.9＝10.28元。

⑦由《全国统一安装工程预算定额》第十一册　刷油、防腐蚀、绝热工程11－198查得散热器片刷防锈漆一遍的未计价材料为1.05kg，又查得其单价为11.4元/m^2，故其合价为1.05×11.4×0.028＝0.33元。

⑧由《全国统一安装工程预算定额》第十一册　刷油、防腐蚀、绝热工程11－200和11－201查得酚醛清漆各色数第一遍和第二遍的未计价材料分别为0.45、0.41kg，又查得其单价为13.5元/kg，故其合价为(0.450＋0.410)×0.028×13.5＝0.32元。

⑨其中各项单价是根据市场价的，本设计采用估算的。

⑩下文亦如此，故不再做详细注明。

表7-9　工程量清单综合单价分析表2

工程名称：某市中心医院采暖工程　　　　标段：　　　　第2页　共23页

项目编码	031003001001	项目名称	手动放风阀		计量单位	个		工程量	129	
清单综合单价组成明细										
定额编号	定额名称	定额单位	数量	单价				合价		
				人工费	材料费	机械费	管理费和利润	人工费	材料费	机械费	管理费和利润
8-302	DN10手动放风阀安装	个	1	0.7	0.04	0	0.52	0.70	0.04	0.00	0.52
人工单价		小计						0.70	0.04	0.00	0.52
23.22元/工日		未计价材料费						0.02			
清单项目综合单价								1.28			

材料费明细	主要材料名称、规格、型号	单位	数量	单价/元	合价/元	暂估单价/元	暂估合价/元
	手动放风阀	个	(0.003＋0.001)	4.9	0.02		
	其他材料费			—		—	
	材料费小计			—	0.02	—	

表 7-10　工程量清单综合单价分析表 3

工程名称:某市中心医院采暖工程　　　　标段:　　　　第 3 页　共 23 页

项目编码	031003001002	项目名称	螺纹截止阀 DN15	计量单位	个	工程量	14

清单综合单价组成明细

定额编号	定额名称	定额单位	数量	单价				合价			
				人工费	材料费	机械费	管理费和利润	人工费	材料费	机械费	管理费和利润
8-241	螺纹阀 DN15 截止阀安装	个	1	2.32	2.11	—	1.85	2.32	2.11	—	1.85
人工单价		小　计						2.32	2.11	—	1.85
23.22 元/工日		未计价材料费						12.12			
清单项目综合单价								18.40			

材料费明细	主要材料名称、规格、型号	单位	数量	单价/元	合价/元	暂估单价/元	暂估合价/元
	螺纹截止阀 DN15	个	1.01	12	12.12		
	其他材料费			—		—	
	材料费小计			—	12.12	—	

表 7-11　工程量清单综合单价分析表 4

工程名称:某市中心医院采暖工程　　　　标段:　　　　第 4 页　共 23 页

项目编码	031003001003	项目名称	螺纹截止阀 DN20	计量单位	个	工程量	36

清单综合单价组成明细

定额编号	定额名称	定额单位	数量	单价				合价			
				人工费	材料费	机械费	管理费和利润	人工费	材料费	机械费	管理费和利润
8-242	螺纹阀 DN20 截止阀安装	个	1	2.32	2.68	—	1.89	2.32	2.68	—	1.89
人工单价		小　计						2.32	2.68	—	1.89
23.22 元/工日		未计价材料费						13.53			
清单项目综合单价								20.42			

材料费明细	主要材料名称、规格、型号	单位	数量	单价/元	合价/元	暂估单价/元	暂估合价/元
	螺纹截止阀 DN20	个	1.01	13.4	13.53		
	其他材料费			—		—	
	材料费小计			—	13.53	—	

表 7-12　工程量清单综合单价分析表 5

工程名称:某市中心医院采暖工程　　　　标段:　　　　第 5 页　共 23 页

项目编码	031003001004	项目名称	螺纹截止阀 DN80	计量单位	个	工程量	2

清单综合单价组成明细

定额编号	定额名称	定额单位	数量	单价				合价			
				人工费	材料费	机械费	管理费和利润	人工费	材料费	机械费	管理费和利润
8-248	螺纹阀 DN80 截止阀安装	个	1	11.61	26.1	—	10.34	11.61	26.10	—	10.34

(续表)

人工单价	小计					11.61	26.10	—	10.34
23.22 元/工日	未计价材料费					68.98			
清单项目综合单价						117.03			
材料费明细	主要材料名称、规格、型号			单位	数量	单价/元	合价/元	暂估单价/元	暂估合价/元
	螺纹截止阀 DN80			个	1.01	68.3	68.98		
	其他材料费					—		—	
	材料费小计					—	68.98	—	

表 7-13　工程量清单综合单价分析表 6

工程名称:某市中心医院采暖工程　　　　标段:　　　　第 6 页　共 23 页

项目编码	031003001005	项目名称	螺纹泄水阀 DN15	计量单位	个	工程量	7				
清单综合单价组成明细											
定额编号	定额名称	定额单位	数量	单价				合价			
				人工费	材料费	机械费	管理费和利润	人工费	材料费	机械费	管理费和利润
8-241	螺纹阀 DN15 泄水阀安装	个	1	2.32	2.11	—	1.85	2.32	2.11	—	1.85
人工单价		小计						2.32	2.11	—	1.85
23.22 元/工日		未计价材料费						12.12			
清单项目综合单价								18.40			
材料费明细	主要材料名称、规格、型号					单位	数量	单价/元	合价/元	暂估单价/元	暂估合价/元
	螺纹泄水阀 DN15					个	1.01	12	12.12		
	其他材料费							—		—	
	材料费小计							—	12.12	—	

表 7-14　工程量清单综合单价分析表 7

工程名称:某市中心医院采暖工程　　　　标段:　　　　第 7 页　共 23 页

项目编码	031003001006	项目名称	螺纹泄水阀 DN20	计量单位	个	工程量	18				
清单综合单价组成明细											
定额编号	定额名称	定额单位	数量	单价				合价			
				人工费	材料费	机械费	管理费和利润	人工费	材料费	机械费	管理费和利润
8-242	螺纹阀 DN20 泄水阀安装	个	1	2.32	2.68	—	1.89	2.32	2.68	—	1.89
人工单价		小计						2.32	2.68	—	1.89
23.22 元/工日		未计价材料费						13.53			
清单项目综合单价								20.42			

（续表）

材料费明细	主要材料名称、规格、型号	单位	数量	单价/元	合价/元	暂估单价/元	暂估合价/元
	螺纹泄水阀 DN20	个	1.01	13.4	13.53		
	其他材料费			—		—	
	材料费小计			—	13.53	—	

表 7-15　工程量清单综合单价分析表 8

工程名称：某市中心医院采暖工程　　　　标段：　　　　第 8 页　共 23 页

项目编码	031003001007	项目名称	螺纹闸阀 DN20	计量单位	个	工程量	4

清单综合单价组成明细											
定额编号	定额名称	定额单位	数量	单价				合价			
				人工费	材料费	机械费	管理费和利润	人工费	材料费	机械费	管理费和利润
8-242	螺纹阀 DN20 闸阀安装	个	1	2.32	2.68	—	1.89	2.32	2.68	—	1.89
人工单价		小计						2.32	2.68	—	1.89
23.22 元/工日		未计价材料费						13.53			
清单项目综合单价								20.42			

材料费明细	主要材料名称、规格、型号	单位	数量	单价/元	合价/元	暂估单价/元	暂估合价/元
	螺纹闸阀 DN20	个	1.01	13.4	13.53		
	其他材料费			—		—	
	材料费小计			—	13.53	—	

表 7-16　工程量清单综合单价分析表 9

工程名称：某市中心医院采暖工程　　　　标段：　　　　第 9 页　共 23 页

项目编码	031003001008	项目名称	自动排气阀 DN20	计量单位	个	工程量	4

清单综合单价组成明细											
定额编号	定额名称	定额单位	数量	单价				合价			
				人工费	材料费	机械费	管理费和利润	人工费	材料费	机械费	管理费和利润
8-300	自动排气阀 DN20	1	5.11	6.47	—	4.20	5.11	6.47	—	4.20	
人工单价		小计						5.11	6.47	—	4.20
23.22 元/工日		未计价材料费						13.40			
清单项目综合单价								29.18			

材料费明细	主要材料名称、规格、型号	单位	数量	单价/元	合价/元	暂估单价/元	暂估合价/元
	螺纹截止阀 DN20	个	1	13.4	13.40		
	其他材料费			—		—	
	材料费小计			—	13.40	—	

表 7-17　工程量清单综合单价分析表 10

工程名称:某市中心医院采暖工程　　标段:　　第 10 页　共 23 页

项目编码	030601001001	项目名称	温度仪表			计量单位	支	工程量	2		
清单综合单价组成明细											
定额编号	定额名称	定额单位	数量	单价				合价			
				人工费	材料费	机械费	管理费和利润	人工费	材料费	机械费	管理费和利润
10-2	双金属温度计安装	支	1	11.15	1.94	1.01	8.38	11.15	1.94	1.01	8.38
人工单价		小　计						11.15	1.94	1.01	8.38
23.22 元/工日		未计价材料费						19.80			
清单项目综合单价								42.28			
材料费明细	主要材料名称、规格、型号					单位	数量	单价/元	合价/元	暂估单价/元	暂估合价/元
	插座　带丝堵					套	1	19.8	19.80		
	其他材料费							—		—	
	材料费小计							—	19.80	—	

表 7-18　工程量清单综合单价分析表 11

工程名称:某市中心医院采暖工程　　标段:　　第 11 页　共 23 页

项目编码	030601002001	项目名称	压力仪表			计量单位	台	工程量	2		
清单综合单价组成明细											
定额编号	定额名称	定额单位	数量	单价				合价			
				人工费	材料费	机械费	管理费和利润	人工费	材料费	机械费	管理费和利润
10-25	就地式压力表安装	台	1	12.07	4.16	0.58	9.18	12.07	4.16	0.58	9.18
人工单价		小　计						12.07	4.16	0.58	9.18
23.22 元/工日		未计价材料费						51.76			
清单项目综合单价								77.75			
材料费明细	主要材料名称、规格、型号					单位	数量	单价/元	合价/元	暂估单价/元	暂估合价/元
	取源部件					套	1	35.2	35.20		
	仪表接头					套	1	16.56	16.56		
	其他材料费							—		—	
	材料费小计							—	51.76	—	

表 7-19　工程量清单综合单价分析表 12

工程名称:某市中心医院采暖工程　　标段:　　第 12 页　共 23 页

项目编码	030601004001	项目名称	流量仪表			计量单位	台	工程量	1		
清单综合单价组成明细											
定额编号	定额名称	定额单位	数量	单价				合价			
				人工费	材料费	机械费	管理费和利润	人工费	材料费	机械费	管理费和利润
10-39	就地指示式椭圆齿轮流量计安装	台	1	82.2	90.22	6.99	67.09	82.20	90.22	6.99	67.09

（续表）

人工单价	小　　计			82.20	90.22	6.99	67.09
23.22 元/工日	未计价材料费			—			
清单项目综合单价				246.50			
材料费明细	主要材料名称、规格、型号	单位	数量	单价/元	合价/元	暂估单价/元	暂估合价/元
	其他材料费			—		—	
	材料费小计			—		—	

表 7-20　工程量清单综合单价分析表 13

工程名称：某市中心医院采暖工程　　　　标段：　　　　第 13 页　共 23 页

项目编码	031001001001	项目名称	室外镀锌钢管 DN80			计量单位	m		工程量	4.8	
清单综合单价组成明细											
定额编号	定额名称	定额单位	数量	单价				合价			
				人工费	材料费	机械费	管理费和利润	人工费	材料费	机械费	管理费和利润
8-19	室外镀锌钢管 DN80	10m	0.1	22.06	22.09	1.73	17.85	2.21	2.21	0.17	1.78
11-1	管道 手工除轻锈	$10m^2$	0.028	7.89	3.38	—	6.02	0.22	0.09	—	0.17
11-53	刷防锈漆第一遍	$10m^2$	0.028	6.27	1.13	—	4.68	0.18	0.03	—	0.13
11-54	刷防锈漆第二遍	$10m^2$	0.028	6.27	1.01	—	4.67	0.18	0.03	—	0.13
11-1833	保温层管道 ϕ133mm 以下	m^3	0.017	63.62	18.99	6.75	48.46	1.08	0.32	0.11	0.82
11-2153	保护层	$10m^2$	0.057	10.91	0.2	—	8.02	0.62	0.01	—	0.46
8-236	管道压力试验	100m	0.01	107.51	56.02	9.95	83.47	1.08	0.56	0.10	0.83
8-231	管径 DN100-DN50 以内管道冲洗	100m	0.01	15.79	13.47	—	12.52	0.16	0.13	—	0.13
人工单价		小　　计						5.71	3.39	0.39	4.46
23.22 元/工日		未计价材料费						22.62			
清单项目综合单价								36.57			
材料费明细	主要材料名称、规格、型号					单位	数量	单价/元	合价/元	暂估单价/元	暂估合价/元
	镀锌钢管 DN80					m	10.15 × 0.1	17.8	18.07		
	酚醛防锈漆各色					kg	(1.31 + 1.12) × 0.028	11.4	0.78		
	纤维制品类					m^3	1.03 × 0.017	8.4	0.15		
	玻璃丝布 0.5					m^2	14.00 × 0.057	4.55	3.631		
	其他材料费							—		—	
	材料费小计							—	22.62	—	

表 7-21 工程量清单综合单价分析表 14

工程名称:某市中心医院采暖工程　　　　标段:　　　　第 14 页　共 23 页

项目编码	031001001002	项目名称	室内镀锌钢管 DN80	计量单位	m	工程量	19.07

清单综合单价组成明细

定额编号	定额名称	定额单位	数量	单价				合价			
				人工费	材料费	机械费	管理费和利润	人工费	材料费	机械费	管理费和利润
8-105	室内镀锌钢管 DN80	10m	0.1	67.34	50.8	3.89	53.22	6.73	5.08	0.39	5.32
11-1	管道 手工除轻锈	$10m^2$	0.028	7.89	3.38	—	6.02	0.22	0.09	—	0.17
11-53	刷防锈漆第一遍	$10m^2$	0.028	6.27	1.13	—	4.68	0.18	0.03	—	0.13
11-54	刷防锈漆第二遍	$10m^2$	0.028	6.27	1.01	—	4.67	0.18	0.03	—	0.13
11-1833	保温层管道 ϕ133mm 以下	m^3	0.017	63.62	18.99	6.75	48.46	1.08	0.32	0.11	0.82
11-2153	保护层	$10m^2$	0.057	10.91	0.2	—	8.02	0.62	0.01	—	0.46
8-236	管道压力试验	100m	0.01	107.51	56.02	9.95	83.47	1.08	0.56	0.10	0.83
8-231	管径 DN100-DN50 以内管道冲洗	100m	0.01	15.79	13.47	—	12.52	0.16	0.13	—	0.13
人工单价		小　计						10.24	6.26	0.60	7.99
23.22 元/工日		未计价材料费						22.62			
清单项目综合单价								47.72			

材料费明细	主要材料名称、规格、型号	单位	数量	单价/元	合价/元	暂估单价/元	暂估合价/元
	镀锌钢管 DN80	m	10.15 × 0.1	17.8	18.07		
	酚醛防锈漆各色	kg	(1.31 + 1.12) × 0.028	11.4	0.78		
	纤维制品类	m^3	1.03 × 0.017	8.4	0.15		
	玻璃丝布 0.5	m^2	14.00 × 0.057	4.55	3.630 9		
	其他材料费			—		—	
	材料费小计			—	22.62	—	

表 7-22　工程量清单综合单价分析表 15

工程名称：某市中心医院采暖工程　　　　标段：　　　　第 15 页　共 23 页

项目编码	031001001003	项目名称	室内镀锌钢管 DN65	计量单位	m	工程量	97.26

清单综合单价组成明细

定额编号	定额名称	定额单位	数量	单价				合价			
				人工费	材料费	机械费	管理费和利润	人工费	材料费	机械费	管理费和利润
8-104	室内镀锌钢管 DN65	10m	0.1	63.62	46.87	4.99	50.29	6.36	4.69	0.50	5.03
11-1	管道手工除轻锈	$10m^2$	0.024	7.89	3.38	—	6.02	0.19	0.08	—	0.14
11-53	刷防锈漆第一遍	$10m^2$	0.024	6.27	1.13	—	4.68	0.15	0.03	—	0.11
11-54	刷防锈漆第二遍	$10m^2$	0.024	6.27	1.01	—	4.67	0.15	0.02	—	0.11
11-1833	保温层管道 ϕ133mm 以下	m^3	0.015	63.62	18.99	6.75	48.46	0.95	0.28	0.10	0.73
11-2153	保护层	$10m^2$	0.053	10.91	0.2	—	8.02	0.58	0.01	—	0.42
8-236	管道压力试验	100m	0.01	107.51	56.02	9.95	83.47	1.08	0.56	0.10	0.83
8-231	管径 DN100-DN50 以内管道冲洗	100m	0.01	15.79	13.47	—	12.52	0.16	0.13	—	0.13
人工单价		小计						9.62	5.81	0.70	7.51
23.22 元/工日		未计价材料费						20.21			
清单项目综合单价								43.84			

材料费明细	主要材料名称、规格、型号	单位	数量	单价/元	合价/元	暂估单价/元	暂估合价/元
	镀锌钢管 DN65	m	10.15 × 0.1	15.8	16.04		
	酚醛防锈漆各色	kg	(1.31 + 1.12) × 0.024	11.4	0.66		
	纤维制品类	m^3	1.03 × 0.015	8.4	0.13		
	玻璃丝布 0.5	m^2	14.00 × 0.053	4.55	3.38		
	其他材料费			—		—	
	材料费小计			—	20.21	—	

表 7-23　工程量清单综合单价分析表 16

工程名称:某市中心医院采暖工程　　　　标段:　　　　第 16 页　共 24 页

项目编码	031001001004	项目名称	室内镀锌钢管 DN50	计量单位	m	工程量	126.77

定额编号	定额名称	定额单位	数量	单价				合价			
				人工费	材料费	机械费	管理费和利润	人工费	材料费	机械费	管理费和利润
8-103	室内镀锌钢管 DN50	10m	0.1	62.23	36.06	3.26	48.39	6.22	3.61	0.33	4.84
11-1	管道手工除轻锈	$10m^2$	0.019	7.89	3.38	—	6.02	0.15	0.06	—	0.11
11-53	刷防锈漆第一遍	$10m^2$	0.019	6.27	1.13	—	4.68	0.12	0.02	—	0.09
11-54	刷防锈漆第二遍	$10m^2$	0.019	6.27	1.01	—	4.67	0.12	0.02	—	0.09
11-1833	保温层管道 ϕ133mm 以下	m^3	0.013	63.62	18.99	6.75	48.46	0.83	0.25	0.09	0.63
11-2153	保护层	$10m^2$	0.048	10.91	0.2	—	8.02	0.52	0.01	—	0.38
8-236	管道压力试验	100m	0.01	107.51	56.02	9.95	83.47	1.08	0.56	0.10	0.83
8-230	DN50 以内管道冲洗	100m	0.01	12.07	8.42	—	9.44	0.12	0.08	—	0.09
人工单价		小计						9.16	4.61	0.52	7.06
23.22 元/工日		未计价材料费						17.50			
清单项目综合单价								38.85			

材料费明细	主要材料名称、规格、型号	单位	数量	单价/元	合价/元	暂估单价/元	暂估合价/元
	镀锌钢管 DN50	m	10.15 × 0.1	13.6	13.80		
	酚醛防锈漆各色	kg	(1.31 + 1.12) × 0.019	11.4	0.53		
	纤维制品类	m^3	1.03 × 0.013	8.4	0.11		
	玻璃丝布 0.5	m^2	14.00 × 0.048	4.55	3.06		
	其他材料费			—		—	
	材料费小计			—	17.50	—	

表 7-24　工程量清单综合单价分析表 17

工程名称:某市中心医院采暖工程　　　　标段:　　　　第 17 页　共 23 页

项目编码	031001001005	项目名称	室内镀锌钢管 DN40	计量单位	m	工程量	69.92

清单综合单价组成明细											
定额编号	定额名称	定额单位	数量	单价				合价			
				人工费	材料费	机械费	管理费和利润	人工费	材料费	机械费	管理费和利润
8-102	室内镀锌钢管 DN40	10m	0.1	60.84	31.16	1.39	46.90	6.08	3.12	0.14	4.69
11-1	管道手工除轻锈	$10m^2$	0.015	7.89	3.38	—	6.02	0.12	0.05	—	0.09
11-53	刷防锈漆第一遍	$10m^2$	0.015	6.27	1.13	—	4.68	0.09	0.02	—	0.07
11-54	刷防锈漆第二遍	$10m^2$	0.015	6.27	1.01	—	4.67	0.09	0.02	—	0.07
11-1825	保温层管道 ϕ57mm 以下	m^3	0.012	130.73	27.84	6.75	98.30	1.57	0.33	0.08	1.18
11-2153	保护层	$10m^2$	0.044	10.91	0.2	—	8.02	0.48	0.01	—	0.35
8－236	管道压力试验	100m	0.01	107.51	56.02	9.95	83.47	1.08	0.56	0.10	0.83
8-230	DN50 以内管道冲洗	100m	0.01	12.07	8.42	—	9.44	0.12	0.08	—	0.09
人工单价		小　计						9.64	4.19	0.32	7.38
23.22 元/工日		未计价材料费						16.31			
清单项目综合单价								37.84			
材料费明细	主要材料名称、规格、型号					单位	数量	单价/元	合价/元	暂估单价/元	暂估合价/元
	镀锌钢管 DN40					m	10.15×0.1	12.8	12.99		
	酚醛防锈漆各色					kg	(1.31+1.12)×0.015	11.4	0.42		
	纤维制品类					m^3	1.03×0.012	8.4	0.10		
	玻璃丝布 0.5					m^2	14.00×0.044	4.55	2.80		
	其他材料费							—		—	
	材料费小计							—	16.31	—	

表 7-25　工程量清单综合单价分析表 18

工程名称:某市中心医院采暖工程　　　　标段:　　　　第 18 页　共 23 页

项目编码	031001001006	项目名称	室内镀锌钢管 DN32	计量单位	m	工程量	95.64

清单综合单价组成明细											
定额编号	定额名称	定额单位	数量	单价				合价			
				人工费	材料费	机械费	管理费和利润	人工费	材料费	机械费	管理费和利润
8-101	室内镀锌钢管 DN32	10m	0.1	51.08	35.3	1.03	40.01	5.11	3.53	0.10	4.00
11-1	管道 手工除轻锈	$10m^2$	0.013	7.89	3.38	—	6.02	0.10	0.04	—	0.08
11-53	刷防锈漆第一遍	$10m^2$	0.013	6.27	1.13	—	4.68	0.08	0.01	—	0.06
11-54	刷防锈漆第二遍	$10m^2$	0.013	6.27	1.01	—	4.67	0.08	0.01	—	0.06
11-1825	保温层管道 ϕ57mm 以下	m^3	0.011	130.73	27.84	6.75	98.30	1.44	0.31	0.07	1.08
11-2153	保护层	$10m^2$	0.042	10.91	0.2	—	8.02	0.46	0.01	—	0.34
8-236	管道压力试验	100m	0.01	107.51	56.02	9.95	83.47	1.08	0.56	0.10	0.83
8-230	DN50 以内管道冲洗	100m	0.01	12.07	8.42	—	9.44	0.12	0.08	—	0.09
人工单价		小　计						8.47	4.56	0.28	6.55
23.22 元/工日		未计价材料费						15.41			
清单项目综合单价								35.26			

材料费明细	主要材料名称、规格、型号	单位	数量	单价/元	合价/元	暂估单价/元	暂估合价/元
	镀锌钢管 DN32	m	10.15 × 0.1	12.1	12.28		
	酚醛防锈漆各色	kg	(1.31 + 1.12) × 0.013	11.4	0.36		
	纤维制品类	m^3	1.03 × 0.011	8.4	0.10		
	玻璃丝布 0.5	m^2	14.00 × 0.042	4.55	2.68		
	其他材料费			—		—	
	材料费小计			—	15.41	—	

表 7-26　工程量清单综合单价分析表 19

工程名称:某市中心医院采暖工程　　　　标段:　　　　第 19 页　共 23 页

项目编码	031001001007	项目名称	室内镀锌钢管 DN25	计量单位	m	工程量	41.44

定额编号	定额名称	定额单位	数量	单价				合价			
清单综合单价组成明细											
				人工费	材料费	机械费	管理费和利润	人工费	材料费	机械费	管理费和利润
8-100	室内镀锌钢管 DN25	10m	0.1	51.08	29.26	1.03	39.58	5.11	2.93	0.10	3.96
11-1	管道 手工除轻锈	$10m^2$	0.011	7.89	3.38	—	6.02	0.09	0.04	—	0.07
11-53	刷防锈漆第一遍	$10m^2$	0.011	6.27	1.13	—	4.68	0.07	0.01	—	0.05
11-54	刷防锈漆第二遍	$10m^2$	0.011	6.27	1.01	—	4.67	0.07	0.01	—	0.05
11-1825	保温层管道 ϕ57mm 以下	m^3	0.010	130.73	27.84	6.75	98.30	1.31	0.28	0.07	0.98
11-2153	保护层	$10m^2$	0.039	10.91	0.2	—	8.02	0.43	0.01	—	0.31
8-236	管道压力试验	100m	0.01	107.51	56.02	9.95	83.47	1.08	0.56	0.10	0.83
8-230	DN50 以内管道冲洗	100m	0.01	12.07	8.42	—	9.44	0.12	0.08	—	0.09
人工单价		小　计						8.26	3.92	0.27	6.35
23.22 元/工日		未计价材料费						14.55			
清单项目综合单价								33.35			

材料费明细	主要材料名称、规格、型号	单位	数量	单价/元	合价/元	暂估单价/元	暂估合价/元
	镀锌钢管 DN25	m	10.15 × 0.1	11.5	11.67		
	酚醛防锈漆各色	kg	(1.31 + 1.12) × 0.011	11.4	0.30		
	纤维制品类	m^3	1.03 × 0.010	8.4	0.09		
	玻璃丝布 0.5	m^2	14.00 × 0.039	4.55	2.48		
	其他材料费			—		—	
	材料费小计			—	14.55	—	

表 7-27　工程量清单综合单价分析表 20

工程名称:某市中心医院采暖工程　　　　标段:　　　　第 20 页　共 23 页

项目编码	031001001008	项目名称	室内镀锌钢管 DN20(加保温层和保护层)	计量单位	m	工程量	46.03

清单综合单价组成明细											
定额编号	定额名称	定额单位	数量	单价				合价			
				人工费	材料费	机械费	管理费和利润	人工费	材料费	机械费	管理费和利润
8-99	室内镀锌钢管 DN20(需加保温层、保护层的钢管)	10m	0.1	42.49	20.62	—	32.61	4.25	2.06	—	3.26
11-1	管道 手工除轻锈	$10m^2$	0.008	7.89	3.38	—	6.02	0.06	0.03	—	0.05
11-53	刷防锈漆第一遍	$10m^2$	0.008	6.27	1.13	—	4.68	0.05	0.01	—	0.04
11-54	刷防锈漆第二遍	$10m^2$	0.008	6.27	1.01	—	4.67	0.05	0.01	—	0.04
11-1825	保温层管道 ϕ57mm 以下	m^3	0.009	130.73	27.84	6.75	98.30	1.18	0.25	0.06	0.88
11-2153	保护层	$10m^2$	0.037	10.91	0.2	—	8.02	0.40	0.01	—	0.30
8-236	管道压力试验	100m	0.01	107.51	56.02	9.95	83.47	1.08	0.56	0.10	0.83
8-230	DN50 以内管道冲洗	100m	0.01	12.07	8.42	—	9.44	0.12	0.08	—	0.09
人工单价		小计						7.19	3.01	0.16	5.49
23.22 元/工日		未计价材料费						10.66			
清单项目综合单价								26.52			

材料费明细	主要材料名称、规格、型号	单位	数量	单价/元	合价/元	暂估单价/元	暂估合价/元
	镀锌钢管 DN20	m	10.15 × 0.1	7.89	8.01		
	酚醛防锈漆各色	kg	(1.31 + 1.12) × 0.008	11.4	0.22		
	纤维制品类	m^3	1.03 × 0.009	8.4	0.08		
	玻璃丝布 0.5	m^2	14.00 × 0.037	4.55	2.36		
	其他材料费			—		—	
	材料费小计			—	10.66	—	

表 7-28　工程量清单综合单价分析表 21

工程名称:某市中心医院采暖工程　　　　标段:　　　　第 21 页　共 23 页

项目编码	031001001009	项目名称	室内镀锌钢管 DN20(不加保温层和保护层)	计量单位	m	工程量	730.8

清单综合单价组成明细											
定额编号	定额名称	定额单位	数量	单价				合价			
				人工费	材料费	机械费	管理费和利润	人工费	材料费	机械费	管理费和利润
8-99	室内镀锌钢管 DN20(不需加保温层和保护层的钢管)	10m	0.1	42.49	20.62	—	32.61	4.25	2.06	—	3.26
11-1	管道 手工除轻锈	$10m^2$	0.008	7.89	3.38	—	6.02	0.06	0.03	—	0.05
11-53	刷防锈漆第一遍	$10m^2$	0.008	6.27	1.13	—	4.68	0.05	0.01	—	0.04
11-56	刷银粉漆第一遍	$10m^2$	0.008	6.5	4.81	—	5.10	0.05	0.04	—	0.04
11-57	刷银粉漆第二遍	$10m^2$	0.008	6.27	4.37	—	4.90	0.05	0.03	—	0.04
8-236	管道压力试验	100m	0.01	107.51	56.02	9.95	83.47	1.08	0.56	0.10	0.83
8-230	DN50 以内管道冲洗	100m	0.01	12.07	8.42	—	9.44	0.12	0.08	—	0.09
人工单价		小　计						5.66	2.82	0.10	4.36
23.22 元/工日		未计价材料费						8.28			
清单项目综合单价								21.21			

材料费明细	主要材料名称、规格、型号	单位	数量	单价/元	合价/元	暂估单价/元	暂估合价/元
	镀锌钢管 DN20	m	10.15 × 0.1	7.89	8.01		
	酚醛防锈漆各色	kg	(1.31 + 1.12) × 0.008	11.4	0.22		
	酚醛清漆各色	kg	(0.36 + 0.33) × 0.008	9.5	0.05		
	其他材料费			—		—	
	材料费小计			—	8.28	—	

表 7-29　工程量清单综合单价分析表 22

工程名称:某市中心医院采暖工程　　标段:　　第 22 页　共 23 页

项目编码	031001001010	项目名称	室内镀锌钢管 DN15	计量单位	m	工程量	103.6

清单综合单价组成明细											
定额编号	定额名称	定额单位	数量	单价				合价			
				人工费	材料费	机械费	管理费和利润	人工费	材料费	机械费	管理费和利润
8-98	室内镀锌钢管 DN15	10m	0.1	42.49	12.41	—	32.03	4.25	1.24	—	3.20
11-1	管道 手工除轻锈	$10m^2$	0.007	7.89	3.38	—	6.02	0.06	0.02	—	0.04
11-53	刷防锈漆第一遍	$10m^2$	0.007	6.27	1.13	—	4.68	0.04	0.01	—	0.03
11-56	刷银粉漆第一遍	$10m^2$	0.007	6.5	4.81	—	5.10	0.05	0.03	—	0.04
11-57	刷银粉漆第二遍	$10m^2$	0.007	6.27	4.37	—	4.90	0.04	0.03	—	0.03
8-236	管道压力试验	100m	0.01	107.51	56.02	9.95	83.47	1.08	0.56	0.10	0.83
8-230	DN50 以内管道冲洗	100m	0.01	12.07	8.42	—	9.44	0.12	0.08	—	0.09
人工单价		小计						5.63	1.98	0.10	4.28
23.22 元/工日		未计价材料费						6.30			
清单项目综合单价								18.29			

材料费明细	主要材料名称、规格、型号	单位	数量	单价/元	合价/元	暂估单价/元	暂估合价/元
	镀锌钢管 DN15	m	10.15 × 0.1	5.97	6.06		
	酚醛防锈漆各色	kg	(1.31 + 1.12) × 0.007	11.4	0.19		
	酚醛清漆各色	kg	(0.36 + 0.33)× 0.007	9.5	0.05		
	其他材料费			—		—	
	材料费小计			—	6.30	—	

表7-30　工程量清单综合单价分析表23

工程名称:某市中心医院采暖工程　　　　标段:　　　　第23页　共23页

<table>
<tr><td>项目编码</td><td>031002001001</td><td>项目名称</td><td colspan="3">管道支架</td><td>计量单位</td><td>kg</td><td>工程量</td><td colspan="3">132.11</td></tr>
<tr><td colspan="12">清单综合单价组成明细</td></tr>
<tr><td rowspan="2">定额编号</td><td rowspan="2">定额名称</td><td rowspan="2">定额单位</td><td rowspan="2">数量</td><td colspan="4">单　价</td><td colspan="4">合　价</td></tr>
<tr><td>人工费</td><td>材料费</td><td>机械费</td><td>管理费和利润</td><td>人工费</td><td>材料费</td><td>机械费</td><td>管理费和利润</td></tr>
<tr><td>8-178</td><td>管道支架制作安装</td><td>100kg</td><td>0.01</td><td>235.45</td><td>194.98</td><td>224</td><td>202.01</td><td>2.35</td><td>1.95</td><td>2.24</td><td>2.02</td></tr>
<tr><td>11-119</td><td>管道支架刷防锈漆第一遍</td><td>100kg</td><td>0.01</td><td>5.34</td><td>0.81</td><td>6.96</td><td>4.46</td><td>0.05</td><td>0.008</td><td>0.07</td><td>0.04</td></tr>
<tr><td>11-120</td><td>管道支架刷防锈漆第二遍</td><td>100kg</td><td>0.01</td><td>5.11</td><td>0.72</td><td>6.96</td><td>4.29</td><td>0.05</td><td>0.007</td><td>0.07</td><td>0.04</td></tr>
<tr><td>11-126</td><td>管道支架刷调和漆第一遍</td><td>100kg</td><td>0.01</td><td>5.11</td><td>0.26</td><td>6.96</td><td>4.25</td><td>0.05</td><td>0.003</td><td>0.07</td><td>0.04</td></tr>
<tr><td>11-127</td><td>管道支架刷调和漆第二遍</td><td>100kg</td><td>0.01</td><td>5.11</td><td>0.23</td><td>6.96</td><td>4.25</td><td>0.05</td><td>0.002</td><td>0.07</td><td>0.04</td></tr>
<tr><td colspan="2">人工单价</td><td colspan="6">小　计</td><td>2.56</td><td>1.97</td><td>2.52</td><td>2.19</td></tr>
<tr><td colspan="2">23.22元/工日</td><td colspan="6">未计价材料费</td><td colspan="4">2.89</td></tr>
<tr><td colspan="8">清单项目综合单价</td><td colspan="4">12.14</td></tr>
<tr><td rowspan="10">材料费明细</td><td colspan="5">主要材料名称、规格、型号</td><td>单位</td><td>数量</td><td>单价/元</td><td>合价/元</td><td>暂估单价/元</td><td>暂估合价/元</td></tr>
<tr><td colspan="5">型钢</td><td>kg</td><td>106.000×0.01</td><td>2.37</td><td>2.51</td><td></td><td></td></tr>
<tr><td colspan="5">酚醛防锈漆各色</td><td>kg</td><td>(0.920+0.780)×0.01</td><td>11.4</td><td>0.19</td><td></td><td></td></tr>
<tr><td colspan="5">酚醛调和漆各色</td><td>kg</td><td>(0.800+0.700)×0.01</td><td>12.54</td><td>0.19</td><td></td><td></td></tr>
<tr><td colspan="5"></td><td></td><td></td><td></td><td></td><td></td><td></td></tr>
<tr><td colspan="5"></td><td></td><td></td><td></td><td></td><td></td><td></td></tr>
<tr><td colspan="5"></td><td></td><td></td><td></td><td></td><td></td><td></td></tr>
<tr><td colspan="5"></td><td></td><td></td><td></td><td></td><td></td><td></td></tr>
<tr><td colspan="7">其他材料费</td><td>—</td><td></td><td>—</td><td></td></tr>
<tr><td colspan="7">材料费小计</td><td>—</td><td>2.89</td><td>—</td><td></td></tr>
</table>

四、投标报价

（1）投标总价如下所示。

投 标 总 价

招标人:某市中心医院

工程名称:某市中心医院采暖设计工程

投标总价(小写):107 009 元

(大写):拾万柒仟零玖元整

投标人:某暖通安装公司

(单位盖章)

法定代表人:某暖通安装公司

或其授权人:法定代表人

(签字或盖章)

编制人:×××签字盖造价工程师或造价员专用章

(造价人员签字盖专用章)

编制时间:××××年×月×日

(2)总说明如下所示,有关投标报价如表7-31~表7-37所示。

总　说　明

工程名称:某市中心医院采暖工程　　　　标段:　　　　第　页　共　页

1. 工程概况

该工程为某市中心医院采暖工程,该中心医院共三层,一层层高为4.5m,二、三层的层高为3.5m。此设计采用机械循环热水供暖系统中的单管下供上回式顺流同程式,可以减轻垂直失调现象。此系统中供回水温度采用低温热水,即供回水温度分别为95℃/70℃热水,由室外城市热力管网供热。管道采用镀锌钢管,管径DN≤32mm的镀锌钢管采用螺纹连接,管径DN>32mm的镀锌钢管采用焊接。其中,顶层所走的水平回水干管和底层所走的水平供水干管,以及供回水总立管和与城市热力管网相连的供回水管均需做保温处理,需手工除轻锈后,再刷防锈漆两遍后,采用40mm厚的纤维类制品管壳保温,外裹玻璃布保护层;其他立管和房间内与散热器连接的管均需手工除轻锈后,刷防锈漆一遍、银粉漆两遍。根据《暖通空调规范实施手册》,采暖管道穿过楼板和隔墙时,宜装设套管,故此设计中的穿楼板和隔墙的管道设镀锌铁皮套管,套管尺寸比管道大一到两号,管道设支架,支架刷防锈漆两遍、调和漆两遍。

散热器采用铸铁四柱813型,落地式安装,散热器表面刷防锈漆一遍,银粉漆两遍。每组散热器设手动排气阀一个,每根供水立管和回水立管各设截止阀一个,根据《暖通空调规范实施手册》,热水采暖系统,应在热力入口出处的供回水总管上设置温度计、压力表。

系统安装完毕应进行水压试验,系统水压试验压力是工作压力的1.5倍,10分钟内压力降不大于0.02MPa且系统不渗水为合格。系统试压合格后,投入使用前进行冲洗,冲洗至排出水不含泥沙、铁屑等杂物且水色不浑浊为合格,冲洗前应将温度计、调节阀及平衡阀等拆除,待冲洗合格后再装上。

2. 投标控制价包括范围

为本次招标的某市中心医院施工图范围内的采暖工程。

3. 投标控制价编制依据

(1)招标文件及其所提供的工程量清单和有关计价的要求,招标文件的补充通知和答疑纪要。

(2)该某市中心医院施工图及投标施工组织设计。

(3)有关的技术标准,规范和安全管理规定。

(4)省建设主管部门颁发的计价定额和计价管理办法及有关计价文件。

(5)材料价格采用工程所在地工程造价管理机构年月工程造价信息发布的价格信息,对于造价信息没有发布的材料,其价格参照市场价。

表7-31　建设项目投标报价汇总表

工程名称:某市中心医院采暖工程　　　　标段:　　　　第　页　共　页

序号	单项工程名称	金额/元	其　中		
			暂估价	安全文明施工费	规　费
1	某市中心医院采暖	107 008.69	10 000	975.53	2 429.94
合　计		107 008.69	10 000	975.53	2 429.94

表 7-32　单项工程投标报价汇总表

工程名称:某市中心医院采暖工程　　　　标段:　　　　第　页　共　页

序号	单项工程名称	金额/元	其　中		
			暂估价/元	环境保护和安全文明施工费	规费
1	某市中心医院采暖	107 008.69	10 000	975.53	2 429.94
合　计		107 008.69	10 000	975.53	2 429.94

表 7-33　单位工程投标报价汇总表

工程名称:某市中心医院采暖工程　　　　标段:　　　　第　页　共　页

序　号	汇总内容	金额/元	其中:暂估价/元
1	分部分项工程	74 456.10	
1.1	某市中心医院采暖	74 456.10	
1.2			
1.3			
1.4			
2	措施项目	2 534.86	
2.1	环境保护和安全文明施工费	975.53	
3	其他项目	24 055.61	
3.1	暂列金额	7 445.61	
3.2	专业工程暂估价	10 000	
3.3	计　日　工	6 210	
3.4	总承包服务费	400	
4	规费	2 429.94	
5	税金	3 528.67	
合计 =1 +2 +3 +4 +5		107 006.9	

注:这里的分部分项工程中存在暂估价。

表 7-34　总价措施项目清单与计价表

工程名称:某市中心医院采暖工程　　　　标段:　　　　第　页　共　页

序号	项目编码	项目名称	计算基础	费率/%	金额/元	调整费率/%	调整后金额/元	备注
1		环境保护费及文明施工费	人工费(12 636.41)	3.98	502.93			
2		安全施工费	人工费	3.74	472.60			
3		临时设施费	人工费	6.88	869.39			
4		夜间施工增加费	根据工程实际情况编制费用预算					
5		材料二次搬运费	人工费	1.2	151.64			
6		大型机械设备进出场及安拆费、混凝土、钢筋混凝土模板及支架费、脚手架费、施工排水、降水费用	根据工程实际情况编制费用预算					

（续表）

序号	项目编码	项目名称	计算基础	费率/%	金额/元	调整费率/%	调整后金额/元	备注
7		已完工程及设备保护费（含越冬维护费）	根据工程实际情况编制费用预算					
8		检验试验费、生产工具用具使用费	人工费	4.26	538.31			
合　计					2 534.86			

注：该表费率参考《吉林省建筑安装工程费用定额》（2006 年）。

表 7-35　其他项目清单与计价汇总表

工程名称：某市中心医院采暖工程　　　　标段：　　　　第　页　共　页

序号	项目名称	金额/元	结算金额/元	备　注
1	暂列金额	7 445.61		一般按分部分项工程的（74 456.10）10% ~15%
2	暂估价	10 000		
2.1	材料暂估价			
2.2	专业工程暂估价	10 000		按有关规定估算
3	计日工	6 210		
4	总承包服务费	400		一般为专业工程估价的 3% ~5%
合　计		24 055.61		

注：第 1、4 项备注参考《建设工程工程量清单计价规范》材料暂估单价进入清单项目综合单价此处不汇总。

表 7-36　计 日 工 表

工程名称：某市中心医院采暖工程　　　　标段：　　　　第　页　共　页

编号	项目名称	单位	暂定数量	实际数量	综合单价/元	合价/元	
						暂定	实际
一	人　工						
1	普工	工日	50		60	3 000	
2	技工（综合）	工日	20		80	1 600	
3							
人工小计						4 600	
二	材　料						
1							
2							
3							
材料小计							
三	施工机械						
1	灰浆搅拌机	台班	1		20	20	
2	自升式塔式起重机	台班	3		530	1 590	
3							
施工机械小计						1 610	
四	企业管理费和利润						
总　计						6 210	

注：此表项目名称由招标人填写，编制招标控制价时，单价由招标人按有关计价规定确定；投标时，单价由投标人自主报价，计入投标总价中。

表 7-37 规费税金项目清单与计价表

工程名称:某市中心医院采暖工程　　　　标段:　　　　第　页　共　页

序号	项目名称	计算基础	计算基数	计算费率/%	金额/元
一	规费				2 429.94
1.1	工程排污费	人工费		1.3	164.27
1.2	工程定额测定费	税前工程造价(分部分项工程费+措施项目费+其他项目费)+利润	107 368.28	0.1	107.37
1.3	养老保险费	根据工程实际情况编制费用预算			
1.4	失业保险费	人工费	12 636.41	2.44	308.33
1.5	医疗保险费	人工费	12 636.41	7.32	924.99
1.6	住房公积金	人工费	12 636.41	6.10	770.82
1.7	工伤保险费	人工费	12 636.41	1.22	154.16
二	税金	不含税工程造价(分部分项工程费+措施项目费+其他项目费+规费)	103 480.02	3.41	3 528.67
合　计					5 958.61

注:该表费率参考《吉林省建筑安装工程费用定额》(2006 年)其中的利润:建筑业行业利润为人工费的 50%,即该工程的利润为 12 636.41 元×50% =6 318.21 元

(3)工程量清单综合单价分析如表 7-8 ~ 表 7-30 所示。

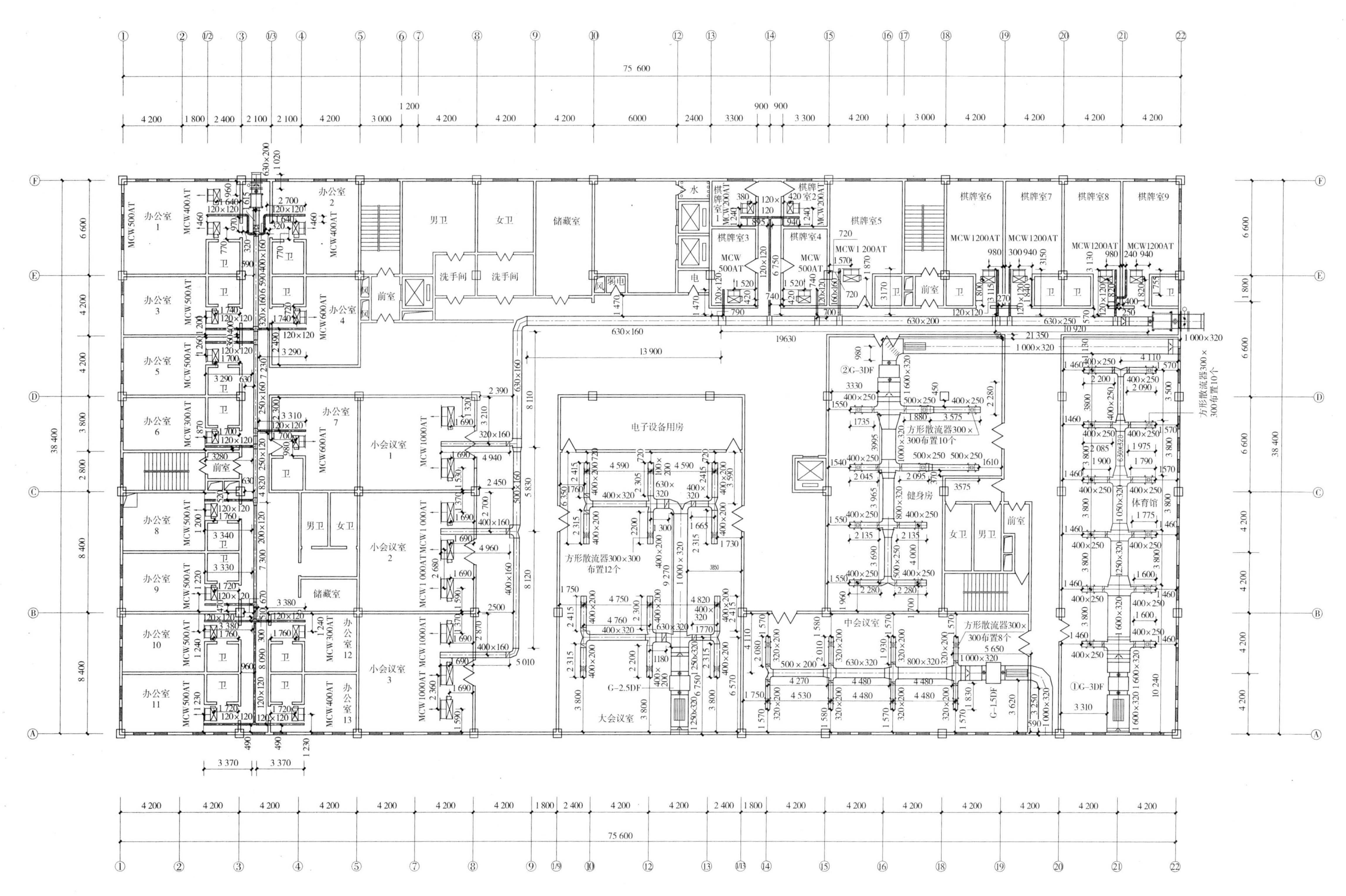

图8-1　三层空调通风平面图　1：100

项目八　上海某娱乐中心通风空调安装工程

如图8-1所示为上海某娱乐中心三层通风空调风平面图。该娱乐中心由棋牌室、体育馆、办公室、会议室等多种功能区组成。根据各房间的使用功能不同,棋牌室、办公室、小会议室采用风机盘管加独立新风系统,而体育馆、大会议室采用全空气一次回风系统,新风经由混风箱与回风混合后由各空气处理机组处理后由散流器送至工作区。

该空调系统中的风管均采用优质碳素钢镀锌钢板,其厚度:风管周长<2 000mm时为0.75mm;风管周长<4 000mm时为1mm;风管周长>4 000mm时为1.2mm。

除新风口外,各风口均采用铝合金材料。风管保温材料采用厚度为80mm的玻璃丝毡,防潮层采用沥青油毡纸,保护层采用两层玻璃布,外刷两遍调和漆。试计算该工程定额、清单工程量及其相关费用。

一、清单工程量

1. 风管制作安装

风管的清单工程量:矩形风管 $S=2\times(A+B)\times L$

【注释】 A——矩形风管的宽度;

B——矩形风管的宽度;

$2\times(A+B)$——矩形风管单位长度的周长;

L——该矩形风管管段长度。

圆形风管 $S=\pi\times D\times L$

【注释】 D——圆形风管的直径;

$\pi\times D$——圆形风管单位长度的周长;

L——该矩形风管管段的长度。

(1)1 600×320风管制作安装。

$S=2\times(A+B)\times L$

$=2\times(1.60+0.32)\times[(10.24-0.21-0.30-0.94-0.30-0.21)+(2.28-0.21)]\text{m}^2$

$=2\times1.92\times10.35\text{m}^2$

$=39.74\text{m}^2$

【注释】 1.60——1 600×320矩形风管的宽度;

0.32——1 600×320矩形风管的宽度;

2×(1.60+0.32)——1 600×320矩形风管单位长度的周长;

10.24——空调机组①G-3DF对应的该管段的管长;

0.21——空调机组①G-3DF对应的调节阀1 600×320的长度;

0.30——空调机组①G-3DF对应的软接的长度;

0.94——空调机组①G-3DF 对应的长度；

0.30——空调机组①G-3DF 对应的软接的长度；

0.21——空调机组①G-3DF 对应的调节阀 1 600×320 的长度；

2.28——空调机组②G-3DF 对应的该管段的管长；

0.21——空调机组②G-3DF 对应的调节阀 1 600×320 的长度；

10.35——该工程中 1 600×320 矩形风管的总长度。

(2)1 250×320 风管制作安装。

$S=2\times(A+B)\times L$

$=2\times(1.25+0.32)\times[3.80+(6.75-0.21-0.30-1.02-0.30-0.21)]\text{m}^2$

$=2\times1.57\times8.51\text{m}^2$

$=26.72\text{m}^2$

【注释】 1.25——1 250×320 矩形风管的宽度；

0.32——1 250×320 矩形风管的宽度；

2×(1.25+0.32)——1 250×320 矩形风管单位长度的周长；

3.80——空调机组①G-3DF 对应的该管段的管长；

6.75——空调机组 G-2.5DF 对应的该管段的管长；

0.21——空调机组 G-2.5DF 对应的调节阀 1 250×320 的长度；

0.30——空调机组 G-2.5DF 对应的软接的长度；

1.02——空调机组 G-2.5DF 对应的长度；

0.30——空调机组 G-2.5DF 对应的软接的长度；

0.21——空调机组 G-2.5DF 对应的调节阀 1 250×320 的长度；

8.51——该工程中 1 250×320 矩形风管的总长度。

(3)1 000×320 风管制作安装。

$S=2\times(A+B)\times L$

$=2\times(1.00+0.32)\times[3.80+(3.25+\pi R/2+5.65-0.30-1.03-0.30-0.21)+(9.27+1.62-0.21+21.35-0.50-0.21+0.98+3.995)]\text{m}^2$

$=2\times1.32\times[3.8+3.25+3.14\times1.05/2+5.65-0.3-1.03-0.3-0.21+9.27+1.62-0.21+21.35-0.5-0.21+0.98+3.995]\text{m}^2$

$=2\times1.32\times48.80\text{m}^2=128.83\text{m}^2$

【注释】 1.00——1 000×320 矩形风管的宽度；

0.32——1 000×320 矩形风管的宽度；

2×(1.00+0.32)——1 000×320 矩形风管单位长度的周长；

3.80——空调机组①G-3DF 对应的该管段的管长；

3.25——空调机组 G-1.5DF 对应的该管段的管长；

$\pi R/2$——空调机组 G-1.5DF 对应的弯管中心弧的的长度；

R——该弯管中心弧的半径；

5.65——空调机组 G-1.5DF 对应的该管段的管长；

0.30——空调机组 G-1.5DF 对应的软接的长度；

1.03——空调机组 G-1.5DF 空调机组对应的长度；

0.30——空调机组 G-1.5DF 对应的软接的长度；

0.21——空调机组 G-1.5DF 对应的调节阀 1 000×320 的长度；
9.27——空调机组②G-3DF 前所对应的该管段的管长；
1.62——空调机组②G-3DF 前所对应的该管段的管长；
0.21——空调机组②G-3DF 对应的调节阀 1 000×320 的长度；
21.35——空调机组②G-3DF 后所对应的该管段的管长；
0.50——空调机组②G-3DF 后所对应的该管段的管长；
0.21——空调机组②G-3DF 对应的调节阀 1 000×320 的长度；
0.98——空调机组②G-3DF 后所对应的该管段的管长；
3.995——空调机组②G-3DF 后所对应的该管段的管长；
48.80——该工程中 1 000×320 矩形风管的总长度。

(4)800×320 风管制作安装。

$$S=2\times(A+B)\times L$$
$$=2\times(0.80+0.32)\times(4.48+3.965)\,m^2$$
$$=2\times1.12\times8.45\,m^2$$
$$=18.93\,m^2$$

【注释】 0.80——800×320 矩形风管的宽度；
0.32——800×320 矩形风管的宽度；
2×(0.80+0.32)——800×320 矩形风管单位长度的周长；
4.48——空调机组 G-2.5DF 对应的该管段的管长；
3.965——空调机组②G-3DF 对应的该管段的管长；
8.45——该工程中 800×320 矩形风管的总长度。

(5)630×320 风管制作安装。

$$S=2\times(A+B)\times L$$
$$=2\times(0.63+0.32)\times[3.80+4.48+(\pi R/2+1.18-0.21)+(\pi R/2+1.30-0.21)]\,m^2$$
$$=2\times0.95\times[3.8+4.48+3.14\times0.68/2+1.18-0.21+3.14\times0.68/2+1.3-0.21]\,m^2$$
$$=2\times0.95\times12.48\,m^2=23.71\,m^2$$

【注释】 0.63——630×320 矩形风管的宽度；
0.32——630×320 矩形风管的宽度；
2×(0.63+0.32)——630×320 矩形风管单位长度的周长；
3.80——空调机组①G-3DF 对应的该管段的管长；
4.48——空调机组 G-2.5DF 对应的该管段的管长；
$\pi R/2$——空调机组 G-2.5DF 对应的左支管一的弯管中心弧的长度；
R——该弯管中心弧的半径；
1.18——空调机组 G-2.5DF 对应的左支管一管段的长度；
0.21——空调机组 G-2.5DF 的左支管一管段对应的调节阀 630×320 的长度；
$\pi R/2$——空调机组 G-2.5DF 对应的左支管二的弯管中心弧的的长度；
R——该弯管中心弧的半径；
1.18——空调机组 G-2.5DF 对应的左支管二管段的长度；
0.21——空调机组 G-2.5DF 的左支管二管段对应的调节阀 630×320 的长度；
12.48——该工程中 630×320 矩形风管的总长度。

(6)630×250 风管制作安装。

$$S=2\times(A+B)\times L$$
$$=2\times(0.63+0.25)\times(10.92-0.21)\text{m}^2$$
$$=2\times0.88\times10.71\text{m}^2$$
$$=18.85\text{m}^2$$

【注释】 0.63——630×250 矩形风管的宽度；

0.25——630×250 矩形风管的宽度；

2×(0.63+0.25)——630×250 矩形风管单位长度的周长；

10.92——新风机组 G-1.5DF 对应的该管段的管长；

0.21——新风机组 G-1.5DF 对应的调节阀 630×250 的长度；

10.71——该工程中 630×250 矩形风管的总长度。

(7)630×200 风管制作安装。

$$S=2\times(A+B)\times L$$
$$=2\times(0.63+0.20)\times(19.63+1.02-0.21)\text{m}^2$$
$$=2\times0.83\times20.44\text{m}^2=33.93\text{m}^2$$

【注释】 0.63——630×200 矩形风管的宽度；

0.20——630×200 矩形风管的宽度；

2×(0.63+0.20)——630×200 矩形风管单位长度的周长；

19.63——新风机组①G-1.5DF 对应的管段的管长；

1.02——新风机组②G-1.5DF 对应的管段的管长；

0.21——新风机组②G-1.5DF 对应的调节阀 630×200 的长度；

20.44——该工程中 630×200 矩形风管的总长度。

(8)630×160 风管制作安装。

$$S=2\times(A+B)\times L$$
$$=2\times(0.63+0.16)\times(13.90+\pi R/2+8.11)\text{m}^2$$
$$=2\times0.79\times[13.90+3.14\times0.68/2+8.11]\text{m}^2$$
$$=2\times0.79\times23.08\text{m}^2$$
$$=36.47\text{m}^2$$

【注释】 0.63——630×160 矩形风管的宽度；

0.16——630×160 矩形风管的宽度；

2×(0.63+0.16)——630×160 矩形风管单位长度的周长；

13.90——新风机组①G-1.5DF 对应的该管段的长度；

$\pi R/2$——新风机组①G-1.5DF 对应的弯管中心弧的长度；

R——该弯管中心弧的半径；

8.11——新风机组①G-1.5DF 对应的该管段的长度；

23.08——该工程中 630×160 矩形风管的总长度。

(9)500×250 风管制作安装。

$$S=2\times(A+B)\times L$$
$$=2\times(0.50+0.25)\times[3.69+(\pi R/2+1.88-0.15)+(\pi R/2+2.095-0.15)]\text{m}^2$$
$$=2\times(0.50+0.25)\times[3.69+3.14\times0.55/2+1.88-0.15+3.14\times0.55/2+2.095-$$

$0.15]m^2$

$=2\times0.75\times9.09m^2$

$=13.64m^2$

【注释】 0.50——500×250 矩形风管的宽度；

0.25——500×250 矩形风管的宽度；

2×(0.50+0.25)——500×250 矩形风管单位长度的周长；

3.69——空调机组②G-3DF 对应的该管段的管长；

$\pi R/2$——空调机组②G-3DF 对应的右支管一的弯管中心弧的长度；

R——该弯管中心弧的半径；

1.88——空调机组②G-3DF 对应的右支管一管段的长度；

0.15——空调机组②G-3DF 的右支管一管段对应的蝶阀 500×250 的长度；

$\pi R/2$——空调机组②G-3DF 对应的右支管二的弯管中心弧的的长度；

R——该弯管中心弧的半径；

2.095——空调机组②G-3DF 对应的右支管二管段的长度；

0.15——空调机组②G-3DF 的右支管二管段对应的蝶阀 500×250 的长度；

9.09——该工程中 500×250 矩形风管的总长度。

(10)500×200 风管制作安装。

$S=2\times(A+B)\times L=2\times(0.50+0.20)\times4.27m^2=2\times0.70\times4.27m^2=5.98m^2$

【注释】 0.50——500×200 矩形风管的宽度；

0.20——500×200 矩形风管的宽度；

2×(0.50+0.20)——500×200 矩形风管单位长度的周长；

4.27——空调机组 G-2.5DF 对应的该管段的长度。

(11)500×160 风管制作安装。

$S=2\times(A+B)\times L=2\times(0.50+0.16)\times5.83m^2=2\times0.66\times5.83m^2=7.70m^2$

【注释】 0.50——500×160 矩形风管的宽度；

0.16——500×160 矩形风管的宽度；

2×(0.50+0.16)——500×160 矩形风管单位长度的周长；

5.83——新风机组①G-1.5DF 对应的该管段的长度。

(12)400×320 风管制作安装。

$S=2\times(A+B)\times L$

$=2\times(0.40+0.32)\times[(\pi R/2+1.77-0.15)+4.76+(\pi R/2+1.665-0.15)+4.59]m^2$

$=2\times(0.40+0.32)\times[3.14\times0.68/2+1.77-0.15+4.76+3.14\times0.68/2+1.665-$

$0.15+4.59]m^2$

$=2\times0.72\times14.62m^2$

$=21.05m^2$

【注释】 0.40——400×320 矩形风管的宽度；

0.32——400×320 矩形风管的宽度；

2×(0.40+0.32)——400×320 矩形风管单位长度的周长；

$\pi R/2$——空调机组 G-2.5DF 对应的右支管一的弯管中心弧的长度；

R——该弯管中心弧的半径；

4.76——空调机组 G-2.5DF 对应的左支管一管段的长度；

$\pi R/2$——空调机组 G-2.5DF 对应的右支管二的弯管中心弧的的长度；

R——该弯管中心弧的半径；

1.665——空调机组 G-2.5DF 对应的右支管二管段的长度；

0.15——空调机组 G-2.5DF 的右支管二管段对应的蝶阀 400×320 的长度；

4.59——空调机组 G-2.5DF 对应的左支管二管段的长度；

14.62——该工程中 400×320 矩形风管的总长度。

(13)400×250 风管制作安装。

$S = 2 \times (A + B) \times L$

$= 2 \times (0.40 + 0.25) \times [3.50 + (\pi R/2 + 1.60 - 0.15) \times 4 + (\pi R/2 + 1.775 - 0.15) \times 2 + (\pi R/2 + 1.79 - 0.15) + (\pi R/2 + 1.90 - 0.15) + (\pi R/2 + 1.975 - 0.15) + (\pi R/2 + 2.085 - 0.15) + (\pi R/2 + 2.09 - 0.15) + (\pi R/2 + 2.20 - 0.15) + (\pi R/2 + 2.28 - 0.15) \times 2 + (\pi R/2 + 2.135 - 0.15) \times 2 + (\pi R/2 + 2.045 - 0.15) + 3.575 + (\pi R/2 + 1.735 - 0.15) + 3.575]\text{m}^2$

$= 2 \times (0.40 + 0.25) \times [3.50 + (3.14 \times 0.45/2 + 1.60 - 0.15) \times 4 + (3.14 \times 0.45/2 + 1.775 - 0.15) \times 2 + 3.14 \times 0.45/2 + 1.79 - 0.15 + 3.14 \times 0.45/2 + 1.90 - 0.15 + 3.14 \times 0.45/2 + 1.975 - 0.15 + 3.14 \times 0.45/2 + 2.085 - 0.15 + 3.14 \times 0.45/2 + 2.09 - 0.15 + 3.14 \times 0.45/2 + 2.20 - 0.15 + (3.14 \times 0.45/2 + 2.28 - 0.15) \times 2 + (3.14 \times 0.45/2 + 2.135 - 0.15) \times 2 + 3.14 \times 0.45/2 + 2.045 - 0.15 + 3.575 + 3.14 \times 0.45/2 + 1.735 - 0.15 + 3.575]\text{m}^2$

$= 2 \times 0.65 \times 55.27\text{m}^2 = 71.85\text{m}^2$

【注释】 0.40——400×250 矩形风管的宽度；

0.25——400×250 矩形风管的宽度；

2×(0.40+0.25)——400×250 矩形风管单位长度的周长；

3.50——空调机组①G-3DF 对应的该管段的长度；

$\pi R/2$——空调机组①G-3DF 对应的支管的弯管中心弧的长度；

R——该弯管中心弧的半径；

1.60——空调机组①G-3DF 对应的该管段的长度；

0.15——空调机组①G-3DF 对应的支管的蝶阀 400×250 的长度；

4——有 4 根这样的支管，故乘以 4；

$\pi R/2$——空调机组①G-3DF 对应的支管的弯管中心弧的长度；

R——该弯管中心弧的半径；

1.775——空调机组①G-3DF 对应的该管段的长度；

0.15——空调机组①G-3DF 对应的支管的蝶阀 400×250 的长度；

2——有 2 根这样的支管，故乘以 2；

$\pi R/2$——空调机组①G-3DF 对应的支管的弯管中心弧的长度；

R——该弯管中心弧的半径；

1.79——空调机组①G-3DF 对应的该管段的长度；

0.15——空调机组①G-3DF 对应的支管的蝶阀 400×250 的长度；

$\pi R/2$——空调机组①G-3DF 对应的支管的弯管中心弧的长度；

R——该弯管中心弧的半径；
1.90——空调机组①G-3DF 对应的该管段的长度；
0.15——空调机组①G-3DF 对应的支管的蝶阀 400×250 的长度；
$\pi R/2$——空调机组①G-3DF 对应的支管的弯管中心弧的长度；
R——该弯管中心弧的半径；
1.975——空调机组①G-3DF 对应的该管段的长度；
0.15——空调机组①G-3DF 对应的支管的蝶阀 400×250 的长度；
$\pi R/2$——空调机组①G-3DF 对应的支管的弯管中心弧的长度；
R——该弯管中心弧的半径；
2.085——空调机组①G-3DF 对应的该管段的长度；
0.15——空调机组①G-3DF 对应的支管的蝶阀 400×250 的长度；
$\pi R/2$——空调机组①G-3DF 对应的支管的弯管中心弧的长度；
R——该弯管中心弧的半径；
2.09——空调机组①G-3DF 对应的该管段的长度；
0.15——空调机组①G-3DF 对应的支管的蝶阀 400×250 的长度；
$\pi R/2$——空调机组①G-3DF 对应的支管的弯管中心弧的长度；
R——该弯管中心弧的半径；
2.20——空调机组①G-3DF 对应的该管段的长度；
0.15——空调机组①G-3DF 对应的支管的蝶阀 400×250 的长度；
$\pi R/2$——空调机组②G-3DF 对应的左支管四的弯管中心弧的长度；
R——该弯管中心弧的半径；
2.28——空调机组②G-3DF 对应的左支管四的长度；
0.15——空调机组②G-3DF 对应的左支管四的蝶阀 400×250 的长度；
2——有 2 根这样的支管，故乘以 2；
$\pi R/2$——空调机组②G-3DF 对应的左支管三的弯管中心弧的长度；
R——该弯管中心弧的半径；
2.28——空调机组②G-3DF 对应的左支管三的长度；
0.15——空调机组②G-3DF 对应的左支管三的蝶阀 400×250 的长度；
2——有 2 根这样的支管，故乘以 2；
$\pi R/2$——空调机组②G-3DF 对应的左支管二的弯管中心弧的长度；
R——该弯管中心弧的半径；
2.045——空调机组②G-3DF 对应的左支管二的长度；
0.15——空调机组②G-3DF 对应的左支管二的蝶阀 400×250 的长度；
3.575——空调机组②G-3DF 对应的右支管二的长度；
$\pi R/2$——空调机组②G-3DF 对应的左支管一的弯管中心弧的长度；
R——该弯管中心弧的半径；
1.735——空调机组②G-3DF 对应的左支管一的长度；
0.15——空调机组②G-3DF 对应的左支管一的蝶阀 400×250 的长度；
3.575——空调机组②G-3DF 对应的右支管一的长度；
55.27——该工程中 400×250 矩形风管的总长度。

(14)400×200 风管制作安装。

$S=2\times(A+B)\times L$

$=2\times(0.40+0.20)\times[(\pi R/2+2.315)+(\pi R/2+2.415)+(\pi R/2+2.30)+(\pi R/2+2.20)+(\pi R/2+2.415-0.15)+(\pi R/2+2.315-0.15]\times2\mathrm{m}^2$

$=2\times(0.40+0.20)\times(3.14\times0.45/2+2.315+3.14\times0.45/2+2.415+3.14\times0.45/2+2.30+3.14\times0.45/2+2.20+3.14\times0.45/2+2.415-0.15+3.14\times0.45/2+2.315-0.15)\times2\mathrm{m}^2$

$=2\times0.60\times35.80\mathrm{m}^2=42.96\mathrm{m}^2$

【注释】 0.40——400×200 矩形风管的宽度；
0.20——400×200 矩形风管的宽度；
2×(0.40+0.20)——400×200 矩形风管单位长度的周长；
$\pi R/2$——空调机组 G-2.5DF 对应的左支管一的左支管二的弯管中心弧的长度；
R——该弯管中心弧的半径；
2.135——空调机组 G-2.5DF 对应的左支管一的左支管二的长度；
$\pi R/2$——空调机组 G-2.5DF 对应的左支管一的右支管二的弯管中心弧的长度；
R——该弯管中心弧的半径；
2.415——空调机组 G-2.5DF 对应的左支管一的右支管二的支管的长度；
$\pi R/2$——空调机组 G-2.5DF 对应的左支管一的右支管一的弯管中心弧的长度；
R——该弯管中心弧的半径；
2.30——空调机组 G-2.5DF 对应的左支管一的右支管一的长度；
$\pi R/2$——空调机组 G-2.5DF 对应的左支管一的左支管一的弯管中心弧的长度；
R——该弯管中心弧的半径；
2.20——空调机组 G-2.5DF 对应的左支管一的左支管一的长度；
$\pi R/2$——空调机组 G-2.5DF 对应的右支管一的右支管的弯管中心弧的长度；
R——该弯管中心弧的半径；
2.415——空调机组 G-2.5DF 对应的右支管一的右支管的长度；
0.15——空调机组 G-2.5DF 对应的右支管一的右支管的蝶阀 400×200 的长度；
$\pi R/2$——空调机组 G-2.5DF 对应的右支管一的左支管的弯管中心弧的长度；
R——该弯管中心弧的半径；
2.415——空调机组 G-2.5DF 对应的右支管一的左支管的长度；
0.15——空调机组 G-2.5DF 对应的右支管一的左支管的蝶阀 400×200 的长度；
2——有 2 根这样的管段，故乘以 2；
35.80——该工程中 400×200 矩形风管的总长度。

(15)400×160 风管制作安装。

$S=2\times(A+B)\times L$

$=2\times(0.40+0.16)\times[8.12+(\pi R/2)\times2+4.96-0.15+\pi R/2+5.01-0.15+1.615-0.21]\mathrm{m}^2$

$=2\times(0.40+0.16)\times[8.12+(3.14\times0.45/2)\times2+4.96-0.15+3.14\times0.45/2+5.01-0.15+1.615-0.21]\mathrm{m}^2$

$=2\times0.56\times21.31\mathrm{m}^2=23.87\mathrm{m}^2$

【注释】 0.40——400×160 矩形风管的宽度；
0.20——400×160 矩形风管的宽度；
2×(0.40+0.16)——400×160 矩形风管单位长度的周长；
8.12——新风机组①G-1.5DF 对应的该管段的长度；
$\pi R/2$——新风机组①G-1.5DF 对应的干管的弯管中心弧的长度；
R——该弯管中心弧的半径；
2——有 2 根这样的弯管，故乘以 2；
4.96——新风机组①G-1.5DF 对应的该管段的长度；
0.15——新风机组①G-1.5DF 对应的该支管的蝶阀 400×160 的长度；
$\pi R/2$——新风机组①G-1.5DF 对应的干管的弯管中心弧的长度；
R——该弯管中心弧的半径；
5.01——新风机组①G-1.5DF 对应的该管段的长度；
0.15——新风机组①G-1.5DF 对应的该支管的蝶阀 400×160 的长度；
1.615——新风机组①G-1.5DF 对应的该支管的长度；
0.21——新风机组①G-1.5DF 对应的该支管的调节阀 400×160 的长度；
21.31——该工程中 400×160 矩形风管的总长度。

(16)320×200 风管制作安装。

$S=2\times(A+B)\times L$

$=2\times(0.32+0.20)\times(\pi R/2+1.83-0.15+\pi R/2+1.93-0.15+\pi R/2+2.01-0.15+\pi R/2+2.08-0.15)\times 2\text{m}^2$

$=2\times(0.32+0.20)\times(3.14\times 0.37/2+1.83-0.15+3.14\times 0.37/2+1.93-0.15+3.14\times 0.37/2+2.01-0.15+3.14\times 0.37/2+2.08-0.15)\times 2\text{m}^2$

$=2\times 0.52\times 19.15\text{m}^2=19.91\text{m}^2$

【注释】 0.32——320×200 矩形风管的宽度；
0.20——320×200 矩形风管的宽度；
2×(0.32+0.20)——320×200 矩形风管单位长度的周长；
$\pi R/2$——空调机组 G-1.5DF 对应的支管的弯管中心弧的长度；
R——该弯管中心弧的半径；
1.83——空调机组 G-1.5DF 对应的该管段的长度；
0.15——空调机组 G-1.5DF 对应的该支管的蝶阀 320×200 的长度；
$\pi R/2$——空调机组 G-1.5DF 对应的支管的弯管中心弧的长度；
R——该弯管中心弧的半径；
1.93——空调机组 G-1.5DF 对应的该管段的长度；
0.15——空调机组 G-1.5DF 对应的该支管的蝶阀 320×200 的长度；
$\pi R/2$——空调机组 G-1.5DF 对应的支管的弯管中心弧的长度；
R——该弯管中心弧的半径；
2.01——空调机组 G-1.5DF 对应的该管段的长度；
0.15——空调机组 G-1.5DF 对应的该支管的蝶阀 320×200 的长度；
$\pi R/2$——空调机组 G-1.5DF 对应的支管的弯管中心弧的长度；
R——该弯管中心弧的半径；

2.08——空调机组 G-1.5DF 对应的该管段的长度；

0.15——空调机组 G-1.5DF 对应的该支管的蝶阀 320×200 的长度；

2——有 2 根这样的支管，故乘以 2；

19.15——该工程中 320×200 矩形风管的总长度。

(17) 320×160 风管制作安装。

$$
\begin{aligned}
S &= 2\times(A+B)\times L \\
&= 2\times(0.32+0.16)\times[(\pi R/2+4.94-0.15)+6.59]\,\mathrm{m}^2 \\
&= 2\times(0.32+0.16)\times[3.14\times0.525/2+4.94-0.15+6.59]\,\mathrm{m}^2 \\
&= 2\times0.48\times12.20\,\mathrm{m}^2 = 11.72\,\mathrm{m}^2
\end{aligned}
$$

【注释】 0.32——320×160 矩形风管的宽度；

0.16——320×160 矩形风管的宽度；

2×(0.32+0.16)——320×160 矩形风管单位长度的周长；

$\pi R/2$——空调机组 G-1.5DF 对应的支管的弯管中心弧的长度；

R——该弯管中心弧的半径；

4.94——空调机组 G-1.5DF 对应的该管段的长度；

6.59——空调机组 G-1.5DF 对应的该管段的长度；

12.20——该工程中 320×160 矩形风管的总长度。

(18) 250×160 风管制作安装。

$$S=2\times(A+B)\times L=2\times(0.25+0.16)\times7.23\,\mathrm{m}^2=2\times0.41\times7.23\,\mathrm{m}^2=5.93\,\mathrm{m}^2$$

【注释】 0.25——250×160 矩形风管的宽度；

0.16——250×160 矩形风管的宽度；

2×(0.25+0.16)——250×160 矩形风管单位长度的周长；

7.23——新风机组②G-1.5DF 对应的该管段的长度。

(19) 250×120 风管制作安装。

$$S=2\times(A+B)\times L=2\times(0.25+0.12)\times4.82\,\mathrm{m}^2=2\times0.37\times4.82\,\mathrm{m}^2=3.57\,\mathrm{m}^2$$

【注释】 0.25——250×120 矩形风管的宽度；

0.12——250×120 矩形风管的宽度；

2×(0.25+0.12)——250×120 矩形风管单位长度的周长；

4.82——新风机组②G-1.5DF 对应的该管段的长度。

(20) 200×120 风管制作安装。

$$S=2\times(A+B)\times L=2\times(0.20+0.12)\times7.30\,\mathrm{m}^2=2\times0.32\times7.30\,\mathrm{m}^2=4.67\,\mathrm{m}^2$$

【注释】 0.20——200×120 矩形风管的宽度；

0.12m——200×120 矩形风管的宽度；

2×(0.20+0.12)——200×120 矩形风管单位长度的周长；

7.30——新风机组②G-1.5DF 对应的该管段的长度。

(21) 160×160 风管制作安装。

$$
\begin{aligned}
S &= 2\times(A+B)\times L \\
&= 2\times(0.16+0.16)\times(\pi R/2+3.17-0.15)\,\mathrm{m}^2 \\
&= 2\times(0.16+0.16)\times(3.14\times0.21/2+3.17-0.15)\,\mathrm{m}^2 \\
&= 2\times0.32\times3.35\,\mathrm{m}^2 = 2.14\,\mathrm{m}^2
\end{aligned}
$$

【注释】 0.16——160×160 矩形风管的宽度；
0.16——160×160 矩形风管的宽度；
2×(0.16+0.16)——160×160 矩形风管单位长度的周长；
$\pi R/2$——新风机组①G-1.5DF 对应的支管的弯管中心弧的长度；
R——该弯管中心弧的半径；
3.17——新风机组①G-1.5DF 对应的该管段的长度；
0.15——新风机组①G-1.5DF 对应的蝶阀 160×160 的长度；
3.35——该工程中 160×160 矩形风管的总长度。

(22)120×120 风管制作安装。

$S=2\times(A+B)\times L$

$=2\times(0.12+0.12)\times\{\pi R/2+3.13-0.15+\pi R/2+0.40+\pi R/2+1.755+\pi R/2+3.15-0.15+\pi R/2+3.11-0.15+\pi R/2+1.74-0.15+\pi R/2+6.75-0.15+\pi R/2+1.895+\pi R/2+1.94+\pi R/2+1.74-0.15+[(\pi R/2)\times2+0.97-0.15+\pi R/2+2.70]\times2+(\pi R/2+3.29-0.15)\times3+\pi R/2+3.31-0.15+\pi R/2+3.28-0.15+\pi R/2+3.34-0.15+\pi R/2+3.33-0.15+(\pi R/2+3.38-0.15)\times2+(\pi R/2+3.37-0.15)\times2\}m^2$

$=2\times(0.12+0.12)\times\{3.14\times0.17/2+3.13-0.15+3.14\times0.17/2+0.4+3.14\times0.17/2+1.755+3.14\times0.17/2+3.15-0.15+3.14\times0.17/2+3.11-0.15+3.14\times0.17/2+1.74-0.15+3.14\times0.17/2+6.75-0.15+3.14\times0.17/2+1.895+3.14\times0.17/2+1.94+3.14\times0.17/2+1.74-0.15+[(3.14\times0.17/2)\times2+0.97-0.15+3.14\times0.17/2+2.7]\times2+(3.14\times0.17/2+3.29-0.15)\times3+3.14\times0.17/2+3.31-0.15+3.14\times0.17/2+3.28-0.15+3.14\times0.17/2+3.34-0.15+3.14\times0.17/2+3.33-0.15+(3.14\times0.17/2+3.38-0.15)\times2+(3.14\times0.17/2+3.37-0.15)\times2\}m^2$

$=2\times0.24\times73.94m^2=35.49m^2$

【注释】 0.12——120×120 矩形风管的宽度；
0.12——120×120 矩形风管的宽度；
2×(0.12+0.12)——120×120 矩形风管单位长度的周长；
$\pi R/2$——新风机组①G-1.5DF 对应的支管的弯管中心弧的长度；
R——该弯管中心弧的半径；
3.13——新风机组①G-1.5DF 对应的该管段的长度；
0.15——新风机组①G-1.5DF 对应的蝶阀 120×120 的长度；
$\pi R/2$——新风机组①G-1.5DF 对应的支管的弯管中心弧的长度；
R——该弯管中心弧的半径；
0.40——新风机组①G-1.5DF 对应的该管段的长度；
$\pi R/2$——新风机组①G-1.5DF 对应的支管的弯管中心弧的长度；
R——该弯管中心弧的半径；
1.755——新风机组①G-1.5DF 对应的该管段的长度；
$\pi R/2$——新风机组①G-1.5DF 对应的支管的弯管中心弧的长度；
R——该弯管中心弧的半径；
3.15——新风机组①G-1.5DF 对应的该管段的长度；

0.15——新风机组①G-1.5DF 对应的蝶阀 120×120 的长度；
$\pi R/2$——新风机组①G-1.5DF 对应的支管的弯管中心弧的长度；
R——该弯管中心弧的半径；
3.11——新风机组①G-1.5DF 对应的该管段的长度；
0.15——新风机组①G-1.5DF 对应的蝶阀 120×120 的长度；
$\pi R/2$——新风机组①G-1.5DF 对应的支管的弯管中心弧的长度；
R——该弯管中心弧的半径；
1.74——新风机组①G-1.5DF 对应的该管段的长度；
0.15——新风机组①G-1.5DF 对应的蝶阀 120×120 的长度；
$\pi R/2$——新风机组①G-1.5DF 对应的支管的弯管中心弧的长度；
R——该弯管中心弧的半径；
6.75——新风机组①G-1.5DF 对应的该管段的长度；
0.15——新风机组①G-1.5DF 对应的蝶阀 120×120 的长度；
$\pi R/2$——新风机组①G-1.5DF 对应的支管的弯管中心弧的长度；
R——该弯管中心弧的半径；
1.895——新风机组①G-1.5DF 对应的该管段的长度；
$\pi R/2$——新风机组①G-1.5DF 对应的支管的弯管中心弧的长度；
R——该弯管中心弧的半径；
1.94——新风机组①G-1.5DF 对应的该管段的长度；
$\pi R/2$——新风机组①G-1.5DF 对应的支管的弯管中心弧的长度；
R——该弯管中心弧的半径；
1.74——新风机组①G-1.5DF 对应的该管段的长度；
0.15——新风机组①G-1.5DF 对应的蝶阀 120×120 的长度；
$\pi R/2$——新风机组②G-1.5DF 对应的支管的弯管中心弧的长度；
R——该弯管中心弧的半径；
2——有 2 根这样的弯管，故乘以 2；
0.97——新风机组②G-1.5DF 对应的该管段的长度；
0.15——新风机组②G-1.5DF 对应的蝶阀 120×120 的长度；
$\pi R/2$——新风机组②G-1.5DF 对应的支管的弯管中心弧的长度；
R——该弯管中心弧的半径；
2.70——新风机组②G-1.5DF 对应的该管段的长度；
2——新风机组②G-1.5DF 对应的有 2 根这样的支管的长度，故乘以 2；
$\pi R/2$——新风机组②G-1.5DF 对应的支管的弯管中心弧的长度；
R——该弯管中心弧的半径；
3.29——新风机组②G-1.5DF 对应的该管段的长度；
0.15——新风机组②G-1.5DF 对应的蝶阀 120×120 的长度；
3——新风机组②G-1.5DF 对应的有 3 根这样的支管的长度，故乘以 3；
$\pi R/2$——新风机组②G-1.5DF 对应的支管的弯管中心弧的长度；
R——该弯管中心弧的半径；
3.31——新风机组②G-1.5DF 对应的该管段的长度；

0.15——新风机组②G-1.5DF 对应的蝶阀 120×120 的长度；
πR/2——新风机组②G-1.5DF 对应的支管的弯管中心弧的长度；
R——该弯管中心弧的半径；
3.28——新风机组②G-1.5DF 对应的该管段的长度；
0.15——新风机组②G-1.5DF 对应的蝶阀 120×120 的长度；
πR/2——新风机组②G-1.5DF 对应的支管的弯管中心弧的长度；
R——该弯管中心弧的半径；
3.34——新风机组②G-1.5DF 对应的该管段的长度；
0.15——新风机组②G-1.5DF 对应的蝶阀 120×120 的长度；
πR/2——新风机组②G-1.5DF 对应的支管的弯管中心弧的长度；
R——该弯管中心弧的半径；
3.33——新风机组②G-1.5DF 对应的该管段的长度；
0.15m——新风机组②G-1.5DF 对应的蝶阀 120×120 的长度；
πR/2——新风机组②G-1.5DF 对应的支管的弯管中心弧的长度；
R——该弯管中心弧的半径；
3.38——新风机组②G-1.5DF 对应的该管段的长度；
0.15——新风机组②G-1.5DF 对应的蝶阀 120×120 的长度；
2——新风机组②G-1.5DF 对应的有 2 根这样的支管的长度,故乘以 2；
πR/2——新风机组②G-1.5DF 对应的支管的弯管中心弧的长度；
R——该弯管中心弧的半径；
3.37——新风机组②G-1.5DF 对应的该管段的长度；
0.15——新风机组②G-1.5DF 对应的蝶阀 120×120 的长度；
2——新风机组②G-1.5DF 对应的有 2 根这样的支管的长度,故乘以 2；
73.94——该工程中 120×120 矩形风管的总长度。

2.碳钢调节阀制作安装

(1)手动对开多叶调节阀 1 600×320 的制作安装工程量:3 个。
(2)手动对开多叶调节阀 1 250×320 的制作安装工程量:2 个。
(3)手动对开多叶调节阀 1 000×320 的制作安装工程量:3 个。
(4)手动对开多叶调节阀 630×320 的制作安装工程量:2 个。
(5)手动对开多叶调节阀 630×250 的制作安装工程量:1 个。
(6)手动对开多叶调节阀 630×200 的制作安装工程量:1 个。
(7)手动对开多叶调节阀 400×160 的制作安装工程量:1 个。
(8)钢制蝶阀 500×250 的制作安装工程量:2 个。
(9)钢制蝶阀 400×320 的制作安装工程量:2 个。
(10)钢制蝶阀 400×250 的制作安装工程量:20 个。
(11)钢制蝶阀 400×200 的制作安装工程量:2 个。
(12)钢制蝶阀 400×160 的制作安装工程量:2 个。
(13)钢制蝶阀 320×200 的制作安装工程量:8 个。
(14)钢制蝶阀 320×160 的制作安装工程量:1 个。
(15)钢制蝶阀 160×160 的制作安装工程量:1 个。

(16)钢制蝶阀 120×120 的制作安装工程量:19 个。

3. 散流器制作安装

方形散流器 300×300 的制作安装工程量:42 个。

4. 通风及空调设备制作安装

1)空调器制作安装

(1)空调机组 K-1 的制作安装工程量:2 台。

(2)空调机组 K-2 的制作安装工程量:1 台。

(3)空调机组 K-3 的制作安装工程量:1 台。

(4)新风处理机组的制作安装工程量:2 台。

2)风机盘管制作安装

(1)风机盘管 MCW1200AT 的制作安装工程量:5 台。

(2)风机盘管 MCW1000AT 的制作安装工程量:8 台。

(3)风机盘管 MCW600AT 的制作安装工程量:2 台。

(4)风机盘管 MCW500AT 的制作安装工程量:8 台。

(5)风机盘管 MCW400AT 的制作安装工程量:4 台。

(6)风机盘管 MCW300AT 的制作安装工程量:2 台。

(7)风机盘管 MCW200AT 的制作安装工程量:2 台。

清单工程量计算如表 8-1 所示。

表 8-1　清单工程量计算表

序号	项目编码	项目名称	项目特征描述	计算单位	工程量
1	030702001001	碳钢通风管道	1600×320	m^2	39.74
2	030702001002	碳钢通风管道	1250×320	m^2	26.72
3	030702001003	碳钢通风管道	1000×320	m^2	128.83
4	030702001004	碳钢通风管道	800×320	m^2	18.93
5	030702001005	碳钢通风管道	630×320	m^2	23.71
6	030702001006	碳钢通风管道	630×250	m^2	18.85
7	030702001007	碳钢通风管道	630×200	m^2	33.93
8	030702001008	碳钢通风管道	630×160	m^2	36.47
9	030702001009	碳钢通风管道	500×250	m^2	13.64
10	030702001010	碳钢通风管道	500×200	m^2	5.98
11	030702001011	碳钢通风管道	500×160	m^2	7.70
12	030702001012	碳钢通风管道	400×320	m^2	21.05
13	030702001013	碳钢通风管道	400×250	m^2	71.85
14	030702001014	碳钢通风管道	400×200	m^2	42.96
15	030702001015	碳钢通风管道	400×160	m^2	23.87
16	030702001016	碳钢通风管道	320×200	m^2	19.91
17	030702001017	碳钢通风管道	320×160	m^2	11.72
18	030702001018	碳钢通风管道	250×160	m^2	5.93
19	030702001019	碳钢通风管道	250×120	m^2	3.57
20	030702001020	碳钢通风管道	200×120	m^2	4.67

（续表）

序号	项目编码	项目名称	项目特征描述	计算单位	工程量
21	030702001021	碳钢通风管道	160×160	m^2	2.14
22	030702001022	碳钢通风管道	120×120	m^2	35.49
23	030703001001	碳钢阀门	手动对开多叶，1 600×320	个	3
24	030703001002	碳钢阀门	手动对开多叶，1 250×320	个	2
25	030703001003	碳钢阀门	手动对开多叶，1 000×320	个	3
26	030703001004	碳钢阀门	手动对开多叶，630×320	个	2
27	030703001005	碳钢阀门	手动对开多叶，630×250	个	1
28	030703001006	碳钢阀门	手动对开多叶，630×200	个	1
29	030703001007	碳钢阀门	手动对开多叶，400×160	个	1
30	030703001008	碳钢阀门	钢制蝶阀，500×250	个	2
31	030703001009	碳钢阀门	钢制蝶阀，400×320	个	2
32	030703001010	碳钢阀门	钢制蝶阀，400×250	个	20
33	030703001011	碳钢阀门	钢制蝶阀，400×200	个	2
34	030703001012	碳钢阀门	钢制蝶阀，400×160	个	2
35	030703001013	碳钢阀门	钢制蝶阀，320×200	个	8
36	030703001014	碳钢阀门	钢制蝶阀，320×160	个	1
37	030703001015	碳钢阀门	钢制蝶阀，160×160	个	1
38	030703001016	碳钢阀门	钢制蝶阀，120×120	个	19
39	030703007001	散流器	方形，300×300	个	42
40	030701003001	空调器	空调器 K-1	台	2
41	030701003002	空调器	空调器 K-2	台	1
42	030701003003	空调器	空调器 K-3	台	1
43	030701003004	空调器	新风处理机组	台	2
44	030701004001	风机盘管	MCW1200AT	台	5
45	030701004002	风机盘管	MCW1000AT	台	8
46	030701004003	风机盘管	MCW600AT	台	2
47	030701004004	风机盘管	MCW500AT	台	8
48	030701004005	风机盘管	MCW400AT	台	4
49	030701004006	风机盘管	MCW300AT	台	2
50	030701004007	风机盘管	MCW200AT	台	2

二、定额工程量

套用《全国统一安装工程预算定额》（GYD－209－2000、GYD－211－2000）。

在定额工程量计算过程中，风管制作安装部分相应定额工程量计算同清单工程量计算。

1. 风管保温层制作安装

$$V=2\times[(A+1.033\delta)+(B+1.033\delta)]\times1.033\delta\times L$$

【注释】 A——矩形风管的宽度；

B——矩形风管的宽度；

δ——矩形风管保温层的厚度；

L——矩形风管的总长度。

(1)1 600×320 风管保温层。

$V=2\times[(A+1.033\delta)+(B+1.033\delta)]\times1.033\delta\times L$

$=2\times[(1.60+1.033\times0.08)+(0.32+1.033\times0.08)]\times1.033\times0.08\times10.35\ m^3$

$=3.57m^3$

【注释】 1.60——1 600×320 矩形风管的宽度；

0.32——1 600×320 矩形风管的宽度；

0.08——1 600×320 矩形风管保温层的厚度；

10.35——该工程中 1 600×320 矩形风管的总长度。

(2)1 250×320 风管保温层。

$V=2\times[(A+1.033\delta)+(B+1.033\delta)]\times1.033\delta\times L$

$=2\times[(1.25+1.033\times0.08)+(0.32+1.033\times0.08)]\times1.033\times0.08\times8.51m^3$

$=2.44m^3$

【注释】 1.25——1250×320 矩形风管的宽度；

0.32——1 250×320 矩形风管的宽度；

0.08——1 250×320 矩形风管保温层的厚度；

8.51——该工程中 1250×320 矩形风管的总长度。

(3)1 000×320 风管保温层。

$V=2\times[(A+1.033\delta)+(B+1.033\delta)]\times1.033\delta\times L$

$=2\times[(1.00+1.033\times0.08)+(0.32+1.033\times0.08)]\times1.033\times0.08\times48.80m^3$

$=11.98m^3$

【注释】 1.00——1 000×320 矩形风管的宽度；

0.32——1 000×320 矩形风管的宽度；

0.08——1 000×320 矩形风管保温层的厚度；

48.80——该工程中 1 000×320 矩形风管的总长度。

(4)800×320 风管保温层。

$V=2\times[(A+1.033\delta)+(B+1.033\delta)]\times1.033\delta\times L$

$=2\times[0.80+1.033\times0.08)+(0.32+1.033\times0.08)]\times1.033\times0.08\times8.45\ m^3$

$=1.8m^3$

【注释】 0.80——800×320 矩形风管的宽度；

0.32——800×320 矩形风管的宽度；

0.08——800×320 矩形风管保温层的厚度；

8.45——该工程中 800×320 矩形风管的总长度。

(5)630×320 风管保温层。

$V=2\times[(A+1.033\delta)+(B+1.033\delta)]\times1.033\delta\times L$

$=2\times[(0.63+1.033\times0.08)+(0.32+1.033\times0.08)]\times1.033\times0.08\times12.48m^3$

$=2.3m^3$

【注释】 0.63——630×320 矩形风管的宽度；

0.32——630×320 矩形风管的宽度；

0.08——630×320 矩形风管保温层的厚度；

12.48——该工程中 630×320 矩形风管的总长度。

(6)630×250 风管保温层。

$V=2\times[(A+1.033\delta)+(B+1.033\delta)]\times1.033\delta\times L$

$=2\times[(0.63+1.033\times0.08)+(0.25+1.033\times0.08)]\times1.033\times0.08\times10.71m^3$

$=1.85m^3$

【注释】 0.63——630×250 矩形风管的宽度；

0.25——630×250 矩形风管的宽度；

0.08——630×250 矩形风管保温层的厚度；

10.71——该工程中 630×250 矩形风管的总长度。

(7)630×200 风管保温层。

$V=2\times[(A+1.033\delta)+(B+1.033\delta)]\times1.033\delta\times L$

$=2\times[(0.63+1.033\times0.08)+(0.20+1.033\times0.08)]\times1.033\times0.08\times20.44m^3$

$=3.36m^3$

【注释】 0.63——630×200 矩形风管的宽度；

0.20——630×200 矩形风管的宽度；

0.08——630×200 矩形风管保温层的厚度；

20.44——该工程中 630×200 矩形风管的总长度。

(8)630×160 风管保温层。

$V=2\times[(A+1.03\delta)+(B+1.033\delta)]\times1.033\delta\times L$

$=2\times[(0.63+1.033\times0.08)+(0.16+1.033\times0.08)]\times1.033\times0.08\times20.38m^3$

$=3.64m^3$

【注释】 0.63——630×160 矩形风管的宽度；

0.16——630×160 矩形风管的宽度；

0.08——630×160 矩形风管保温层的厚度；

20.38——该工程中 630×160 矩形风管的总长度。

(9)500×250 风管保温层。

$V=2\times[(A+1.033\delta)+(B+1.033\delta)]\times1.033\delta\times L$

$=2\times[(0.50+1.033\times0.08)+(0.25+1.033\times0.08)]\times1.033\times0.08\times9.09m^3$

$=1.38m^3$

【注释】 0.50——500×250 矩形风管的宽度；

0.25——500×250 矩形风管的宽度；

0.08——500×250 矩形风管保温层的厚度；

20.44——该工程中 500×250 矩形风管的总长度。

(10)500×200 风管保温层。

$V=2\times[(A+1.033\delta)+(B+1.033\delta)]\times1.033\delta\times L$

$=2\times[(0.50+1.033\times0.08)+(0.20+1.033\times0.08)]\times1.033\times0.08\times4.27m^3$

$=0.61m^3$

【注释】 0.50——500×200 矩形风管的宽度；

0.20——500×200 矩形风管的宽度；

0.08——500×200 矩形风管保温层的厚度；

4.27——该工程中 500×200 矩形风管的总长度。

(11)500×160 风管保温层。

$V=2\times[(A+1.033\delta)+(B+1.033\delta)]\times1.033\delta\times L$

$=2\times[(0.50+1.033\times0.08)+(0.16+1.033\times0.08)]\times1.033\times0.08\times5.83m^3$

$=0.80m^3$

【注释】 0.50——500×160 矩形风管的宽度；

0.16——500×160 矩形风管的宽度；

0.08——500×160 矩形风管保温层的厚度；

5.83——该工程中 500×160 矩形风管的总长度。

(12)400×320 风管保温层。

$V=2\times[(A+1.033\delta)+(B+1.033\delta)]\times1.033\delta\times L$

$=2\times[(0.40+1.033\times0.08)+(0.32+1.033\times0.08)]\times1.033\times0.08\times14.62m^3$

$=2.14m^3$

【注释】 0.40——400×320 矩形风管的宽度；

0.32——400×320 矩形风管的宽度；

0.08——400×320 矩形风管保温层的厚度；

14.62——该工程中 400×320 矩形风管的总长度。

(13)400×250 风管保温层。

$V=2\times[(A+1.033\delta)+(B+1.033\delta)]\times1.033\delta\times L$

$=2\times[(0.40+1.033\times0.08)+(0.25+1.033\times0.08)]\times1.033\times0.08\times55.27m^3$

$=7.45m^3$

【注释】 0.40——400×250 矩形风管的宽度；

0.25——400×250 矩形风管的宽度；

0.08——400×250 矩形风管保温层的厚度；

55.27——该工程中 400×250 矩形风管的总长度。

(14)400×200 风管保温层。

$V=2\times[(A+1.033\delta)+(B+1.033\delta)]\times1.033\delta\times L$

$=2\times[(0.40+1.033\times0.08)+(0.20+1.033\times0.08)]\times1.033\times0.08\times35.80m^3$

$=4.53m^3$

【注释】 0.40——400×200 矩形风管的宽度；

0.20——400×200 矩形风管的宽度；

0.08——400×200 矩形风管保温层的厚度；

35.80——该工程中 400×200 矩形风管的总长度。

(15)400×160 风管保温层。

$V=2\times[(A+1.033\delta)+(B+1.033\delta)]\times1.033\delta\times L$

$=2\times[(0.40+1.033\times0.08)+(0.16+1.033\times0.08)]\times1.033\times0.08\times21.31m^3$

$=2.55m^3$

【注释】 0.40——400×160 矩形风管的宽度；

0.16——400×160 矩形风管的宽度；

0.08——400×160 矩形风管保温层的厚度；

21.31——该工程中 400×160 矩形风管的总长度。

(16)320×200 风管保温层。

$V=2\times[(A+1.033\delta)+(B+1.033\delta)]\times1.033\delta\times L$

$=2\times[(0.32+1.033\times0.08)+(0.20+1.033\times0.08)]\times1.033\times0.08\times19.15\text{m}^3$

$=2.37\text{m}^3$

【注释】 0.32——320×200 矩形风管的宽度；

0.20——320×200 矩形风管的宽度；

0.08——320×200 矩形风管保温层的厚度；

19.15——该工程中 320×200 矩形风管的总长度。

(17)320×160 风管保温层。

$V=2\times[(A+1.033\delta)+(B+1.033\delta)]\times1.033\delta\times L$

$=2\times[(0.32+1.033\times0.08)+(0.16+1.033\times0.08)]\times1.033\times0.08\times12.20\text{m}^3$

$=1.3\text{m}^3$

【注释】 0.32——320×160 矩形风管的宽度；

0.16——320×160 矩形风管的宽度；

0.08——320×160 矩形风管保温层的厚度；

12.20——该工程中 320×160 矩形风管的总长度。

(18)250×160 风管保温层。

$V=2\times[(A+1.033\delta)+(B+1.033\delta)]\times1.033\delta\times L$

$=2\times[(0.25+1.033\times0.08)+(0.16+1.033\times0.08)]\times1.033\times0.08\times7.23\text{m}^3$

$=0.69\text{m}^3$

【注释】 0.25——250×160 矩形风管的宽度；

0.16——250×160 矩形风管的宽度；

0.08——250×160 矩形风管保温层的厚度；

7.23——该工程中 250×160 矩形风管的总长度。

(19)250×120 风管保温层。

$V=2\times[(A+1.033\delta)+(B+1.033\delta)]\times1.033\delta\times L$

$=2\times[(0.25+1.033\times0.08)+(0.12+1.033\times0.08)]\times1.033\times0.08\times4.82\text{m}^3$

$=0.43\text{m}^3$

【注释】 0.25——25×120 矩形风管的宽度；

0.12——250×120 矩形风管的宽度；

0.08——250×120 矩形风管保温层的厚度；

4.82——该工程中 250×120 矩形风管的总长度。

(20)200×120 风管保温层。

$V=2\times[(A+1.033\delta)+(B+1.033\delta)]\times1.033\delta\times L$

$=2\times[(0.20+1.033\times0.08)+(0.12+1.033\times0.08)]\times1.033\times0.08\times7.30\text{m}^3$

$=0.59\text{m}^3$

【注释】 0.20——200×120 矩形风管的宽度；

0.12——200×120 矩形风管的宽度；

0.08——200×120 矩形风管保温层的厚度；

7.30——该工程中 200×120 矩形风管的总长度。

(21) 160×160 风管保温层。

$V=2\times[(A+1.033\delta)+(B+1.033\delta)]\times1.033\delta\times L$

$=2\times[(0.16+1.033\times0.08)+(0.16+1.033\times0.08)]\times1.033\times0.08\times3.35\text{m}^3$

$=0.27\text{m}^3$

【注释】 0.16——160×160 矩形风管的宽度；
0.16——160×160 矩形风管的宽度；
0.08——160×160 矩形风管保温层的厚度；
3.35——该工程中 160×160 矩形风管的总长度。

(22) 120×120 风管保温层。

$V=2\times[(A+1.033\delta)+(B+1.033\delta)]\times1.033\delta\times L$

$=2\times[(0.12+1.033\times0.08)+(0.12+1.033\times0.08)]\times1.033\times0.08\times73.94\text{m}^3$

$=4.95\text{m}^3$

【注释】 0.12——120×120 矩形风管的宽度；
0.12——120×120 矩形风管的宽度；
0.08——120×120 矩形风管保温层的厚度；
73.94——该工程中 120×120 矩形风管的总长度。

2. 风管防潮层制作安装

风管防潮层：$S=2\times[(A+2.1\delta+0.0082)+(B+2.1\delta+0.0082)]\times L$

【注释】 A——矩形风管的宽度；
B——矩形风管的宽度；
δ——矩形风管保温层的厚度；
L——矩形风管的总长度。

(1) 1600×320 风管防潮层。

$S=2\times[(A+2.1\delta+0.0082)+(B+2.1\delta+0.0082)]\times L$

$=2\times[(1.60+2.1\times0.08+0.0082)+(0.32+2.1\times0.08+0.0082)]\times10.35\text{m}^2$

$=47.04\text{m}^2$

【注释】 1.60——1 600×320 矩形风管的宽度；
0.32——1 600×320 矩形风管的宽度；
0.08——1 600×320 矩形风管保温层的厚度；
10.35——1 600×320 矩形风管的总长度。

(2) 1 250×320 风管防潮层。

$S=2\times[(A+2.1\delta+0.0082)+(B+2.1\delta+0.0082)]\times L$

$=2\times[(1.25+2.1\times0.08+0.0082)+(0.32+2.1\times0.08+0.0082)]\times8.51\text{m}^2$

$=32.72\text{m}^2$

【注释】 1.25——1 250×320 矩形风管的宽度；
0.32——1 250×320 矩形风管的宽度；
0.08——1 250×320 矩形风管保温层的厚度；
8.51——1 250×320 矩形风管的总长度。

(3) 1 000×320 风管防潮层。

$S=2\times[(A+2.1\delta+0.0082)+(B+2.1\delta+0.0082)]\times L$

$=2\times[(1.00+2.1\times0.08+0.0082)+(0.32+2.1\times0.08+0.0082)]\times48.80\text{m}^2$

$=163.23\text{m}^2$

【注释】 1.00——1 000×320 矩形风管的宽度；

0.32——1 000×320 矩形风管的宽度；

0.08——1 000×320 矩形风管保温层的厚度；

48.80——1 000×320 矩形风管的总长度。

(4)800×320 风管防潮层。

$S=2\times[(A+2.1\delta+0.0082)+(B+2.1\delta+0.0082)]\times L$

$=2\times[(0.80+2.1\times0.08+0.0082)+(0.32+2.1\times0.08+0.0082)]\times8.45\text{m}^2$

$=24.88\text{m}^2$

【注释】 0.80——800×320 矩形风管的宽度；

0.32——800×320 矩形风管的宽度；

0.08——800×320 矩形风管保温层的厚度；

8.45——800×320 矩形风管的总长度。

(5)630×320 风管防潮层。

$S=2\times[(A+2.1\delta+0.0082)+(B+2.1\delta+0.0082)]\times L$

$=2\times[(0.63+2.1\times0.08+0.0082)+(0.32+2.1\times0.08+0.0082)]\times12.48\text{m}^2$

$=32.51\text{m}^2$

【注释】 0.63——630×320 矩形风管的宽度；

0.32——630×320 矩形风管的宽度；

0.08——630×320 矩形风管保温层的厚度；

12.48——630×320 矩形风管的总长度。

(6)630×250 风管防潮层。

$S=2\times[(A+2.1\delta+0.0082)+(B+2.1\delta+0.0082)]\times L$

$=2\times[(0.63+2.1\times0.08+0.0082)+(0.25+2.1\times0.08+0.0082)]\times10.71\text{m}^2$

$=26.40\text{m}^2$

【注释】 0.63——630×250 矩形风管的宽度；

0.25——630×250 矩形风管的宽度；

0.08——630×250 矩形风管保温层的厚度；

10.71——630×250 矩形风管的总长度。

(7)630×200 风管防潮层。

$S=2\times[(A+2.1\delta+0.0082)+(B+2.1\delta+0.0082)]\times L$

$=2\times[(0.63+2.1\times0.08+0.0082)+(0.20+2.1\times0.08+0.0082)]\times20.44\text{m}^2$

$=48.34\text{m}^2$

【注释】 0.63——630×200 矩形风管的宽度；

0.20——630×200 矩形风管的宽度；

0.08——630×200 矩形风管保温层的厚度；

20.44——630×200 矩形风管的总长度。

(8)630×160 风管防潮层。

$S=2\times[(A+2.1\delta+0.0082)+(B+2.1\delta+0.0082)]\times L$

$=2\times[(0.63+2.1\times0.08+0.0082)+(0.16+2.1\times0.08+0.0082)]\times23.08m^2$

$=52.73m^2$

【注释】 0.63——630×160 矩形风管的宽度；

0.16——630×160 矩形风管的宽度；

0.08——630×160 矩形风管保温层的厚度；

23.08——630×160 矩形风管的总长度。

(9)500×250 风管防潮层。

$S=2\times[(A+2.1\delta+0.0082)+(B+2.1\delta+0.0082)]\times L$

$=2\times[(0.50+2.1\times0.08+0.0082)+(0.25+2.1\times0.08+0.0082)]\times9.09m^2$

$=20.04m^2$

【注释】 0.50——500×250 矩形风管的宽度；

0.25——500×250 矩形风管的宽度；

0.08——500×250 矩形风管保温层的厚度；

9.09——500×250 矩形风管的总长度。

(10)500×200 风管防潮层。

$S=2\times[(A+2.1\delta+0.0082)+(B+2.1\delta+0.0082)]\times L$

$=2\times[(0.50+2.1\times0.08+0.0082)+(0.20+2.1\times0.08+0.0082)]\times4.27m^2$

$=8.99m^2$

【注释】 0.50——500×200 矩形风管的宽度；

0.20——500×200 矩形风管的宽度；

0.08——500×200 矩形风管保温层的厚度；

4.27——500×200 矩形风管的总长度。

(11)500×160 风管防潮层。

$S=2\times[(A+2.1\delta+0.0082)+(B+2.1\delta+0.0082)]\times L$

$=2\times[(0.50+2.1\times0.08+0.0082)+(0.16+2.1\times0.08+0.0082)]\times5.83m^2$

$=11.80m^2$

【注释】 0.50——500×160 矩形风管宽度；

0.16——500×160 矩形风管宽度；

0.08——500×160 矩形风管保温层的厚度；

5.83——500×160 矩形风管总长度。

(12)400×320 风管防潮层。

$S=2\times[(A+2.1\delta+0.0082)+(B+2.1\delta+0.0082)]\times L$

$=2\times[(0.40+2.1\times0.08+0.0082)+(0.32+2.1\times0.08+0.0082)]\times14.62m^2$

$=31.36m^2$

【注释】 0.40——400×320 矩形风管的宽度；

0.32——400×320 矩形风管的宽度；

0.08——400×320 矩形风管保温层的厚度；

14.62——400×320 矩形风管的总长度。

(13)400×250 风管防潮层。

$S=2\times[(A+2.1\delta+0.0082)+(B+2.1\delta+0.0082)]\times L$

$=2\times[(0.40+2.1\times0.08+0.0082)+(0.25+2.1\times0.08+0.0082)]\times55.27\text{m}^2$
$=110.81\text{m}^2$

【注释】 0.40——400×250 矩形风管的宽度；
0.25——400×250 矩形风管的宽度；
0.08——400×250 矩形风管保温层的厚度；
55.27——400×250 矩形风管的总长度。

(14)400×200 风管防潮层。

$S=2\times[(A+2.1\delta+0.0082)+(B+2.1\delta+0.0082)]\times L$
$=2\times[(0.40+2.1\times0.08+0.0082)+(0.20+2.1\times0.08+0.0082)]\times35.80\text{m}^2$
$=68.19\text{m}^2$

【注释】 0.40——400×200 矩形风管的宽度；
0.20——400×200 矩形风管的宽度；
0.08——400×200 矩形风管保温层的厚度；
35.80——400×200 矩形风管的总长度。

(15)400×160 风管防潮层。

$S=2\times[(A+2.1\delta+0.0082)+(B+2.1\delta+0.0082)]\times L$
$=2\times[(0.40+2.1\times0.08+0.0082)+(0.16+2.1\times0.08+0.0082)]\times21.31\text{m}^2$
$=38.89\text{m}^2$

【注释】 0.40——400×160 矩形风管的宽度；
0.16——400×160 矩形风管的宽度；
0.08——400×160 矩形风管保温层的厚度；
21.31——400×160 矩形风管的总长度。

(16)320×200 风管防潮层。

$S=2\times[(A+2.1\delta+0.0082)+(B+2.1\delta+0.0082)]\times L$
$=2\times[(0.32+2.1\times0.08+0.0082)+(0.20+2.1\times0.08+0.0082)]\times19.15\text{m}^2$
$=33.41\text{m}^2$

【注释】 0.32——320×200 矩形风管的宽度；
0.20——320×200 矩形风管的宽度；
0.08——320×200 矩形风管保温层的厚度；
19.15——320×200 矩形风管的总长度。

(17)320×160 风管防潮层。

$S=2\times[(A+2.1\delta+0.0082)+(B+2.1\delta+0.0082)]\times L$
$=2\times[(0.32+2.1\times0.08+0.0082)+(0.16+2.1\times0.08+0.0082)]\times12.20\text{m}^2$
$=20.31\text{m}^2$

【注释】 0.32——320×160 矩形风管的宽度；
0.16——320×160 矩形风管的宽度；
0.08——320×160 矩形风管保温层的厚度；
12.20——320×160 矩形风管的总长度。

(18)250×160 风管防潮层。

$S=2\times[(A+2.1\delta+0.0082)+(B+2.1\delta+0.0082)]\times L$

$=2\times[(0.25+2.1\times0.08+0.0082)+(0.16+2.1\times0.08+0.0082)]\times7.23m^2$

$=11.02m^2$

【注释】 0.25——250×160 矩形风管的宽度；

0.16——250×160 矩形风管的宽度；

0.08——250×160 矩形风管保温层的厚度；

7.23——250×160 矩形风管的总长度。

(19)250×120 风管防潮层。

$S=2\times[(A+2.1\delta+0.0082)+(B+2.1\delta+0.0082)]\times L$

$=2\times[(0.25+2.1\times0.08+0.0082)+(0.12+2.1\times0.08+0.0082)]\times4.82m^2$

$=6.96m^2$

【注释】 0.25——250×120 矩形风管的宽度；

0.12——250×120 矩形风管的宽度；

0.08——250×120 矩形风管保温层的厚度；

4.82——250×120 矩形风管的总长度。

(20)200×120 风管防潮层。

$S=2\times[(A+2.1\delta+0.0082)+(B+2.1\delta+0.0082)]\times L$

$=2\times[(0.20+2.1\times0.08+0.0082)+(0.12+2.1\times0.08+0.0082)]\times7.30m^2$

$=9.82m^2$

【注释】 0.20——200×120 矩形风管的宽度；

0.12——200×120 矩形风管的宽度；

0.08——200×120 矩形风管保温层的厚度；

7.30——200×120 矩形风管的总长度。

(21)160×160 风管防潮层。

$S=2\times[(A+2.1\delta+0.0082)+(B+2.1\delta+0.0082)]\times L$

$=2\times[(0.16+2.1\times0.08+0.0082)+(0.16+2.1\times0.08+0.0082)]\times3.35m^2$

$=4.51m^2$

【注释】 0.16——160×160 矩形风管的宽度；

0.16——160×160 矩形风管的宽度；

0.08——160×160 矩形风管保温层的厚度；

3.35——160×160 矩形风管的总长度。

(22)120×120 风管防潮层。

$S=2\times[(A+2.1\delta+0.0082)+(B+2.1\delta+0.0082)]\times L$

$=2\times[(0.12+2.1\times0.08+0.0082)+(0.12+2.1\times0.08+0.0082)]\times73.94m^2$

$=87.60m^2$

【注释】 0.12——120×120 矩形风管的宽度；

0.12——120×120 矩形风管的宽度；

0.08——120×120 矩形风管保温层的厚度；

73.94——120×120 矩形风管的总长度。

3. 风管保护层制作安装

$S=2\times[(A+2.1\delta+0.0082)+(B+2.1\delta+0.0082)]\times L\times2$

【注释】 A——矩形风管的宽度；

B——矩形风管的宽度；

δ——矩形风管保温层的厚度；

L——矩形风管的总长度。

(1)1 600×320 风管保护层。

$S=2\times[(A+2.1\delta+0.0082)+(B+2.1\delta+0.0082)]\times L\times 2$

$=2\times[(1.60+2.1\times0.08+0.0082)+(0.32+2.1\times0.08+0.0082)]\times10.35\times2\text{m}^2$

$=94.08\text{m}^2$

(2)1 250×320 风管保护层。

$S=2\times[(A+2.1\delta+0.0082)+(B+2.1\delta+0.0082)]\times L\times 2$

$=2\times[(1.25+2.1\times0.08+0.0082)+(0.32+2.1\times0.08+0.0082)]\times8.51\times2\text{m}^2$

$=65.44\text{m}^2$

(3)1 000×320 风管保护层。

$S=2\times[(A+2.1\delta+0.0082)+(B+2.1\delta+0.0082)]\times L\times 2$

$=2\times[(1.00+2.1\times0.08+0.0082)+(0.32+2.1\times0.08+0.0082)]\times48.80\times2\text{m}^2$

$=326.45\text{m}^2$

(4)800×320 风管保护层。

$S=2\times[(A+2.1\delta+0.0082)+(B+2.1\delta+0.0082)]\times L\times 2$

$=2\times[(0.80+2.1\times0.08+0.0082)+(0.32+2.1\times0.08+0.0082)]\times8.45\times2\text{m}^2$

$=49.77\text{m}^2$

(5)630×320 风管保护层。

$S=2\times[(A+2.1\delta+0.0082)+(B+2.1\delta+0.0082)]\times L\times 2$

$=2\times[(0.63+2.1\times0.08+0.0082)+(0.32+2.1\times0.08+0.0082)]\times12.48\times2\text{m}^2$

$=65.02\text{m}^2$

(6)630×250 风管保护层。

$S=2\times[(A+2.1\delta+0.0082)+(B+2.1\delta+0.0082)]\times L\times 2$

$=2\times[(0.63+2.1\times0.08+0.0082)+(0.25+2.1\times0.08+0.0082)]\times10.71\times2\text{m}^2$

$=52.8\text{m}^2$

(7)630×200 风管保护层。

$S=2\times[(A+2.1\delta+0.0082)+(B+2.1\delta+0.0082)]\times L\times 2$

$=2\times[(0.63+2.1\times0.08+0.0082)+(0.20+2.1\times0.08+0.0082)]\times20.44\times2\text{m}^2$

$=96.67\text{m}^2$

(8)630×160 风管保护层。

$S=2\times[(A+2.1\delta+0.0082)+(B+2.1\delta+0.0082)]\times L\times 2$

$=2\times[(0.63+2.1\times0.08+0.0082)+(0.16+2.1\times0.08+0.0082)]\times23.08\times2\text{m}^2$

$=105.47\text{m}^2$

(9)500×250 风管保护层。

$S=2\times[(A+2.1\delta+0.0082)+(B+2.1\delta+0.0082)]\times L\times 2$

$=2\times[(0.50+2.1\times0.08+0.0082)+(0.25+2.1\times0.08+0.0082)]\times9.09\times2\text{m}^2$

$=40.08\text{m}^2$

(10)500×200 风管保护层。

$S=2\times[(A+2.1\delta+0.008\ 2)+(B+2.1\delta+0.008\ 2)]\times L\times 2$

$=2\times[(0.50+2.1\times 0.08+0.008\ 2)+(0.20+2.1\times 0.08+0.008\ 2)]\times 4.27\times 2\mathrm{m}^2$

$=17.97\mathrm{m}^2$

(11)500×160 风管保护层。

$S=2\times[(A+2.1\delta+0.008\ 2)+(B+2.1\delta+0.008\ 2)]\times L\times 2$

$=2\times[(0.50+2.1\times 0.08+0.008\ 2)+(0.16+2.1\times 0.08+0.008\ 2)]\times 5.83\times 2\mathrm{m}^2$

$=23.61\mathrm{m}^2$

(12)400×320 风管保护层。

$S=2\times[(A+2.1\delta+0.008\ 2)+(B+2.1\delta+0.008\ 2)]\times L\times 2$

$=2\times[(0.40+2.1\times 0.08+0.008\ 2)+(0.32+2.1\times 0.08+0.008\ 2)]\times 14.62\times 2\mathrm{m}^2$

$=62.71\mathrm{m}^2$

(13)400×250 风管保护层。

$S=2\times[(A+2.1\delta+0.008\ 2)+(B+2.1\delta+0.008\ 2)]\times L\times 2$

$=2\times[(0.40+2.1\times 0.08+0.008\ 2)+(0.25+2.1\times 0.08+0.008\ 2)]\times 55.27\times 2\mathrm{m}^2$

$=221.61\mathrm{m}^2$

(14)400×200 风管保护层。

$S=2\times[(A+2.1\delta+0.008\ 2)+(B+2.1\delta+0.008\ 2)]\times L\times 2$

$=2\times[(0.4+2.1\times 0.08+0.008\ 2)+(0.2+2.1\times 0.08+0.008\ 2)]\times 35.8\times 2\mathrm{m}^2$

$=136.38\mathrm{m}^2$

(15)400×160 风管保护层。

$S=2\times[(A+2.1\delta+0.008\ 2)+(B+2.1\delta+0.008\ 2)]\times L\times 2$

$=2\times[(0.40+2.1\times 0.08+0.008\ 2)+(0.16+2.1\times 0.08+0.008\ 2)]\times 21.31\times 2\mathrm{m}^2$

$=77.77\mathrm{m}^2$

(16)320×200 风管保护层。

$S=2\times[(A+2.1\delta+0.008\ 2)+(B+2.1\delta+0.008\ 2)]\times L\times 2$

$=2\times[(0.32+2.1\times 0.08+0.008\ 2)+(0.20+2.1\times 0.08+0.008\ 2)]\times 19.15\times 2\mathrm{m}^2$

$=66.83\mathrm{m}^2$

(17)320×160 风管保护层。

$S=2\times[(A+2.1\delta+0.008\ 2)+(B+2.1\delta+0.008\ 2)]\times L\times 2$

$=2\times[(0.32+2.1\times 0.08+0.008\ 2)+(0.16+2.1\times 0.08+0.008\ 2)]\times 12.20\times 2\mathrm{m}^2$

$=40.62\mathrm{m}^2$

(18)250×160 风管保护层。

$S=2\times[(A+2.1\delta+0.008\ 2)+(B+2.1\delta+0.008\ 2)]\times L\times 2$

$=2\times[(0.25+2.1\times 0.08+0.008\ 2)+(0.16+2.1\times 0.08+0.008\ 2)]\times 7.23\times 2\mathrm{m}^2$

$=22.05\mathrm{m}^2$

(19)250×120 风管保护层。

$S=2\times[(A+2.1\delta+0.008\ 2)+(B+2.1\delta+0.008\ 2)]\times L\times 2$

$=2\times[(0.25+2.1\times 0.08+0.008\ 2)+(0.12+2.1\times 0.08+0.008\ 2)]\times 4.82\times 2\mathrm{m}^2$

$=13.93\mathrm{m}^2$

(20)200×120 风管保护层。

$S=2\times[(A+2.1\delta+0.0082)+(B+2.1\delta+0.0082)]\times L\times2$

$=2\times[(0.20+2.1\times0.08+0.0082)+(0.12+2.1\times0.08+0.0082)]\times7.30\times2\text{m}^2$

$=19.63\text{m}^2$

(21)160×160 风管保护层。

$S=2\times[(A+2.1\delta+0.0082)+(B+2.1\delta+0.0082)]\times L\times2$

$=2\times[(0.16+2.1\times0.08+0.0082)+(0.16+2.1\times0.08+0.0082)]\times3.35\times2\text{m}^2$

$=9.01\text{m}^2$

(22)120×120 风管保护层。

$S=2\times[(A+2.1\delta+0.0082)+(B+2.1\delta+0.0082)]\times L\times2$

$=2\times[(0.12+2.1\times0.08+0.0082)+(0.12+2.1\times0.08+0.0082)]\times73.94\times2\text{m}^2$

$=175.21\text{m}^2$

4. 风管刷油工程

$$S=2\times(A+B)\times L$$

【注释】 A——矩形风管宽度；

B——矩形风管宽度；

L——矩形风管总长度。

(1)1 600×320 风管刷第一遍调和漆。

$$S=2\times(A+B)\times L=2\times(1.60+0.32)\times10.35\text{m}^2=39.74\text{m}^2$$

1 600×320 风管刷第二遍调和漆

$$S=2\times(A+B)\times L=2\times(1.60+0.32)\times\times10.35\text{m}^2=39.74\text{m}^2$$

(2)1 250×320 风管刷第一遍调和漆。

$$S=2\times(A+B)\times L=2\times(1.25+0.32)\times8.51\text{m}^2=26.72\text{m}^2$$

1 250×320 风管刷第二遍调和漆

$$S=2\times(A+B)\times L=2\times(1.25+0.32)\times8.51\text{m}^2=26.72\text{m}^2$$

(3)1 000×320 风管刷第一遍调和漆。

$$S=2\times(A+B)\times L=2\times(1.00+0.32)\times48.80\text{m}^2=18.83\text{m}^2$$

1 000×320 风管刷第二遍调和漆

$$S=2\times(A+B)\times L=2\times(1.00+0.32)\times48.80\text{m}^2=18.83\text{m}^2$$

(4)800×320 风管刷第一遍调和漆。

$$S=2\times(A+B)\times L=2\times(0.80+0.32)\times8.45\text{m}^2=18.93\text{m}^2$$

800×320 风管刷第二遍调和漆

$$S=2\times(A+B)\times L=2\times(0.80+0.32)\times8.45\text{m}^2=18.93\text{m}^2$$

(5)630×320 风管刷第一遍调和漆。

$$S=2\times(A+B)\times L=2\times(0.63+0.32)\times12.48\text{m}^2=23.71\text{m}^2$$

630×320 风管刷第二遍调和漆

$$S=2\times(A+B)\times L=2\times(0.63+0.32)\times12.48\text{m}^2=23.71\text{m}^2$$

(6)630×250 风管刷第一遍调和漆。

$$S=2\times(A+B)\times L=2\times(0.63+0.25)\times10.71\text{m}^2=18.85\text{m}^2$$

630×250 风管刷第二遍调和漆

$$S = 2 \times (A + B) \times L = 2 \times (0.63 + 0.25) \times 10.71\text{m}^2 = 18.85\text{m}^2$$

(7)630 ×200 风管刷第一遍调和漆。

$$S = 2 \times (A + B) \times L = 2 \times (0.63 + 0.20) \times 20.44\text{m}^2 = 33.93\text{m}^2$$

630 ×200 风管刷第二遍调和漆

$$S = 2 \times (A + B) \times L = 2 \times (0.63 + 0.20) \times 20.44\text{m}^2 = 33.93\text{m}^2$$

(8)630 ×160 风管刷第一遍调和漆。

$$S = 2 \times (A + B) \times L = 2 \times (0.63 + 0.16) \times 20.38\text{m}^2 = 36.47\text{m}^2$$

630 ×160 风管刷第二遍调和漆

$$S = 2 \times (A + B) \times L = 2 \times (0.63 + 0.16) \times 20.38\text{m}^2 = 36.47\text{m}^2$$

(9)500 ×250 风管刷第一遍调和漆。

$$S = 2 \times (A + B) \times L = 2 \times (0.50 + 0.25) \times 9.09\text{m}^2 = 13.64\text{m}^2$$

500 ×250 风管刷第二遍调和漆

$$S = 2 \times (A + B) \times L = 2 \times (0.50 + 0.25) \times 9.09\text{m}^2 = 13.64\text{m}^2$$

(10)500 ×200 风管刷第一遍调和漆。

$$S = 2 \times (A + B) \times L = 2 \times (0.50 + 0.20) \times 4.27\text{m}^2 = 5.98\text{m}^2$$

500 ×200 风管刷第二遍调和漆

$$S = 2 \times (A + B) \times L = 2 \times (0.50 + 0.20) \times 4.27\text{m}^2 = 5.98\text{m}^2$$

(11)500 ×160 风管刷第一遍调和漆。

$$S = 2 \times (A + B) \times L = 2 \times (0.50 + 0.16) \times 5.83\text{m}^2 = 7.7\text{m}^2$$

500 ×160 风管刷第二遍调和漆

$$S = 2 \times (A + B) \times L = 2 \times (0.50 + 0.16) \times 5.83\text{m}^2 = 7.7\text{m}^2$$

(12)400 ×320 风管刷第一遍调和漆。

$$S = 2 \times (A + B) \times L = 2 \times (0.40 + 0.32) \times 14.62\text{m}^2 = 21.05\text{m}^2$$

400 ×320 风管刷第二遍调和漆

$$S = 2 \times (A + B) \times L = 2 \times (0.40 + 0.32) \times 14.62\text{m}^2 = 21.05\text{m}^2$$

(13)400 ×250 风管刷第一遍调和漆。

$$S = 2 \times (A + B) \times L = 2 \times (0.40 + 0.25) \times 55.27\text{m}^2 = 71.85\text{m}^2$$

400 ×250 风管刷第二遍调和漆

$$S = 2 \times (A + B) \times L = 2 \times (0.40 + 0.25) \times 55.27\text{m}^2 = 71.85\text{m}^2$$

(14)400 ×200 风管刷第一遍调和漆。

$$S = 2 \times (A + B) \times L = 2 \times (0.40 + 0.20) \times 35.80\text{m}^2 = 42.96\text{m}^2$$

400 ×200 风管刷第二遍调和漆

$$S = 2 \times (A + B) \times L = 2 \times (0.40 + 0.20) \times 35.80\text{m}^2 = 42.96\text{m}^2$$

(15)400 ×160 风管刷第一遍调和漆。

$$S = 2 \times (A + B) \times L = 2 \times (0.40 + 0.16) \times 21.31\text{m}^2 = 23.87\text{m}^2$$

400 ×160 风管刷第二遍调和漆

$$S = 2 \times (A + B) \times L = 2 \times (0.40 + 0.16) \times 21.31\text{m}^2 = 23.87\text{m}^2$$

(16)320 ×200 风管刷第一遍调和漆。

$$S = 2 \times (A + B) \times L = 2 \times (0.32 + 0.20) \times 19.15\text{m}^2 = 19.92\text{m}^2$$

320 ×200 风管刷第二遍调和漆

$$S=2\times(A+B)\times L=2\times(0.32+0.20)\times 19.15\text{m}^2=19.92\text{m}^2$$

(17)320×160 风管刷第一遍调和漆。

$$S=2\times(A+B)\times L=2\times(0.32+0.16)\times 12.2\text{m}^2=11.71\text{m}^2$$

320×160 风管刷第二遍调和漆

$$S=2\times(A+B)\times L=2\times(0.32+0.16)\times 12.2\text{m}^2=11.71\text{m}^2$$

(18)250×160 风管刷第一遍调和漆。

$$S=2\times(A+B)\times L=2\times(0.25+0.16)\times 7.23\text{m}^2=5.93\text{m}^2$$

250×160 风管刷第二遍调和漆

$$S=2\times(A+B)\times L=2\times(0.25+0.16)\times 7.23\text{m}^2=5.93\text{m}^2$$

(19)250×120 风管刷第一遍调和漆。

$$S=2\times(A+B)\times L=2\times(0.25+0.12)\times 4.82\text{m}^2=3.57\text{m}^2$$

250×160 风管刷第二遍调和漆

$$S=2\times(A+B)\times L=2\times(0.25+0.12)\times 4.82\text{m}^2=3.57\text{m}^2$$

(20)200×120 风管刷第一遍调和漆。

$$S=2\times(A+B)\times L=2\times(0.2+0.12)\times 7.30\text{m}^2=4.67\text{m}^2$$

200×120 风管刷第二遍调和漆

$$S=2\times(A+B)\times L=2\times(0.2+0.12)\times 7.30\text{m}^2=4.67\text{m}^2$$

(21)160×160 风管刷第一遍调和漆。

$$S=2\times(A+B)\times L=2\times(0.16+0.16)\times 3.35\text{m}^2=2.14\text{m}^2$$

160×120 风管刷第二遍调和漆

$$S=2\times(A+B)\times L=2\times(0.16+0.16)\times 3.35\text{m}^2=2.14\text{m}^2$$

(22)120×120 风管刷第一遍调和漆。

$$S=2\times(A+B)\times L=2\times(0.12+0.12)\times 73.94\text{m}^2=35.5\text{m}^2$$

120×120 风管刷第二遍调和漆

$$S=2\times(A+B)\times L=2\times(0.12+0.12)\times 73.94\text{m}^2=35.5\text{m}^2$$

5.碳钢调节阀制作安装

1)手动对开多叶调节阀 1 600×320 的制作安装

(1)制作。

查 T308-1,1 600×320,29.40kg/个,安装 3 个。

则制作工程量为 29.40×3kg=88.2kg。

查 9-62 套定额子目

(2)安装。

周长为 2×(1 600+320)mm=3 840mm

查 9-85 套定额子目

2)手动对开多叶调节阀 1 250×320 的制作安装

(1)制作。

查 T308-1,1 250×320,23.90kg/个,安装 2 个。

则制作工程量为 23.90×2kg=47.8kg。

查 9-62 套定额子目

(2)安装。

周长为 2 × (1 250 + 320) mm = 3 140mm

查 9-85 套定额子目

3) 手动对开多叶调节阀 1000 × 320 的制作安装

(1) 制作。

查 T308-1, 1 000 × 320, 20. 20kg/个, 安装 3 个。

则制作工程量为 20. 20 × 3kg = 60. 6kg。

查 9-62 套定额子目

(2) 安装。

周长为 2 × (1 000 + 320) mm = 2 640mm

查 9-84 套定额子目

4) 手动对开多叶调节阀 630 × 320 的制作安装

(1) 制作。

查 T308-1, 630 × 320, 14. 70kg/个, 安装 2 个。

则制作工程量为 14. 70 × 2kg = 29. 4kg。

查 9-62 套定额子目

(2) 安装。

周长为 2 × (630 + 320) mm = 1 900mm。

查 9-84 套定额子目

5) 手动对开多叶调节阀 630 × 250 的制作安装

(1) 制作。

查 T308-1, 630 × 250, 13. 20kg/个, 安装 1 个。

则制作工程量为 13. 20 × 1kg = 13. 2kg。

查 9-62 套定额子目

(2) 安装。

周长为 2 × (630 + 250) mm = 1760mm。

查 9-84 套定额子目

6) 手动对开多叶调节阀 630 × 200 的制作安装

(1) 制作。

查 T308-1, 630 × 200, 12. 90kg/个, 安装 1 个。

则制作工程量为 12. 90 × 1kg = 12. 9kg。

查 9-62 套定额子目

(2) 安装。

周长为 2 × (630 + 200) mm = 1 660mm。

查 9-84 套定额子目

7) 手动对开多叶调节阀 400 × 160 的制作安装

(1) 制作。

查 T308-1, 400 × 160, 9. 50kg/个, 安装 1 个。

则制作工程量为 9. 50 × 1kg = 9. 5kg。

查 9-62 套定额子目

(2) 安装。

周长为 $2\times(400+160)\mathrm{mm}=1\ 120\mathrm{mm}$。

查 9-84 套定额子目

8）钢制蝶阀 500×250 的制作安装

（1）制作。

查钢质蝶阀（手柄式）矩形 T302-9，500×250，10.39kg/个，安装 2 个。

则制作工程量为 $10.39\times2\mathrm{kg}=20.78\mathrm{kg}$。

查 9-53 套定额子目

（2）安装。

周长为 $2\times(500+250)\mathrm{mm}=1\ 500\mathrm{mm}$。

查 9-73 套定额子目

9）钢制蝶阀 400×320 的制作安装

（1）制作。

查钢质蝶阀（手柄式）矩形 T302-9，400×320，12.13kg/个，安装 2 个。

则制作工程量为 $12.13\times2\mathrm{kg}=24.26\mathrm{kg}$。

查 9-53 套定额子目

（2）安装。

周长为 $2\times(400+320)\mathrm{mm}=1\ 440\mathrm{mm}$。

查 9-73 套定额子目

10）钢制蝶阀 400×250 的制作安装

（1）制作。

查钢质蝶阀（手柄式）矩形 T302-9，400×250，7.12kg/个，安装 20 个。

则制作工程量为 $7.12\times20\mathrm{kg}=142.4\mathrm{kg}$。

查 9-53 套定额子目

（2）安装。

周长为 $2\times(400+250)\mathrm{mm}=1300\mathrm{mm}$。

查 9-73 套定额子目

11）钢制蝶阀 400×200 的制作安装

（1）制作。

查钢质蝶阀（手柄式）矩形 T302-9，400×200，6.49kg/个，安装 2 个。

则制作工程量为 $6.49\times2\mathrm{kg}=12.98\mathrm{kg}$。

查 9-53 套定额子目

（2）安装。

周长为 $2\times(400+200)\mathrm{mm}=1\ 200\mathrm{mm}$。

查 9-73 套定额子目

12）钢制蝶阀 400×160 的制作安装

（1）制作。

查钢质蝶阀（手柄式）矩形 T302-9，400×160，5.99kg/个，安装 2 个。

则制作工程量为 $5.99\times2\mathrm{kg}=11.98\mathrm{kg}$。

查 9-53 套定额子目

（2）安装。

周长为 2 ×（400 +160）mm =1 120mm。
查 9-73 套定额子目
13）钢制蝶阀 320 ×200 的制作安装
（1）制作。
查钢质蝶阀（手柄式）矩形 T302-9，320 ×200，5.66kg/个，安装 8 个。
则制作工程量为 5.66 ×8kg =45.28kg。
查 9-53 套定额子目
（2）安装。
周长为 2 ×（320 +200）mm =1 040mm。
查 9-73 套定额子目
14）钢制蝶阀 320 ×160 的制作安装
（1）制作。
查钢质蝶阀（手柄式）矩形 T302-9，320 ×160，5.23kg/个，安装 1 个。
则制作工程量为 5.23 ×1kg =5.23kg。
查 9-53 套定额子目
（2）安装。
周长为 2 ×（320 +160）mm =960mm。
查 9-73 套定额子目
15）钢制蝶阀 160 ×160 的制作安装
（1）制作。
查钢质蝶阀（手柄式）方形 T302-8，160 ×160，3.61kg/个，安装 1 个。
则制作工程量为 3.61 ×1kg =3.61kg。
查 9-53 套定额子目
（2）安装。
周长为 2 ×（320 +160）mm =640mm。
查 9-72 套定额子目
16）钢制蝶阀 120 ×120 的制作安装
（1）制作。
查钢质蝶阀（手柄式）方形 T302-8，120 ×120，2.87kg/个，安装 19 个。
则制作工程量为 2.87 ×19kg =54.53kg。
查 9-53 套定额子目
（2）安装。
周长为 2 ×（120 +120）mm =480mm。
查 9-72 套定额子目

6. 散流器制作安装

方形散流器 300 ×300 制作安装：
1）制作
查方形直片散流器 CT211-2，300 ×300，6.98kg/个，安装 42 个。
则制作工程量为 6.98 ×42kg =293.16kg。
查 9-113 套定额子目

2)安装

周长为 $2\times(300+300)$mm = 1 200mm。

查 9-148 套定额子目

7. 通风及空调设备制作安装

1)空调器制作安装

(1)空调器 K-1 制作安装

K-1,风量 3 000m^3/h,冷量 16.9kW,型号 G-3DF。

安装 2 台,吊顶式 0.2t 以内。

查 9-236 套定额子目

(2)空调器 K-2 制作安装。

K-2,风量 2500m^3/h,冷量 13.1kW,型号 G-2.5DF。

安装 1 台,吊顶式 0.2t 以内。

查 9-236 套定额子目

(3)空调器 K-3 制作安装。

K-3,风量 1 500m^3/h,冷量 7.8kW,型号 G-1.5DF。

安装 1 台,吊顶式 0.15t 以内。

查 9-235 套定额子目

(4)新风处理机组制作安装。

风量 1 500m^3/h,冷量 13.1kW,型号 G-1.5DF。

安装 2 台,吊顶式 0.15t 以内。

查 9-235 套定额子目

2)风机盘管制作安装

(1)MCW1200AT 制作安装。

MCW1200AT,吊顶式,安装 5 台。

查 9-245 套定额子目

(2)MCW1000AT 制作安装。

MCW1000AT,吊顶式,安装 8 台。

查 9-245 套定额子目

(3)MCW600AT 制作安装

MCW600AT,吊顶式,安装 2 台。

查 9-245 套定额子目

(4)MCW500AT 制作安装。

MCW500AT,吊顶式,安装 8 台。

查 9-245 套定额子目

(5)MCW400AT 制作安装。

MCW400AT,吊顶式,安装 4 台。

查 9-245 套定额子目

(6)MCW300AT 制作安装。

MCW300AT,吊顶式,安装 2 台。

查 9-245 套定额子目

(7)MCW200AT 制作安装。

MCW200AT,吊顶式,安装2台。

查9-245套定额子目

8. 预算与计价

上海某娱乐中心通风空调工程预算如表8-2所示。

表8-2　工程预算表

序号	定额编号	分项工程名称	计量单位	工程量	基价/元	其中			合计/元
						人工费/元	材料费/元	机械费/元	
1	9-7	1 600 × 320 风管制作安装	$10m^2$	3.97	295.54	115.87	167.99	11.68	1 173.29
2	9-7	1 250 × 320 风管制作安装	$10m^2$	2.67	295.54	115.87	167.99	11.68	789.09
3	9-7	1 000 × 320 风管制作安装	$10m^2$	12.88	295.54	115.87	167.99	11.68	3 806.56
4	9-7	800 × 320 风管制作安装	$10m^2$	1.89	295.54	115.87	167.99	11.68	558.57
5	9-6	630 × 320 风管制作安装	$10m^2$	2.37	387.05	154.18	213.52	19.35	917.31
6	9-6	630 × 250 风管制作安装	$10m^2$	1.89	387.05	154.18	213.52	19.35	731.52
7	9-6	630 × 200 风管制作安装	$10m^2$	3.39	387.05	154.18	213.52	19.35	1 312.10
8	9-6	630 × 160 风管制作安装	$10m^2$	3.65	387.05	154.18	213.52	19.35	1 412.73
9	9-6	500 × 250 风管制作安装	$10m^2$	1.36	387.05	154.18	213.52	19.35	526.39
10	9-6	500 × 200 风管制作安装	$10m^2$	0.60	387.05	154.18	213.52	19.35	232.23
11	9-6	500 × 160 风管制作安装	$10m^2$	0.77	387.05	154.18	213.52	19.35	298.03
12	9-6	400 × 320 风管制作安装	$10m^2$	2.11	387.05	154.18	213.52	19.35	816.68
13	9-6	400 × 250 风管制作安装	$10m^2$	7.19	387.05	154.18	213.52	19.35	2 782.89
14	9-6	400 × 200 风管制作安装	$10m^2$	4.30	387.05	154.18	213.52	19.35	1 664.32
15	9-6	400 × 160 风管制作安装	$10m^2$	2.39	387.05	154.18	213.52	19.35	925.05
16	9-6	320 × 200 风管制作安装	$10m^2$	1.99	387.05	154.18	213.52	19.35	770.23

（续表）

序号	定额编号	分项工程名称	计量单位	工程量	基价/元	其中			合计/元
						人工费/元	材料费/元	机械费/元	
17	9-6	320×160 风管制作安装	$10m^2$	1.17	387.05	154.18	213.52	19.35	452.85
18	9-6	250×160 风管制作安装	$10m^2$	0.59	387.05	154.18	213.52	19.35	228.36
19	9-5	250×120 风管制作安装	$10m^2$	0.36	441.65	211.77	196.98	32.9	159.00
20	9-5	200×120 风管制作安装	$10m^2$	0.47	441.65	211.77	196.98	32.9	207.58
21	9-5	160×160 风管制作安装	$10m^2$	0.21	441.65	211.77	196.98	32.9	92.75
22	9-5	120×120 风管制作安装	$10m^2$	3.55	441.65	211.77	196.98	32.9	1 567.86
23	11-2007	1 600×320 风管保温层	m^3	3.57	102.52	27.86	67.91	6.75	366.00
24	11-1999	1 250×320 风管保温层	m^3	2.44	102.52	27.86	67.91	6.75	250.15
25	11-1999	1 000×320 风管保温层	m^3	11.98	102.52	27.86	67.91	6.75	1 228.19
26	11-1999	800×320 风管保温层	m^3	1.80	102.52	27.86	67.91	6.75	184.54
27	11-1999	630×320 风管保温层	m^3	2.30	102.52	27.86	67.91	6.75	235.80
28	11-1999	630×250 风管保温层	m^3	1.85	102.52	27.86	67.91	6.75	189.66
29	11-1991	630×200 风管保温层	m^3	3.36	102.52	27.86	67.91	6.75	344.47
30	11-1991	630×160 风管保温层	m^3	3.64	102.52	27.86	67.91	6.75	373.17
31	11-1999	500×250 风管保温层	m^3	1.38	102.52	27.86	67.91	6.75	141.48
32	11-1991	500×200 风管保温层	m^3	0.61	102.52	27.86	67.91	6.75	62.54
33	11-1991	500×160 风管保温层	m^3	0.80	102.52	27.86	67.91	6.75	82.02
34	11-1999	400×320 风管保温层	m^3	2.14	102.52	27.86	67.91	6.75	219.39
35	11-1991	400×250 风管保温层	m^3	7.45	102.52	27.86	67.91	6.75	763.77
36	11-1991	400×200 风管保温层	m^3	4.53	102.52	27.86	67.91	6.75	464.426

（续表）

序号	定额编号	分项工程名称	计量单位	工程量	基价/元	其中			合计/元
						人工费/元	材料费/元	机械费/元	
37	11-1991	400 × 160 风管保温层	m^3	2.55	102.52	27.86	67.91	6.75	261.43
38	11-1991	320 × 200 风管保温层	m^3	2.37	102.52	27.86	67.91	6.75	242.97
39	11-1991	320 × 160 风管保温层	m^3	1.30	102.52	27.86	67.91	6.75	133.28
40	11-1991	250 × 160 风管保温层	m^3	0.69	102.52	27.86	67.91	6.75	70.74
41	11-1991	250 × 120 风管保温层	m^3	0.43	102.52	27.86	67.91	6.75	44.08
42	11-1991	200 × 120 风管保温层	m^3	0.59	102.52	27.86	67.91	6.75	60.49
43	11-1991	160 × 160 风管保温层	m^3	0.27	102.52	27.86	67.91	6.75	27.68
44	11-1983	120 × 120 风管保温层	m^3	4.95	102.52	27.86	67.91	6.75	507.47
45	11-2159	1 600 × 320 风管防潮层	$10m^2$	4.7	20.08	11.15	8.93	—	94.38
46	11-2159	1 250 × 320 风管防潮层	$10m^2$	3.27	20.08	11.15	8.93	—	65.66
47	11-2159	1 000 × 320 风管防潮层	$10m^2$	16.32	20.08	11.15	8.93	—	327.71
48	11-2159	800 × 320 风管防潮层	$10m^2$	2.49	20.08	11.15	8.93	—	50.00
49	11-2159	630 × 320 风管防潮层	$10m^2$	3.25	20.08	11.15	8.93	—	65.26
50	11-2159	630 × 250 风管防潮层	$10m^2$	2.64	20.08	11.15	8.93	—	53.01
51	11-2159	630 × 200 风管防潮层	$10m^2$	4.83	20.08	11.15	8.93	—	96.99
52	11-2159	630 × 160 风管防潮层	$10m^2$	5.27	20.08	11.15	8.93	—	105.82
53	11-2159	500 × 250 风管防潮层	$10m^2$	2.00	20.08	11.15	8.93	—	40.16
54	11-2159	500 × 200 风管防潮层	$10m^2$	0.90	20.08	11.15	8.93	—	18.07
55	11-2159	500 × 160 风管防潮层	$10m^2$	1.18	20.08	11.15	8.93	—	23.69
56	11-2159	400 × 320 风管防潮层	$10m^2$	3.14	20.08	11.15	8.93	—	63.05

（续表）

序号	定额编号	分项工程名称	计量单位	工程量	基价/元	其中			合计/元
						人工费/元	材料费/元	机械费/元	
57	11-2159	400×250 风管防潮层	$10m^2$	11.08	20.08	11.15	8.93	—	222.49
58	11-2159	400×200 风管防潮层	$10m^2$	6.82	20.08	11.15	8.93	—	136.95
59	11-2159	400×160 风管防潮层	$10m^2$	3.89	20.08	11.15	8.93	—	78.11
60	11-2159	320×200 风管防潮层	$10m^2$	3.34	20.08	11.15	8.93	—	67.07
61	11-2159	320×160 风管防潮层	$10m^2$	2.03	20.08	11.15	8.93	—	40.76
62	11-2159	250×160 风管防潮层	$10m^2$	1.10	20.08	11.15	8.93	—	22.09
63	11-2159	250×120 风管防潮层	$10m^2$	0.70	20.08	11.15	8.93	—	14.06
64	11-2159	200×120 风管防潮层	$10m^2$	0.98	20.08	11.15	8.93	—	19.68
65	11-2159	160×160 风管防潮层	$10m^2$	0.45	20.08	11.15	8.93	—	90.56
66	11-2159	120×120 风管防潮层	$10m^2$	8.76	20.08	11.15	8.93	—	175.90
67	11-2153	1600×320 风管保护层	$10m^2$	9.41	11.11	10.91	0.20	—	104.55
68	11-2153	1250×320 风管保护层	$10m^2$	6.54	11.11	10.91	0.20	—	72.66
69	11-2153	1000×320 风管保护层	$10m^2$	32.65	11.11	10.91	0.20	—	362.74
70	11-2153	800×320 风管保护层	$10m^2$	4.98	11.11	10.91	0.20	—	55.33
71	11-2153	630×320 风管保护层	$10m^2$	6.50	11.11	10.91	0.20	—	72.22
72	11-2153	630×250 风管保护层	$10m^2$	5.28	11.11	10.91	0.20	—	58.66
73	11-2153	630×200 风管保护层	$10m^2$	9.67	11.11	10.91	0.20	—	107.43
74	11-2153	630×160 风管保护层	$10m^2$	10.55	11.11	10.91	0.20	—	117.21
75	11-2153	500×250 风管保护层	$10m^2$	4.01	11.11	10.91	0.20	—	44.55
76	11-2153	500×200 风管保护层	$10m^2$	1.80	11.11	10.91	0.20	—	20.00

（续表）

序号	定额编号	分项工程名称	计量单位	工程量	基价/元	其中			合计/元
						人工费/元	材料费/元	机械费/元	
77	11-2153	500 × 160 风管保护层	$10m^2$	2.36	11.11	10.91	0.20	—	26.22
78	11-2153	400 × 320 风管保护层	$10m^2$	6.27	11.11	10.91	0.20	—	69.66
79	11-2153	400 × 250 风管保护层	$10m^2$	22.16	11.11	10.91	0.20	—	246.20
80	11-2153	400 × 200 风管保护层	$10m^2$	13.64	11.11	10.91	0.20	—	151.54
81	11-2153	400 × 160 风管保护层	$10m^2$	7.78	11.11	10.91	0.20	—	86.44
82	11-2153	320 × 200 风管保护层	$10m^2$	6.68	11.11	10.91	0.20	—	74.22
83	11-2153	320 × 160 风管保层	$10m^2$	4.06	11.11	10.91	0.20	—	45.11
84	11-2153	250 × 160 风管保护层	$10m^2$	2.21	11.11	10.91	0.20	—	24.55
85	11-2153	250 × 120 风管保护层	$10m^2$	1.39	11.11	10.91	0.20	—	15.44
86	11-2153	200 × 120 风管保护层	$10m^2$	1.96	11.11	10.91	0.20	—	21.78
87	11-2153	160 × 160 风管保护层	$10m^2$	0.90	11.11	10.91	0.20	—	10.00
88	11-2153	120 × 120 风管保护层	$10m^2$	17.52	11.11	10.91	0.20	—	194.65
89	11-60	1600 × 320 风管刷第一遍调和漆	$10m^2$	3.97	6.82	6.50	0.32	—	27.08
90	11-61	1600 × 320 风管刷第二遍调和漆	$10m^2$	3.97	6.59	6.27	0.32	—	26.16
91	11-60	1250 × 320 风管刷第一遍调和漆	$10m^2$	2.67	6.82	6.50	0.32	—	18.21
92	11-61	1250 × 320 风管刷第二遍调和漆	$10m^2$	2.67	6.59	6.27	0.32	—	17.60
93	11-60	1000 × 320 风管刷第一遍调和漆	$10m^2$	1.88	6.82	6.50	0.32	—	12.82
94	11-61	1 000 × 320 风管刷第二遍调和漆	$10m^2$	1.88	6.59	6.27	0.32	—	12.39
95	11-60	800 × 320 风管刷第一遍调和漆	$10m^2$	1.89	6.82	6.50	0.32	—	12.89
96	11-61	800 × 320 风管刷第二遍调和漆	$10m^2$	1.89	6.59	6.27	0.32	—	12.46

（续表）

序号	定额编号	分项工程名称	计量单位	工程量	基价/元	其　中			合计/元
						人工费/元	材料费/元	机械费/元	
97	11-60	630×320 风管刷第一遍调和漆	$10m^2$	2.37	6.82	6.50	0.32	—	16.16
98	11-61	630×320 风管刷第二遍调和漆	$10m^2$	2.37	6.59	6.27	0.32	—	15.62
99	11-60	630×250 风管刷第一遍调和漆	$10m^2$	1.89	6.82	6.50	0.32	—	12.89
100	11-61	630×250 风管刷第二遍调和漆	$10m^2$	1.89	6.59	6.27	0.32	—	12.46
101	11-60	630×200 风管刷第一遍调和漆	$10m^2$	3.39	6.82	6.50	0.32	—	23.12
102	11-61	630×200 风管刷第二遍调和漆	$10m^2$	3.39	6.59	6.27	0.32	—	22.34
103	11-60	630×160 风管刷第一遍调和漆	$10m^2$	3.65	6.82	6.50	0.32	—	24.89
104	11-61	630×160 风管刷第二遍调和漆	$10m^2$	3.65	6.59	6.27	0.32	—	24.05
105	11-60	500×250 风管刷第一遍调和漆	$10m^2$	1.36	6.82	6.50	0.32	—	9.28
106	11-61	500×250 风管刷第二遍调和漆	$10m^2$	1.36	6.59	6.27	0.32	—	8.96
107	11-60	500×200 风管刷第一遍调和漆	$10m^2$	0.60	6.82	6.50	0.32	—	4.09
108	11-61	500×200 风管刷第二遍调和漆	$10m^2$	0.60	6.59	6.27	0.32	—	3.95
109	11-60	500×160 风管刷第一遍调和漆	$10m^2$	0.77	6.82	6.50	0.32	—	5.25
110	11-61	500×160 风管刷第二遍调和漆	$10m^2$	0.77	6.59	6.27	0.32	—	5.07
111	11-60	400×320 风管刷第一遍调和漆	$10m^2$	2.11	6.82	6.50	0.32	—	14.39
112	11-61	400×320 风管刷第二遍调和漆	$10m^2$	2.11	6.59	6.27	0.32	—	13.90
113	11-60	400×250 风管刷第一遍调和漆	$10m^2$	7.19	6.82	6.50	0.32	—	49.04
114	11-61	400×250 风管刷第二遍调和漆	$10m^2$	7.19	6.59	6.27	0.32	—	47.38
115	11-60	400×200 风管刷第一遍调和漆	$10m^2$	4.30	6.82	6.50	0.32	—	29.33
116	11-61	400×200 风管刷第二遍调和漆	$10m^2$	4.30	6.59	6.27	0.32	—	28.34

（续表）

序号	定额编号	分项工程名称	计量单位	工程量	基价/元	其中			合计/元
						人工费/元	材料费/元	机械费/元	
117	11-60	400×160 风管刷第一遍调和漆	$10m^2$	2.39	6.82	6.50	0.32	—	16.30
118	11-61	400×160 风管刷第二遍调和漆	$10m^2$	2.39	6.59	6.27	0.32	—	15.75
119	11-60	320×200 风管刷第一遍调和漆	$10m^2$	1.99	6.82	6.50	0.32	—	13.57
120	11-61	320×200 风管刷第二遍调和漆	$10m^2$	1.99	6.59	6.27	0.32	—	13.11
121	11-60	320×160 风管刷第一遍调和漆	$10m^2$	1.17	6.82	6.50	0.32	—	7.98
122	11-61	320×160 风管刷第二遍调和漆	$10m^2$	1.17	6.59	6.27	0.32	—	7.71
123	11-60	250×160 风管刷第一遍调和漆	$10m^2$	0.59	6.82	6.50	0.32	—	4.02
124	11-61	250×160 风管刷第二遍调和漆	$10m^2$	0.59	6.59	6.27	0.32	—	3.89
125	11-60	250×120 风管刷第一遍调和漆	$10m^2$	0.36	6.82	6.50	0.32	—	2.46
126	11-61	250×120 风管刷第二遍调和漆	$10m^2$	0.36	6.59	6.27	0. 32	—	2.37
127	11-60	200×120 风管刷第一遍调和漆	$10m^2$	0.47	6.82	6.50	0.32	—	3.21
128	11-61	200×120 风管刷第二遍调和漆	$10m^2$	0.47	6.59	6.27	0. 32	—	3.10
129	11-60	160×160 风管刷第一遍调和漆	$10m^2$	0.21	6.82	6.50	0.32	—	1.43
130	11-61	160×160 风管刷第二遍调和漆	$10m^2$	0.21	6.59	6.27	0. 32	—	1.38
131	11-60	120×120 风管刷第一遍调和漆	$10m^2$	3.55	6.82	6.50	0.32	—	24.21
132	11-61	120×120 风管刷第二遍调和漆	$10m^2$	3.55	6.59	6.27	0. 32	—	23.39
133	9-63	手动对开多叶调节阀 1600×320 制作	100kg	0.88	920.30	226.63	525.99	167.68	809.86
134	9-85	手动对开多叶调节阀 1600×320 安装	个	3	30.79	11.61	19.18	—	92.37
135	9-63	手动对开多叶调节阀 1250×320 制作	100kg	0.48	920.30	226.63	525.99	167.68	441.74

（续表）

序号	定额编号	分项工程名称	计量单位	工程量	基价/元	其　中			合计/元
						人工费/元	材料费/元	机械费/元	
136	9-85	手动对开多叶调节阀 1250 × 320 安装	个	2	30.79	11.61	19.18	—	61.58
137	9-63	手动对开多叶调节阀 1000 × 320 制作	100kg	0.61	920.30	226.63	525.99	167.68	561.38
138	9-84	手动对开多叶调节阀 1000 × 320 安装	个	3	25.77	10.45	15.32	—	77.31
139	9-62	手动对开多叶调节阀 630 × 320 制作	100kg	0.29	1 103.29	344.58	546.37	212.34	319.95
140	9-84	手动对开多叶调节阀 630 × 320 安装	个	2	25.77	10.45	15.32	—	51.54
141	9-62	手动对开多叶调节阀 630 × 250 制作	100kg	0.13	1 103.29	344.58	546.37	212.34	143.43
142	9-84	手动对开多叶调节阀 630 × 250 安装	个	1	25.77	10.45	15.32	—	25.77
143	9-62	手动对开多叶调节阀 630 × 200 制作	100kg	0.13	1 103.29	344.58	546.37	212.34	143.43
144	9-84	手动对开多叶调节阀 630 × 200 安装	个	1	25.77	10.45	15.32	—	25.77
145	9-62	手动对开多叶调节阀 400 × 160 制作	100kg	0.1	1 103.29	344.58	546.37	212.34	110.33
146	9-84	手动对开多叶调节阀 400 × 160 安装	个	1	25.77	10.45	15.32	—	25.77
147	9-54	钢质蝶阀 500 × 250 制作	100kg	0.21	701.39	188.55	393.25	119.59	147.29
148	9-73	钢质蝶阀 500 × 250 安装	个	2	19.24	6.97	3.33	8.94	38.48
149	9-54	钢质蝶阀 400 × 320 制作	100kg	0.24	701.39	188.55	393.25	119.59	168.33
150	9-73	钢质蝶阀 400 × 320 安装	个	2	19.24	6.97	3.33	8.94	38.48
151	9-54	钢质蝶阀 400 × 250 制作	100kg	1.42	701.39	188.55	393.25	119.59	995.97

（续表）

序号	定额编号	分项工程名称	计量单位	工程量	基价/元	其中/元			合计/元
						人工费	材料费	机械费	
152	9-73	钢质蝶阀 400 × 250 安装	个	20	19.24	6.97	3.33	8.94	384.80
153	9-53	钢质蝶阀 400 × 200 制作	100kg	0.13	1 188.62	344.35	402.58	441.69	154.52
154	9-73	钢质蝶阀 400 × 200 安装	个	2	19.24	6.97	3.33	8.94	38.48
155	9-53	钢质蝶阀 400 × 160 制作	100kg	0.12	1 188.62	344.35	402.58	441.69	142.63
156	9-73	钢质蝶阀 400 × 160 安装	个	2	19.24	6.97	3.33	8.94	38.48
157	9-54	钢质蝶阀 320 × 200 制作	100kg	0.45	701.39	188.55	393.25	119.59	315.63
158	9-73	钢质蝶阀 320 × 200 安装	个	8	19.24	6.97	3.33	8.94	153.92
159	9-53	钢质蝶阀 320 × 160 制作	100kg	0.05	1 188.62	344.35	402.58	441.69	59.43
160	9-73	钢质蝶阀 320 × 160 安装	个	1	19.24	6.97	3.33	8.94	19.24
161	9-53	钢质蝶阀 160 × 160 制作	100kg	0.04	1 188.62	344.35	402.58	441.69	47.54
162	9-72	钢质蝶阀 160 × 160 安装	个	1	7.32	4.88	2.22	0.22	7.32
163	9-54	钢质蝶阀 120 × 120 制作	100kg	0.55	701.39	188.55	393.25	119.59	385.76
164	9-72	钢质蝶阀 120 × 120 安装	个	19	7.32	4.88	2.22	0.22	139.08
165	9-112	方形散流器 300 × 300 制作	100kg	2.93	2 022.96	1 155.66	551.57	315.73	4 982.87
166	9-148	方形散流器 300 × 300 安装	个	42	10.94	8.36	2.58	—	459.48
167	9-236	空调器 K-1 制作安装	台	2	51.68	48.76	2.92	—	103.36
168	9-236	空调器 K-2 制作安装	台	1	51.68	48.76	2.92	—	51.68
169	9-235	空调器 K-3 制作安装	台	1	44.72	41.80	2.92	—	44.72
170	9-235	新风处理机组	台	2	44.72	41.80	2.92	—	89.44
171	9-245	风机盘管 MCW1200AT	台	5	98.69	28.79	66.11	3.79	493.45
172	9-245	风机盘管 MCW1000AT	台	8	98.69	28.79	66.11	3.79	789.52

（续表）

序号	定额编号	分项工程名称	计量单位	工程量	基价/元	其中			合计/元
						人工费/元	材料费/元	机械费/元	
173	9-245	风机盘管 MCW600AT	台	2	98.69	28.79	66.11	3.79	197.38
174	9-245	风机盘管 MCW500AT	台	8	98.69	28.79	66.11	3.79	789.52
175	9-245	风机盘管 MCW400AT	台	4	98.69	28.79	66.11	3.79	394.76
176	9-245	风机盘管 MCW300AT	台	2	98.69	28.79	66.11	3.79	197.38
177	9-245	风机盘管 MCW200AT	台	2	98.69	28.79	66.11	3.79	197.38

三、将定额计价转换为清单计价形式

分部分项工程和单价措施项目清单与计价如表 8-3 所示。工程量清单综合单价分析如表 8-4 ~ 表 8-53 所示。

表 8-3　分部分项工程和单价措施项目清单与计价表

工程名称：上海某娱乐中心三层通风空调工程　　标段：　　　第　页　共　页

序号	项目编码	项目名称	项目特征描述	计量单位	工程量	金额/元		
						综合单价	合价	其中：暂估价
1	030702001001	碳钢通风管道	1 600 × 320	m^2	39.74	179.09	7 117.04	—
2	030702001002	碳钢通风管道	1 250 × 320	m^2	29.62	181.21	5 367.44	—
3	030702001003	碳钢通风管道	1 000 × 320	m^2	128.83	181.91	23 435.47	—
4	030702001004	碳钢通风管道	800 × 320	m^2	18.93	183.91	3 481.42	—
5	030702001005	碳钢通风管道	630 × 320	m^2	23.71	171.9	4 075.75	—
6	030702001006	碳钢通风管道	630 × 250	m^2	18.85	172.92	3 259.54	—
7	030702001007	碳钢通风管道	630 × 200	m^2	33.93	174.04	5 905.18	—
8	030702001008	碳钢通风管道	630 × 160	m^2	36.47	174.68	6 370.58	—
9	030702001009	碳钢通风管道	500 × 250	m^2	13.64	175.72	2 396.82	—
10	030702001010	碳钢通风管道	500 × 200	m^2	5.98	176.75	1 056.97	—
11	030702001011	碳钢通风管道	500 × 160	m^2	7.7	178.35	1 373.30	—
12	030702001012	碳钢通风管道	400 × 320	m^2	21.05	176.12	3 707.33	—
13	030702001013	碳钢通风管道	400 × 250	m^2	71.85	178.38	12 816.60	—
14	030702001014	碳钢通风管道	400 × 200	m^2	42.96	177.88	7 641.72	—
15	030702001015	碳钢通风管道	400 × 160	m^2	23.87	181.53	4 333.12	—
16	030702001016	碳钢通风管道	320 × 200	m^2	19.91	188.73	3 757.61	—
17	030702001017	碳钢通风管道	320 × 160	m^2	11.72	185.39	2 172.77	—
18	030702001018	碳钢通风管道	250 × 160	m^2	5.93	190.71	1 130.91	—
19	030702001019	碳钢通风管道	250 × 120	m^2	3.57	194.25	693.47	—
20	030702001020	碳钢通风管道	200 × 120	m^2	4.67	200.45	936.10	—
21	030702001021	碳钢通风管道	160 × 160	m^2	2.14	202.74	433.86	—
22	030702001022	碳钢通风管道	120 × 120	m^2	35.49	214.72	7 620.41	—
23	030703001001	碳钢阀门	手动对开多叶调节阀，1 600 × 320	个	3	483.38	1 450.14	—

（续表）

序号	项目编码	项目名称	项目特征描述	计量单位	工程量	金额/元		
						综合单价	合价	其中：暂估价
24	030703001002	碳钢阀门	手动对开多叶调节阀，1 250×320	个	2	401.29	802.58	—
25	030703001003	碳钢阀门	手动对开多叶调节阀，1 000×320	个	3	339.10	1 017.30	—
26	030703001004	碳钢阀门	手动对开多叶调节阀，630×320	个	2	257.00	514.00	—
27	030703001005	碳钢阀门	手动对开多叶调节阀，630×250	个	1	234.61	234.61	—
28	030703001006	碳钢阀门	手动对开多叶调节阀，630×200	个	1	230.13	230.13	—
29	030703001007	碳钢阀门	手动对开多叶调节阀，400×160	个	1	179.38	179.38	—
30	030703001008	碳钢阀门	钢制蝶阀，500×250	个	2	191.20	382.40	—
31	030703001009	碳钢阀门	钢制蝶阀，400×320	个	2	218.02	436.04	—
32	030703001010	碳钢阀门	钢制蝶阀，400×250	个	20	139.14	2 782.80	—
33	030703001011	碳钢阀门	钢制蝶阀，400×200	个	2	129.67	259.34	—
34	030703001012	碳钢阀门	钢制蝶阀，400×160	个	2	121.78	243.56	—
35	030703001013	碳钢阀门	钢制蝶阀，320×200	个	8	117.05	936.40	—
36	030703001014	碳钢阀门	钢制蝶阀，320×160	个	1	109.16	109.16	—
37	030703001015	碳钢阀门	钢制蝶阀，160×160	个	1	78.35	78.35	—
38	030703001016	碳钢阀门	钢制蝶阀，120×120	个	19	39.35	747.65	—
39	030703007001	散流器	方形，300×300	个	42	204.41	8 585.22	—
40	030701003001	空调器	空调器 K-1	台	2	5 106.78	10 213.56	—
41	030701003002	空调器	空调器 K-2	台	1	5 106.78	5 106.78	—
42	030701003003	空调器	空调器 K-3	台	1	5 091.95	5 091.95	—
43	030701003004	空调器	新风处理机组	台	2	5 091.95	10 183.90	—
44	030701004001	风机盘管	MCW1200AT	台	5	2 131.22	10 656.10	—
45	030701004002	风机盘管	MCW1000AT	台	8	2 131.22	17 049.76	—
46	030701004003	风机盘管	MCW600AT	台	2	2 131.22	4 262.44	—
47	030701004004	风机盘管	MCW500AT	台	8	2 131.22	17 049.76	—
48	030701004005	风机盘管	MCW400AT	台	4	2 131.22	8 524.88	—
49	030701004006	风机盘管	MCW300AT	台	2	2 131.22	4 262.44	—
50	030701004007	风机盘管	MCW200AT	台	2	2 131.22	4 262.44	—
本页小计								—
合　计							224 736.48	

表 8-4　工程量清单综合单价分析表 1

工程名称：上海某娱乐中心三层通风空调工程　　标段：　　第 1 页　共 50 页

项目编码	030702001001	项目名称	碳钢通风管道	计量单位	m^2	工程量	39.74

清单综合单价组成明细											
定额编号	定额名称	定额单位	数量	单价				合价			
				人工费	材料费	机械费	管理费和利润	人工费	材料费	机械费	管理费和利润
9-7	1 600×320 风管制作安装	$10m^2$	0.10	115.87	167.99	11.68	130.93	11.59	16.80	1.17	13.09
11-2007	1 600 × 320 风管保温层	m^3	0.09	27.63	25.54	6.75	31.22	2.49	2.30	0.61	2.81
11-2159	1 600 × 320 风管防潮层	$10m^2$	0.12	11.15	8.93	—	12.60	1.34	1.07	—	1.51
11-2153	1 600 × 320 风管保护层	$10m^2$	0.24	10.91	0.20	—	12.33	2.62	0.048	—	2.96
11-60	1 600 × 320 风管刷第一遍调和漆	$10m^2$	0.10	6.50	0.32	—	7.35	0.65	0.032	—	0.73
11-61	1 600 × 320 风管刷第二遍调和漆	$10m^2$	0.10	6.27	0.32	—	7.09	0.63	0.032	—	0.71
人工单价		小计						19.31	20.28	1.78	21.82
23.22 元/工日		未计价材料费						115.90			
清单项目综合单价								179.09			

材料费明细	主要材料名称、规格、型号	单位	数量	单价/元	合价/元	暂估单价/元	暂估合价/元
	镀锌钢板 δ1	kg	11.38 × 0.1 × 7.85	7.3	65.21		
	毡类制品	kg	1.03 × 0.09 × 45	8.93	37.25		
	油毡纸 350g	$10m^2$	14 × 0.12	2.18	3.66		
	玻璃丝布 0.5mm	$10m^2$	14 × 0.24	2.8	7.32		
	酚醛调和漆各色	kg	(1.05 + 0.93) × 0.1	12.54	2.48		
	其他材料费			—		—	
	材料费小计			—	115.92	—	

注：①单价人工费、材料费、机械费可从《全国统一安装工程预算定额》查得；

②管理费和利润 = 管理费 + 利润，在此以人工费为基数，管理费 = 人工费 ×62%，利润 = 人工费 ×51%；

③合价人工费、材料费、机械费等于单价人工费、材料费、机械费乘以数量；

④数量 = 定额工程量/（清单工程量 × 定额单位），如 1 600 ×320 风管制作安装的数量 =39.74/(39.74 ×10)；

⑤未计价材料费 = Σ 未计价材料数量 × 材料单价，清单项目综合单价 = 人工费 + 材料费 + 机械费 + 管理费和利润 + 未计价材料费小计。

表 8-5 工程量清单综合单价分析表 2

工程名称:上海某娱乐中心三层通风空调工程　　标段:　　　　第 2 页　共 50 页

项目编码	030702001002		项目名称	碳钢通风管道			计量单位	m²		工程量	29.62
清单综合单价组成明细											
定额编号	定额名称	定额单位	数量	单价				合价			
				人工费	材料费	机械费	管理费和利润	人工费	材料费	机械费	管理费和利润
9-7	1 250×320 风管制作安装	10m²	0.10	115.87	167.99	11.68	130.93	11.59	16.80	1.17	13.09
11-1999	1 250 × 320 风管保温层	m³	0.088	29.72	25.54	6.75	33.58	2.49	2.30	0.61	2.81
11-2159	1 250 × 320 风管防潮层	10m²	0.12	11.15	8.93	—	12.60	1.32	1.06	—	1.49
11-2153	1 250 × 320 风管保护层	10m²	0.24	10.91	0.20	—	12.33	2.59	0.05	—	2.92
11-60	1 250 × 320 风管刷第一遍调和漆	10m²	0.10	6.50	0.32	—	7.35	0.65	0.032	—	0.73
11-61	1 250 × 320 风管刷第二遍调和漆	10m²	0.10	6.27	0.32	—	7.09	0.63	0.032	—	0.71
人工单价		小计						19.40	20.23	1.76	21.92
23.22 元/工日		未计价材料费						115.10			
清单项目综合单价								181.21			
材料费明细	主要材料名称、规格、型号					单位	数量	单价/元	合价/元	暂估单价/元	暂估合价/元
	镀锌钢板 δ1					kg	11.38 × 0.1 × 7.85	7.3	65.21		
	毡类制品					kg	1.03 × 0.088 × 45	8.93	36.42		
	油毡纸 350g					10m²	14 × 0.12	2.18	3.66		
	玻璃丝布 0.5mm					10m²	14 × 0.24	2.8	7.32		
	酚醛调和漆各色					kg	(1.05 + 0.93) × 0.1	12.54	2.48		
	其他材料费							—		—	
	材料费小计							—	115.10	—	

表 8-6　工程量清单综合单价分析表 3

工程名称:上海某娱乐中心三层通风空调工程　　标段:　　第 3 页　共 50 页

项目编码	030702001003	项目名称	碳钢通风管道	计量单位	m^2	工程量	128.83

清单综合单价组成明细											
定额编号	定额名称	定额单位	数量	单价				合价			
				人工费	材料费	机械费	管理费和利润	人工费	材料费	机械费	管理费和利润
9-7	1 000×320 风管制作安装	$10m^2$	0.10	115.87	167.99	11.68	130.93	11.59	16.80	1.17	13.09
11-1999	1 000 × 320 风管保温层	m^3	0.093	29.72	25.54	6.75	33.58	2.76	2.38	0.63	3.12
11-2159	1 000 × 320 风管防潮层	$10m^2$	0.13	11.15	8.93	—	12.60	1.41	1.13	—	1.60
11-2153	1 000 × 320 风管保护层	$10m^2$	0.25	10.91	0.20	—	12.33	2.77	0.05	—	3.13
11-60	1 000 × 320 风管刷第一遍调和漆	$10m^2$	0.10	6.50	0.32	—	7.35	0.65	0.032	—	0.73
11-61	1 000 × 320 风管刷第二遍调和漆	$10m^2$	0.10	6.27	0.32	—	7.09	0.63	0.032	—	0.71
人工单价		小计						19.81	20.42	1.80	22.38
23.22 元/工日		未计价材料费						117.50			
清单项目综合单价								181.91			

	主要材料名称、规格、型号	单位	数量	单价/元	合价/元	暂估单价/元	暂估合价/元
材料费明细	镀锌钢板 δ1	kg	11.38 × 0.1 × 7.85	7.30	65.21		
	毡类制品	kg	1.03 × 0.093 × 45	8.93	38.49		
	油毡纸 350g	$10m^2$	14 × 0.13	2.18	3.97		
	玻璃丝布 0.5mm	$10m^2$	14 × 0.25	2.80	7.33		
	酚醛调和漆各色	kg	(1.05 + 0.93) × 0.10	12.54	2.48		
	其他材料费			—		—	
	材料费小计			—	117.50	—	

表 8-7　工程量清单综合单价分析表 4

工程名称：上海某娱乐中心三层通风空调工程　　标段：　　第 4 页　共 50 页

项目编码	030702001004	项目名称	碳钢通风管道			计量单位	m^2		工程量	18.93	
清单综合单价组成明细											
定额编号	定额名称	定额单位	数量	单价				合价			
				人工费	材料费	机械费	管理费和利润	人工费	材料费	机械费	管理费和利润
9-7	800×320 风管制作安装	$10m^2$	0.10	115.87	167.99	11.68	130.93	11.59	16.80	1.17	13.09
11-1999	800×320 风管保温层	m^3	0.095	29.72	25.54	6.75	33.58	2.83	2.43	0.64	3.20
11-2159	800×320 风管防潮层	$10m^2$	0.13	11.15	8.93	—	12.60	1.47	1.18	—	1.66
11-2153	800×320 风管保护层	$10m^2$	0.26	10.91	0.20	—	12.33	2.87	0.05	—	3.25
11-60	800×320 风管刷第一遍调和漆	$10m^2$	0.10	6.50	0.32	—	7.35	0.65	0.032	—	0.73
11-61	800×320 风管刷第二遍调和漆	$10m^2$	0.10	6.27	0.32	—	7.09	0.63	0.032	—	0.71
人工单价		小计						20.04	20.52	1.81	22.64
23.22 元/工日		未计价材料费						118.90			
清单项目综合单价								183.91			
材料费明细	主要材料名称、规格、型号					单位	数量	单价/元	合价/元	暂估单价/元	暂估合价/元
	镀锌钢板 δ1					kg	11.38×0.10×7.85	7.30	65.21		
	毡类制品					kg	1.03×0.095×45	8.93	39.32		
	油毡纸 350g					$10m^2$	14×0.13	2.18	3.97		
	玻璃丝布 0.5mm					$10m^2$	14×0.26	2.80	7.94		
	酚醛调和漆各色					kg	(1.05+0.93)×0.10	12.54	2.48		
	其他材料费							—		—	
	材料费小计							—	118.90	—	

表 8-8　工程量清单综合单价分析表 5

工程名称：上海某娱乐中心三层通风空调工程　　标段：　　第 5 页　共 50 页

项目编码	030702001005	项目名称	碳钢通风管道			计量单位	m^2		工程量	23.71	
清单综合单价组成明细											
定额编号	定额名称	定额单位	数量	单价				合价			
				人工费	材料费	机械费	管理费和利润	人工费	材料费	机械费	管理费和利润
9-6	630 × 320 风管制作安装	$10m^2$	0.10	154.18	213.52	19.35	174.22	15.42	21.35	1.94	17.42
11-1999	630 × 320 风管保温层	m^3	0.097	29.72	25.54	6.75	33.58	2.88	2.48	0.66	3.26
11-2159	630 × 320 风管防潮层	$10m^2$	0.14	11.15	8.93	—	12.60	1.53	1.22	—	1.73
11-2153	630 × 320 风管保护层	$10m^2$	0.27	10.91	0.20	—	12.33	2.99	0.05	—	3.38
11-60	630 × 320 风管刷第一遍调和漆	$10m^2$	0.10	6.50	0.32	—	7.35	0.65	0.032	—	0.73
11-61	630 × 320 风管刷第二遍调和漆	$10m^2$	0.10	6.27	0.32	—	7.09	0.63	0.032	—	0.71
人工单价		小计						24.10	25.17	2.59	27.23
23.22 元/工日		未计价材料费						92.81			
清单项目综合单价								171.90			

材料费明细	主要材料名称、规格、型号	单位	数量	单价/元	合价/元	暂估单价/元	暂估合价/元
	镀锌钢板 δ0.75	kg	11.38 × 0.10	33.10	37.67		
	毡类制品	kg	1.03 × 0.097 × 45	8.93	40.15		
	油毡纸 350g	$10m^2$	14 × 0.14	2.18	4.27		
	玻璃丝布 0.5mm	$10m^2$	14 × 0.27	2.80	8.24		
	酚醛调和漆各色	kg	(1.05 + 0.93) × 0.10	12.54	2.48		
	其他材料费			—		—	
	材料费小计			—	92.81	—	

表 8-9　工程量清单综合单价分析表 6

工程名称:上海某娱乐中心三层通风空调工程　　　标段:　　　　　　　　　　第 6 页　共 50 页

<table>
<tr><td>项目编码</td><td>030702001006</td><td>项目名称</td><td colspan="3">碳钢通风管道</td><td>计量单位</td><td>m^2</td><td>工程量</td><td colspan="3">18.85</td></tr>
<tr><td colspan="12">清单综合单价组成明细</td></tr>
<tr><td rowspan="2">定额编号</td><td rowspan="2">定额名称</td><td rowspan="2">定额单位</td><td rowspan="2">数量</td><td colspan="4">单　价</td><td colspan="4">合　价</td></tr>
<tr><td>人工费</td><td>材料费</td><td>机械费</td><td>管理费和利润</td><td>人工费</td><td>材料费</td><td>机械费</td><td>管理费和利润</td></tr>
<tr><td>9-6</td><td>630 × 250 风管制作安装</td><td>$10m^2$</td><td>0.10</td><td>154.18</td><td>213.52</td><td>19.35</td><td>174.22</td><td>15.42</td><td>21.35</td><td>1.94</td><td>17.42</td></tr>
<tr><td>11-1999</td><td>630 × 250 风管保温层</td><td>m^3</td><td>0.098</td><td>29.72</td><td>25.54</td><td>6.75</td><td>33.58</td><td>2.91</td><td>2.50</td><td>0.66</td><td>3.29</td></tr>
<tr><td>11-2159</td><td>630 × 250 风管防潮层</td><td>$10m^2$</td><td>0.14</td><td>11.15</td><td>8.93</td><td>—</td><td>12.60</td><td>1.56</td><td>1.25</td><td>—</td><td>1.76</td></tr>
<tr><td>11-2153</td><td>630 × 250 风管保护层</td><td>$10m^2$</td><td>0.28</td><td>10.91</td><td>0.20</td><td>—</td><td>12.33</td><td>2.99</td><td>0.05</td><td>—</td><td>3.38</td></tr>
<tr><td>11-60</td><td>630 × 250 风管刷第一遍调和漆</td><td>$10m^2$</td><td>0.10</td><td>6.50</td><td>0.32</td><td>—</td><td>7.35</td><td>0.65</td><td>0.032</td><td>—</td><td>0.73</td></tr>
<tr><td>11-61</td><td>630 × 250 风管刷第二遍调和漆</td><td>$10m^2$</td><td>0.10</td><td>6.27</td><td>0.32</td><td>—</td><td>7.09</td><td>0.63</td><td>0.032</td><td>—</td><td>0.71</td></tr>
<tr><td colspan="2">人工单价</td><td colspan="6">小　计</td><td>24.21</td><td>25.22</td><td>2.60</td><td>27.36</td></tr>
<tr><td colspan="2">23.22 元/工日</td><td colspan="6">未计价材料费</td><td colspan="4">93.53</td></tr>
<tr><td colspan="8">清单项目综合单价</td><td colspan="4">172.92</td></tr>
<tr><td rowspan="10">材料费明细</td><td colspan="5">主要材料名称、规格、型号</td><td>单位</td><td>数量</td><td>单价/元</td><td>合价/元</td><td>暂估单价/元</td><td>暂估合价/元</td></tr>
<tr><td colspan="5">镀锌钢板 δ0.75</td><td>kg</td><td>11.38 × 0.10</td><td>33.10</td><td>37.67</td><td></td><td></td></tr>
<tr><td colspan="5">毡类制品</td><td>kg</td><td>1.03 × 0.098 × 45</td><td>8.93</td><td>40.56</td><td></td><td></td></tr>
<tr><td colspan="5">油毡纸 350g</td><td>$10m^2$</td><td>14 × 0.14</td><td>2.18</td><td>4.27</td><td></td><td></td></tr>
<tr><td colspan="5">玻璃丝布 0.5mm</td><td>$10m^2$</td><td>14 × 0.28</td><td>2.80</td><td>8.55</td><td></td><td></td></tr>
<tr><td colspan="5">酚醛调和漆各色</td><td>kg</td><td>(1.05 + 0.93) × 0.10</td><td>12.54</td><td>2.48</td><td></td><td></td></tr>
<tr><td colspan="5"></td><td></td><td></td><td></td><td></td><td></td><td></td></tr>
<tr><td colspan="5"></td><td></td><td></td><td></td><td></td><td></td><td></td></tr>
<tr><td colspan="7">其他材料费</td><td>—</td><td></td><td>—</td><td></td></tr>
<tr><td colspan="7">材料费小计</td><td>—</td><td>93.53</td><td>—</td><td></td></tr>
</table>

表 8-10　工程量清单综合单价分析表 7

工程名称:上海某娱乐中心三层通风空调工程　　标段:　　第 7 页　共 50 页

项目编码	030702001007	项目名称	碳钢通风管道			计量单位	m²		工程量		33.93
清单综合单价组成明细											
定额编号	定额名称	定额单位	数量	单价				合价			
				人工费	材料费	机械费	管理费和利润	人工费	材料费	机械费	管理费和利润
9-6	630 × 200 风管制作安装	10m²	0.10	154.18	213.52	19.35	174.22	15.42	21.35	1.94	17.42
11-1991	630 × 200 风管保温层	m³	0.099	32.51	20.30	6.75	36.74	3.22	2.01	0.67	3.64
11-2159	630 × 200 风管防潮层	10m²	0.14	11.15	8.93	—	12.60	1.59	1.27	—	1.80
11-2153	630 × 200 风管保护层	10m²	0.29	10.91	0.20	—	12.33	3.11	0.06	—	3.52
11-60	630 × 200 风管刷第一遍调和漆	10m²	0.10	6.50	0.32	—	7.35	0.65	0.032	—	0.73
11-61	630 × 200 风管刷第二遍调和漆	10m²	0.10	6.27	0.32	—	7.09	0.63	0.032	—	0.71
人工单价		小　计						24.62	24.76	2.60	27.82
23.22 元/工日		未计价材料费						94.25			
清单项目综合单价								174.04			

	主要材料名称、规格、型号	单位	数量	单价/元	合价/元	暂估单价/元	暂估合价/元
材料费明细	镀锌钢板 δ0.75	kg	11.38 × 0.10	33.10	37.67		
	毡类制品	kg	1.03 × 0.099 × 45	8.93	40.98		
	油毡纸 350g	10m²	14 × 0.14	2.18	4.27		
	玻璃丝布 0.5mm	10m²	14 × 0.29	2.80	8.85		
	酚醛调和漆各色	kg	(1.05 + 0.93) × 0.10	12.54	2.48		
	其他材料费			—		—	
	材料费小计			—	94.25	—	

表 8-11　工程量清单综合单价分析表 8

工程名称:上海某娱乐中心三层通风空调工程　　标段:　　第 8 页　共 50 页

项目编码	030702001008	项目名称	碳钢通风管道			计量单位	m^2	工程量	36.47		
清单综合单价组成明细											
定额编号	定额名称	定额单位	数量	单价				合价			
				人工费	材料费	机械费	管理费和利润	人工费	材料费	机械费	管理费和利润
9-6	630 × 160 风管制作安装	$10m^2$	0.10	154.18	213.52	19.35	174.22	15.42	21.35	1.94	17.42
11-1991	630 × 160 风管保温层	m^3	0.10	32.51	20.30	6.75	36.74	3.24	2.02	0.67	3.66
11-2159	630 × 160 风管防潮层	$10m^2$	0.14	11.15	8.93	—	12.60	1.61	1.29	—	1.82
11-2153	630 × 160 风管保护层	$10m^2$	0.29	10.91	0.20	—	12.33	3.15	0.06	—	3.56
11-60	630 × 160 风管刷第一遍调和漆	$10m^2$	0.10	6.50	0.32	—	7.35	0.65	0.032	—	0.73
11-61	630 × 160 风管刷第二遍调和漆	$10m^2$	0.10	6.27	0.32	—	7.09	0.63	0.032	—	0.71
人工单价		小　计						24.70	24.79	2.61	27.91
23.22 元/工日		未计价材料费						94.67			
清单项目综合单价								174.68			
材料费明细	主要材料名称、规格、型号					单位	数量	单价/元	合价/元	暂估单价/元	暂估合价/元
	镀锌钢板 δ0.75					kg	11.38 × 0.10	33.10	37.67		
	毡类制品					kg	1.03 × 0.1 × 45	8.93	41.39		
	油毡纸 350g					$10m^2$	14 × 0.14	2.18	4.27		
	玻璃丝布 0.5mm					$10m^2$	14 × 0.29	2.80	8.85		
	酚醛调和漆各色					kg	(1.05 + 0.93) × 0.10	12.54	2.48		
	其他材料费							—		—	
	材料费小计							—	94.67	—	

表 8-12　工程量清单综合单价分析表 9

工程名称:上海某娱乐中心三层通风空调工程　　　标段:　　　　　　　　　第 9 页　共 50 页

项目编码	030702001009	项目名称	碳钢通风管道	计量单位	m^2	工程量	13.64

清单综合单价组成明细											
定额编号	定额名称	定额单位	数量	单价				合价			
				人工费	材料费	机械费	管理费和利润	人工费	材料费	机械费	管理费和利润
9-6	500 × 250 风管制作安装	$10m^2$	0.10	154.18	213.52	19.35	174.22	15.42	21.35	1.94	17.42
11-1999	500 × 250 风管保温层	m^3	0.101	29.72	25.54	6.75	33.58	3.02	2.59	0.68	3.41
11-2159	500 × 250 风管防潮层	$10m^2$	0.15	11.15	8.93	—	12.60	1.64	1.31	—	1.85
11-2153	500 × 250 风管保护层	$10m^2$	0.29	10.91	0.20	—	12.33	3.22	0.06	—	3.64
11-60	500 × 250 风管刷第一遍调和漆	$10m^2$	0.10	6.50	0.32	—	7.35	0.65	0.032	—	0.73
11-61	500 × 250 风管刷第二遍调和漆	$10m^2$	0.10	6.27	0.32	—	7.09	0.63	0.032	—	0.71
人工单价		小　计						24.57	25.38	2.62	27.76
23.22 元/工日		未计价材料费						95.39			
清单项目综合单价								175.72			

材料费明细	主要材料名称、规格、型号	单位	数量	单价/元	合价/元	暂估单价/元	暂估合价/元
	镀锌钢板 δ0.75	kg	11.38 × 0.10	33.10	37.67		
	毡类制品	kg	1.03 × 0.101 × 45	8.93	41.80		
	油毡纸 350g	$10m^2$	14 × 0.15	2.18	4.58		
	玻璃丝布 0.5mm	$10m^2$	14 × 0.29	2.80	8.85		
	酚醛调和漆各色	kg	(1.05 + 0.93) × 0.10	12.54	2.48		
	其他材料费			—		—	
	材料费小计			—	95.39	—	

表 8-13　工程量清单综合单价分析表 10

工程名称:上海某娱乐中心三层通风空调工程　　标段:　　　　第 10 页　共 50 页

项目编码	030702001010	项目名称	碳钢通风管道	计量单位	m^2	工程量	5.98

清单综合单价组成明细											
定额编号	定额名称	定额单位	数量	单价				合价			
				人工费	材料费	机械费	管理费和利润	人工费	材料费	机械费	管理费和利润
9-6	500 × 200 风管制作安装	$10m^2$	0.10	154.18	213.52	19.35	174.22	15.42	21.35	1.94	17.42
11-1991	500 × 200 风管保温层	m^3	0.102	32.51	20.30	6.75	36.74	3.31	2.06	0.69	3.73
11-2159	500 × 200 风管防潮层	$10m^2$	0.15	11.15	8.93	—	12.60	1.67	1.34	—	1.89
11-2153	500 × 200 风管保护层	$10m^2$	0.30	10.91	0.20	—	12.33	3.27	0.06	—	3.70
11-60	500 × 200 风管刷第一遍调和漆	$10m^2$	0.10	6.50	0.32	—	7.35	0.65	0.032	—	0.73
11-61	500 × 200 风管刷第二遍调和漆	$10m^2$	0.10	6.27	0.32	—	7.09	0.63	0.032	—	0.71
人工单价		小　计						24.95	24.88	2.62	28.19
23.22 元/工日		未计价材料费						96.11			
清单项目综合单价								176.75			

材料费明细	主要材料名称、规格、型号	单位	数量	单价/元	合价/元	暂估单价/元	暂估合价/元
	镀锌钢板 δ0.75	kg	11.38 × 0.10	33.10	37.67		
	毡类制品	kg	1.03 × 0.102 × 45	8.93	42.22		
	油毡纸 350g	$10m^2$	14 × 0.15	2.18	4.58		
	玻璃丝布 0.5mm	$10m^2$	14 × 0.30	2.80	9.16		
	酚醛调和漆各色	kg	(1.05 + 0.93) × 0.10	12.54	2.48		
	其他材料费			—		—	
	材料费小计			—	96.11	—	

表 8-14　工程量清单综合单价分析表 11

工程名称:上海某娱乐中心三层通风空调工程　　标段:　　第 11 页　共 50 页

项目编码	030702001011	项目名称	碳钢通风管道	计量单位	m^2	工程量	7.7

定额编号	定额名称	定额单位	数量	单价				合价			
				人工费	材料费	机械费	管理费和利润	人工费	材料费	机械费	管理费和利润
9-6	500 × 160 风管制作安装	$10m^2$	0.10	154.18	213.52	19.35	174.22	15.42	21.35	1.94	17.42
11-1991	500 × 160 风管保温层	m^3	0.104	32.51	20.30	6.75	36.74	3.38	2.11	0.70	3.82
11-2159	500 × 160 风管防潮层	$10m^2$	0.15	11.15	8.93	—	12.60	1.71	1.37	—	1.93
11-2153	500 × 160 风管保护层	$10m^2$	0.31	10.91	0.20	—	12.33	3.34	0.06	—	3.78
11-60	500 × 160 风管刷第一遍调和漆	$10m^2$	0.10	6.50	0.32	—	7.35	0.65	0.032	—	0.73
11-61	500 × 160 风管刷第二遍调和漆	$10m^2$	0.10	6.27	0.32	—	7.09	0.63	0.032	—	0.71
人工单价		小计						25.13	24.95	2.64	28.39
23.22 元/工日		未计价材料费						97.24			
清单项目综合单价								178.35			

	主要材料名称、规格、型号	单位	数量	单价/元	合价/元	暂估单价/元	暂估合价/元
材料费明细	镀锌钢板 δ0.75	kg	11.38 × 0.10	33.10	37.67		
	毡类制品	kg	1.03 × 0.104 × 45	8.93	43.05		
	油毡纸 350g	$10m^2$	14 × 0.15	2.18	4.58		
	玻璃丝布 0.5mm	$10m^2$	14 × 0.31	2.80	9.46		
	酚醛调和漆各色	kg	(1.05 + 0.93) × 0.10	12.54	2.48		
	其他材料费			—		—	
	材料费小计			—	97.24	—	

表 8-15　工程量清单综合单价分析表 12

工程名称:上海某娱乐中心三层通风空调工程　　　标段:　　　　　　　　　　第 12 页　共 50 页

项目编码	030702001012	项目名称		碳钢通风管道			计量单位	m^2	工程量		21.05
清单综合单价组成明细											
定额编号	定额名称	定额单位	数量	单价				合价			
				人工费	材料费	机械费	管理费和利润	人工费	材料费	机械费	管理费和利润
9-6	400 × 320 风管制作安装	$10m^2$	0.10	154.18	213.52	19.35	174.22	15.42	21.35	1.94	17.42
11-1999	400 × 320 风管保温层	m^3	0.101	29.72	25.54	6.75	33.58	3.01	2.59	0.68	3.41
11-2159	400 × 320 风管防潮层	$10m^2$	0.15	11.15	8.93	—	12.60	1.66	1.33	—	1.88
11-2153	400 × 320 风管保护层	$10m^2$	0.30	10.91	0.20	—	12.33	3.24	0.06	—	3. 66
11-60	400 × 320 风管刷第一遍调和漆	$10m^2$	0.10	6.50	0.32	—	7.35	0.65	0.032	—	0.73
11-61	400 × 320 风管刷第二遍调和漆	$10m^2$	0.10	6.27	0.32	—	7.09	0.63	0.032	—	0.71
人工单价		小　计						24.61	25.39	2.62	27.81
23.22 元/工日		未计价材料费						95.69			
清单项目综合单价								176.12			
材料费明细	主要材料名称、规格、型号					单位	数量	单价/元	合价/元	暂估单价/元	暂估合价/元
	镀锌钢板 δ0.75					kg	11.38 × 0.10	33.10	37.67		
	毡类制品					kg	1.03 × 0.101 × 45	8.93	41.80		
	油毡纸 350g					$10m^2$	14 × 0.15	2.18	4.58		
	玻璃丝布 0.5mm					$10m^2$	14 × 0.30	2.80	9.16		
	酚醛调和漆各色					kg	(1.05 + 0.93) × 0.10	12.54	2.48		
	其他材料费							—		—	
	材料费小计							—	95.69	—	

表 8-16　工程量清单综合单价分析表 13

工程名称:上海某娱乐中心三层通风空调工程　　　标段:　　　　　　　　　　第 13 页　共 50 页

项目编码	030702001013	项目名称	碳钢通风管道	计量单位	m^2	工程量	71.85

清单综合单价组成明细

定额编号	定额名称	定额单位	数量	单价				合价			
				人工费	材料费	机械费	管理费和利润	人工费	材料费	机械费	管理费和利润
9-6	400 × 250 风管制作安装	$10m^2$	0.10	154.18	213.52	19.35	174.22	15.42	21.35	1.94	17.42
11-1991	400 × 250 风管保温层	m^3	0.104	32.51	20.30	6.75	36.74	3.37	2.10	0.70	3.81
11-2159	400 × 250 风管防潮层	$10m^2$	0.15	11.15	8.93	—	12.60	1.72	1.38	—	1.94
11-2153	400 × 250 风管保护层	$10m^2$	0.31	10.91	0.20	—	12.33	3.36	0.06	—	3. 80
11-60	400 × 250 风管刷第一遍调和漆	$10m^2$	0.10	6.50	0.32	—	7.35	0.65	0.032	—	0.73
11-61	400 × 250 风管刷第二遍调和漆	$10m^2$	0.10	6.27	0.32	—	7.09	0.63	0.032	—	0.71
人工单价		小　计						25.14	24.96	2.63	28.41
23.22 元/工日		未计价材料费						97.24			
清单项目综合单价								178.38			

	主要材料名称、规格、型号	单位	数量	单价/元	合价/元	暂估单价/元	暂估合价/元
材料费明细	镀锌钢板 δ0.75	kg	11.38 × 0.10	33.10	37.67		
	毡类制品	kg	1.03 × 0.104 × 45	8.93	43.05		
	油毡纸 350g	$10m^2$	14 × 0.15	2.18	4.58		
	玻璃丝布 0.5mm	$10m^2$	14 × 0.31	2.80	9.46		
	酚醛调和漆各色	kg	(1.05 + 0.93) × 0.10	12.54	2.48		
	其他材料费			—		—	
	材料费小计			—	97.24	—	

表 8-17　工程量清单综合单价分析表 14

工程名称:上海某娱乐中心三层通风空调工程　　　标段:　　　　　　　第 14 页　共 50 页

项目编码	030702001014	项目名称	碳钢通风管道	计量单位	m^2	工程量	42.96

清单综合单价组成明细

定额编号	定额名称	定额单位	数量	单价				合价			
				人工费	材料费	机械费	管理费和利润	人工费	材料费	机械费	管理费和利润
9-6	400 × 200 风管制作安装	$10m^2$	0.10	154.18	213.52	19.35	174.22	15.42	21.35	1.94	17.42
11-1991	400 × 200 风管保温层	m^3	0.101	32.51	20.30	6.75	36.74	3.29	2.05	0.68	3.72
11-2159	400 × 200 风管防潮层	$10m^2$	0.16	11.15	8.93	—	12.60	1.77	1.42	—	2.00
11-2153	400 × 200 风管保护层	$10m^2$	0.32	10.91	0.20	—	12.33	3.46	0.06	—	3. 91
11-60	400 × 200 风管刷第一遍调和漆	$10m^2$	0.10	6.50	0.32	—	7.35	0.65	0.032	—	0.73
11-61	400 × 200 风管刷第二遍调和漆	$10m^2$	0.10	6.27	0.32	—	7.09	0.63	0.032	—	0.71
人工单价		小　计						25.21	24.95	2.62	28.49
23.22 元/工日		未计价材料费						96.61			
清单项目综合单价								177.88			

材料费明细	主要材料名称、规格、型号	单位	数量	单价/元	合价/元	暂估单价/元	暂估合价/元
	镀锌钢板 δ0.75	kg	11.38 × 0.10	33.10	37.67		
	毡类制品	kg	1.03 × 0.101 × 45	8.93	41.80		
	油毡纸 350g	$10m^2$	14 × 0.16	2.18	4.88		
	玻璃丝布 0.5mm	$10m^2$	14 × 0.32	2.80	9.77		
	酚醛调和漆各色	kg	(1.05 + 0.93) × 0.10	12.54	2.48		
	其他材料费			—		—	
	材料费小计			—	96.61	—	

表 8-18　工程量清单综合单价分析表 15

工程名称:上海某娱乐中心三层通风空调工程　　标段:　　第 15 页　共 50 页

项目编码	030702001015	项目名称	碳钢通风管道			计量单位	m^2		工程量	23.87	
清单综合单价组成明细											
定额编号	定额名称	定额单位	数量	单价				合价			
				人工费	材料费	机械费	管理费和利润	人工费	材料费	机械费	管理费和利润
9-6	400 × 160 风管制作安装	$10m^2$	0.10	154.18	213.52	19.35	174.22	15.42	21.35	1.94	17.42
11-1991	400 × 160 风管保温层	m^3	0.107	32.51	20.30	6.75	36.74	3.47	2.17	0.72	3.92
11-2159	400 × 160 风管防潮层	$10m^2$	0.16	11.15	8.93	—	12.60	1.81	1.45	—	2.05
11-2153	400 × 160 风管保护层	$10m^2$	0.33	10.91	0.20	—	12.33	3.55	0.07	—	4.01
11-60	400 × 160 风管刷第一遍调和漆	$10m^2$	0.10	6.50	0.32	—	7.35	0.65	0.032	—	0.73
11-61	400 × 160 风管刷第二遍调和漆	$10m^2$	0.10	6.27	0.32	—	7.09	0.63	0.032	—	0.71
人工单价		小　计						25.53	25.10	2.66	28.85
23.22 元/工日		未计价材料费						99.40			
清单项目综合单价								181.53			

	主要材料名称、规格、型号	单位	数量	单价/元	合价/元	暂估单价/元	暂估合价/元
材料费明细	镀锌钢板 δ0.75	kg	11.38 × 0.10	33.10	37.67		
	毡类制品	kg	1.03 × 0.107 × 45	8.93	44.29		
	油毡纸 350g	$10m^2$	14 × 0.16	2.18	4.88		
	玻璃丝布 0.5mm	$10m^2$	14 × 0.33	2.80	10.07		
	酚醛调和漆各色	kg	(1.05 + 0.93) × 0.10	12.54	2.48		
	其他材料费			—		—	
	材料费小计			—	99.40	—	

表 8-19　工程量清单综合单价分析表 16

工程名称:上海某娱乐中心三层通风空调工程　　标段:　　第 16 页　共 50 页

项目编码	030702001016	项目名称	碳钢通风管道	计量单位	m^2	工程量	19.91

定额编号	定额名称	定额单位	数量	单价				合价			
				人工费	材料费	机械费	管理费和利润	人工费	材料费	机械费	管理费和利润
9-6	320 × 200 风管制作安装	$10m^2$	0.10	154.18	213.52	19.35	174.22	15.42	21.35	1.94	17.42
11-1991	320 × 200 风管保温层	m^3	0.119	32.51	20.30	6.75	36.74	3.87	2.42	0.80	4.38
11-2159	320 × 200 风管防潮层	$10m^2$	0.17	11.15	8.93	—	12.60	1.87	1.50	—	2.11
11-2153	320 × 200 风管保护层	$10m^2$	0.34	10.91	0.20	—	12.33	3.66	0.07	—	4.14
11-60	320 × 200 风管刷第一遍调和漆	$10m^2$	0.10	6.50	0.32	—	7.35	0.65	0.032	—	0.73
11-61	320 × 200 风管刷第二遍调和漆	$10m^2$	0.10	6.27	0.32	—	7.09	0.63	0.032	—	0.71
人工单价		小计						26.10	25.40	2.74	29.49
23.22 元/工日		未计价材料费						105.00			
清单项目综合单价								188.73			

	主要材料名称、规格、型号	单位	数量	单价/元	合价/元	暂估单价/元	暂估合价/元
材料费明细	镀锌钢板 δ0.75	kg	11.38 × 0.10	33.10	37.67		
	毡类制品	kg	1.03 × 0.119 × 45	8.93	49.25		
	油毡纸 350g	$10m^2$	14 × 0.17	2.18	5.19		
	玻璃丝布 0.5mm	$10m^2$	14 × 0.34	2.80	10.38		
	酚醛调和漆各色	kg	(1.05 + 0.93) × 0.10	12.54	2.48		
	其他材料费			—		—	
	材料费小计			—	105.00	—	

表 8-20　工程量清单综合单价分析表 17

工程名称：上海某娱乐中心三层通风空调工程　　标段：　　第 17 页　共 50 页

项目编码	030702001017	项目名称	碳钢通风管道	计量单位	m^2	工程量	11.72

清单综合单价组成明细

定额编号	定额名称	定额单位	数量	单价				合价			
				人工费	材料费	机械费	管理费和利润	人工费	材料费	机械费	管理费和利润
9-6	320 × 160 风管制作安装	$10m^2$	0.10	154.18	213.52	19.35	174.22	15.42	21.35	1.94	17.42
11-1991	320 × 160 风管保温层	m^3	0.111	32.51	20.30	6.75	36.74	3.61	2.26	0.75	4.08
11-2159	320 × 160 风管防潮层	$10m^2$	0.17	11.15	8.93	—	12.60	1.93	1.55	—	2.19
11-2153	320 × 160 风管保护层	$10m^2$	0.35	10.91	0.20	—	12.33	3.79	0.07	—	4.28
11-60	320 × 160 风管刷第一遍调和漆	$10m^2$	0.10	6.50	0.32	—	7.35	0.65	0.032	—	0.73
11-61	320 × 160 风管刷第二遍调和漆	$10m^2$	0.10	6.27	0.32	—	7.09	0.63	0.032	—	0.71
人工单价		小　计						26.03	25.29	2.69	29.41
23.22 元/工日		未计价材料费						101.97			
清单项目综合单价								185.39			

材料费明细	主要材料名称、规格、型号	单位	数量	单价/元	合价/元	暂估单价/元	暂估合价/元
	镀锌钢板 δ0.75	kg	11.38 × 0.10	33.10	37.67		
	毡类制品	kg	1.03 × 0.111 × 45	8.93	45.94		
	油毡纸 350g	$10m^2$	14 × 0.17	2.18	5.19		
	玻璃丝布 0.5mm	$10m^2$	14 × 0.35	2.80	10.68		
	酚醛调和漆各色	kg	(1.05 + 0.93) × 0.10	12.54	2.48		
	其他材料费			—		—	
	材料费小计			—	101.97	—	

表 8-21　工程量清单综合单价分析表 18

工程名称：上海某娱乐中心三层通风空调工程　　标段：　　第 18 页　共 50 页

<table>
<tr><td>项目编码</td><td>030702001018</td><td>项目名称</td><td colspan="3">碳钢通风管道</td><td colspan="2">计量单位</td><td>m²</td><td colspan="2">工程量</td><td>5.93</td></tr>
<tr><td colspan="12">清单综合单价组成明细</td></tr>
<tr><td rowspan="2">定额编号</td><td rowspan="2">定额名称</td><td rowspan="2">定额单位</td><td rowspan="2">数量</td><td colspan="4">单　价</td><td colspan="4">合　价</td></tr>
<tr><td>人工费</td><td>材料费</td><td>机械费</td><td>管理费和利润</td><td>人工费</td><td>材料费</td><td>机械费</td><td>管理费和利润</td></tr>
<tr><td>9-6</td><td>250 × 160 风管制作安装</td><td>10m²</td><td>0.10</td><td>154.18</td><td>213.52</td><td>19.35</td><td>174.22</td><td>15.42</td><td>21.35</td><td>1.94</td><td>17.42</td></tr>
<tr><td>11-1991</td><td>250 × 160 风管保温层</td><td>m³</td><td>0.117</td><td>32.51</td><td>20.30</td><td>6.75</td><td>36.74</td><td>3.80</td><td>2.37</td><td>0.79</td><td>4.30</td></tr>
<tr><td>11-2159</td><td>250 × 160 风管防潮层</td><td>10m²</td><td>0.19</td><td>11.15</td><td>8.93</td><td>—</td><td>12.60</td><td>2.08</td><td>1.66</td><td>—</td><td>2.35</td></tr>
<tr><td>11-2153</td><td>250 × 160 风管保护层</td><td>10m²</td><td>0.37</td><td>10.91</td><td>0.20</td><td>—</td><td>12.33</td><td>4.09</td><td>0.07</td><td>—</td><td>4.62</td></tr>
<tr><td>11-60</td><td>250 × 160 风管刷第一遍调和漆</td><td>10m²</td><td>0.10</td><td>6.50</td><td>0.32</td><td>—</td><td>7.35</td><td>0.65</td><td>0.032</td><td>—</td><td>0.73</td></tr>
<tr><td>11-61</td><td>250 × 160 风管刷第二遍调和漆</td><td>10m²</td><td>0.10</td><td>6.27</td><td>0.32</td><td>—</td><td>7.09</td><td>0.63</td><td>0.032</td><td>—</td><td>0.71</td></tr>
<tr><td colspan="2">人工单价</td><td colspan="6">小　计</td><td>26.66</td><td>25.53</td><td>2.72</td><td>30.13</td></tr>
<tr><td colspan="2">23.22 元/工日</td><td colspan="6">未计价材料费</td><td colspan="4">105.67</td></tr>
<tr><td colspan="8">清单项目综合单价</td><td colspan="4">190.71</td></tr>
<tr><td rowspan="10">材料费明细</td><td colspan="5">主要材料名称、规格、型号</td><td>单位</td><td>数量</td><td>单价/元</td><td>合价/元</td><td>暂估单价/元</td><td>暂估合价/元</td></tr>
<tr><td colspan="5">镀锌钢板 δ0.75</td><td>kg</td><td>11.38 × 0.10</td><td>33.10</td><td>37.67</td><td></td><td></td></tr>
<tr><td colspan="5">毡类制品</td><td>kg</td><td>1.03 × 0.117 × 45</td><td>8.93</td><td>48.43</td><td></td><td></td></tr>
<tr><td colspan="5">油毡纸 350g</td><td>10m²</td><td>14 × 0.19</td><td>2.18</td><td>5.80</td><td></td><td></td></tr>
<tr><td colspan="5">玻璃丝布 0.5mm</td><td>10m²</td><td>14 × 0.37</td><td>2.80</td><td>11.29</td><td></td><td></td></tr>
<tr><td colspan="5">酚醛调和漆各色</td><td>kg</td><td>(1.05 + 0.93) × 0.10</td><td>12.54</td><td>2.48</td><td></td><td></td></tr>
<tr><td colspan="5"></td><td></td><td></td><td></td><td></td><td></td><td></td></tr>
<tr><td colspan="5"></td><td></td><td></td><td></td><td></td><td></td><td></td></tr>
<tr><td colspan="7">其他材料费</td><td>—</td><td></td><td>—</td><td></td></tr>
<tr><td colspan="7">材料费小计</td><td>—</td><td>105.67</td><td>—</td><td></td></tr>
</table>

表 8-22　工程量清单综合单价分析表 19

工程名称:上海某娱乐中心三层通风空调工程　　标段:　　第 19 页　共 50 页

项目编码	030702001019	项目名称	碳钢通风管道			计量单位	m^2		工程量	3.57	
清单综合单价组成明细											
定额编号	定额名称	定额单位	数量	单价				合价			
				人工费	材料费	机械费	管理费和利润	人工费	材料费	机械费	管理费和利润
9-5	250 × 120 风管制作安装	$10m^2$	0.10	211.77	196.98	32.90	239.30	21.18	19.70	3.29	23.93
11-1991	250 × 120 风管保温层	m^3	0.119	32.51	20.30	6.75	36.74	3.88	2.42	0.81	4.39
11-2159	250 × 120 风管防潮层	$10m^2$	0.19	11.15	8.93	—	12.60	2.17	1.74	—	2.45
11-2153	250 × 120 风管保护层	$10m^2$	0.39	10.91	0.20	—	12.33	4.21	0.08	—	4.76
11-60	250 × 120 风管刷第一遍调和漆	$10m^2$	0.10	6.50	0.32	—	7.35	0.65	0.032	—	0.73
11-61	250 × 120 风管刷第二遍调和漆	$10m^2$	0.10	6.27	0.32	—	7.09	0.63	0.032	—	0.71
人工单价		小计						32.72	24.00	4.10	36.97
23.22 元/工日		未计价材料费						96.46			
清单项目综合单价								194.25			

	主要材料名称、规格、型号	单位	数量	单价/元	合价/元	暂估单价/元	暂估合价/元
材料费明细	镀锌钢板 δ0.5	kg	11.38 × 0.10 × 3.925	6.05	27.02		
	毡类制品	kg	1.03 × 0.119 × 45	8.93	49.25		
	油毡纸 350g	$10m^2$	14 × 0.19	2.18	5.80		
	玻璃丝布 0.5mm	$10m^2$	14 × 0.39	2.80	11.90		
	酚醛调和漆各色	kg	(1.05 + 0.93) × 0.10	12.54	2.48		
	其他材料费			—		—	
	材料费小计			—	96.46	—	

表 8-23　工程量清单综合单价分析表 20

工程名称:上海某娱乐中心三层通风空调工程　　　标段:　　　　　　　　第 20 页　共 50 页

项目编码	030702001020	项目名称	碳钢通风管道	计量单位	m^2	工程量	4.67

清单综合单价组成明细

定额编号	定额名称	定额单位	数量	单价				合价			
				人工费	材料费	机械费	管理费和利润	人工费	材料费	机械费	管理费和利润
9-5	200 × 120 风管制作安装	$10m^2$	0.10	211.77	196.98	32.90	239.30	21.18	19.70	3.29	23.93
11-1991	200 × 120 风管保温层	m^3	0.126	32.51	20.30	6.75	36.74	4.08	2.55	0.85	4.61
11-2159	200 × 120 风管防潮层	$10m^2$	0.21	11.15	8.93	—	12.60	2.32	1.86	—	2.63
11-2153	200 × 120 风管保护层	$10m^2$	0.42	10.91	0.20	—	12.33	4.55	0.08	—	5.14
11-60	200 × 120 风管刷第一遍调和漆	$10m^2$	0.10	6.50	0.32	—	7.35	0.65	0.032	—	0.73
11-61	200 × 120 风管刷第二遍调和漆	$10m^2$	0.10	6.27	0.32	—	7.09	0.63	0.032	—	0.71
人工单价		小　计						33.41	24.26	4.14	37.75
23.22 元/工日		未计价材料费						100.89			
清单项目综合单价								200.45			

材料费明细	主要材料名称、规格、型号	单位	数量	单价/元	合价/元	暂估单价/元	暂估合价/元
	镀锌钢板 δ0.5	kg	11.38 × 0.10 × 3.925	6.05	27.02		
	毡类制品	kg	1.03 × 0.126 × 45	8.93	52.15		
	油毡纸 350g	$10m^2$	14 × 0.21	2.18	6.41		
	玻璃丝布 0.5mm	$10m^2$	14 × 0.42	2.80	12.82		
	酚醛调和漆各色	kg	(1.05 + 0.93) × 0.10	12.54	2.48		
	其他材料费			—		—	
	材料费小计			—	100.89	—	

表 8-24　工程量清单综合单价分析表 21

工程名称：上海某娱乐中心三层通风空调工程　　　标段：　　　　　　　　第 21 页　共 50 页

项目编码	030702001021	项目名称	碳钢通风管道	计量单位	m^2	工程量	2.14

清单综合单价组成明细

定额编号	定额名称	定额单位	数量	单价				合价			
				人工费	材料费	机械费	管理费和利润	人工费	材料费	机械费	管理费和利润
9-5	160 × 160 风管制作安装	$10m^2$	0.10	211.77	196.98	32.90	239.30	21.18	19.70	3.29	23.93
11-1991	160 × 160 风管保温层	m^3	0.129	32.51	20.30	6.75	36.74	4.18	2.61	0.87	4.72
11-2159	160 × 160 风管防潮层	$10m^2$	0.21	11.15	8.93	—	12.60	2.39	1.91	—	2.70
11-2153	160 × 160 风管保护层	$10m^2$	0.43	10.91	0.20	—	12.33	4.68	0.09	—	5.28
11-60	160 × 160 风管刷第一遍调和漆	$10m^2$	0.10	6.50	0.32	—	7.35	0.65	0.032	—	0.73
11-61	160 × 160 风管刷第二遍调和漆	$10m^2$	0.10	6.27	0.32	—	7.09	0.63	0.032	—	0.71
人工单价		小计						32.70	24.37	4.16	38.08
23.22 元/工日		未计价材料费						102.43			
清单项目综合单价								202.74			

材料费明细	主要材料名称、规格、型号	单位	数量	单价/元	合价/元	暂估单价/元	暂估合价/元
	镀锌钢板 δ0.5	kg	11.38 × 0.10 × 3.925	6.05	27.02		
	毡类制品	kg	1.03 × 0.129 × 45	8.93	53.39		
	油毡纸 350g	$10m^2$	14 × 0.21	2.18	6.41		
	玻璃丝布 0.5mm	$10m^2$	14 × 0.43	2.80	13.12		
	酚醛调和漆各色	kg	(1.05 + 0.93) × 0.10	12.54	2.48		
	其他材料费			—		—	
	材料费小计			—	102.43	—	

表 8-25　工程量清单综合单价分析表 22

工程名称:上海某娱乐中心三层通风空调工程　　　标段:　　　　　　　　　　第 22 页　共 50 页

项目编码	030702001022	项目名称	碳钢通风管道	计量单位	m^2	工程量	35.49

清单综合单价组成明细											
定额编号	定额名称	定额单位	数量	单价				合价			
				人工费	材料费	机械费	管理费和利润	人工费	材料费	机械费	管理费和利润
9-5	120 × 120 风管制作安装	$10m^2$	0.10	211.77	196.98	32.90	239.30	21.18	19.70	3.29	23.93
11-1983	120 × 120 风管保温层	m^3	0.139	36.46	20.30	6.75	41.20	5.08	2.83	0.94	5.74
11-2159	120 × 120 风管防潮层	$10m^2$	0.25	11.15	8.93	—	12.60	2.75	2.20	—	3.11
11-2153	120 × 120 风管保护层	$10m^2$	0.49	10.91	0.20	—	12.33	5.38	0.10	—	6.08
11-60	120 × 120 风管刷第一遍调和漆	$10m^2$	0.10	6.50	0.32	—	7.35	0.65	0.032	—	0.73
11-61	120 × 120 风管刷第二遍调和漆	$10m^2$	0.10	6.27	0.32	—	7.09	0.63	0.032	—	0.71
人工单价		小计						35.67	24.89	4.23	40.31
23.22 元/工日		未计价材料费						109.62			
清单项目综合单价								214.72			

材料费明细	主要材料名称、规格、型号	单位	数量	单价/元	合价/元	暂估单价/元	暂估合价/元
	镀锌钢板 δ0.5	kg	11.38 × 0.10 × 3.925	6.05	27.02		
	毡类制品	kg	1.03 × 0.139 × 45	8.93	57.53		
	油毡纸 350g	$10m^2$	14 × 0.25	2.18	7.63		
	玻璃丝布 0.5mm	$10m^2$	14 × 0.49	2.80	14.95		
	酚醛调和漆各色	kg	(1.05 + 0.93) × 0.10	12.54	2.48		
	其他材料费			—		—	
	材料费小计			—	109.62	—	

表 8-26　工程量清单综合单价分析表 23

工程名称:上海某娱乐中心三层通风空调工程　　标段:　　第 23 页　共 50 页

项目编码	030703001001	项目名称	碳钢阀门			计量单位		个		工程量	3
清单综合单价组成明细											
定额编号	定额名称	定额单位	数量	单价				合价			
				人工费	材料费	机械费	管理费和利润	人工费	材料费	机械费	管理费和利润
9-62	手动对开多叶调节阀 1 600 × 320 制作	100kg	0.294	344.58	546.37	212.34	389.38	101.31	160.63	62.43	114.48
9-85	手动对开多叶调节阀 1 600 × 320 安装	个	1	11.61	19.81	—	13.12	11.61	19.81	—	13.12
人工单价		小　计						112.92	180.44	62.43	127.60
23.22 元/工日		未计价材料费						—			
清单项目综合单价								483.38			

材料费明细	主要材料名称、规格、型号	单位	数量	单价/元	合价/元	暂估单价/元	暂估合价/元
	其他材料费			—		—	
	材料费小计			—		—	

表 8-27　工程量清单综合单价分析表 24

工程名称:上海某娱乐中心三层通风空调工程　　标段:　　第 24 页　共 50 页

项目编码	030703001002	项目名称	碳钢阀门			计量单位		个		工程量	2
清单综合单价组成明细											
定额编号	定额名称	定额单位	数量	单价				合价			
				人工费	材料费	机械费	管理费和利润	人工费	材料费	机械费	管理费和利润
9-62	手动对开多叶调节阀 1 250 × 320 制作	100kg	0.239	344.58	546.37	212.34	389.38	82.35	130.58	50.75	93.06
9-85	手动对开多叶调节阀 1 250 × 320 安装	个	1	11.61	19.81	—	13.12	11.61	19.81	—	13.12
人工单价		小　计						93.96	150.39	50.75	106.18
23.22 元/工日		未计价材料费						—			
清单项目综合单价								401.29			

（续表）

材料费明细	主要材料名称、规格、型号	单位	数量	单价/元	合价/元	暂估单价/元	暂估合价/元
	其他材料费			—		—	
	材料费小计			—		—	

表 8-28　工程量清单综合单价分析表 25

工程名称：上海某娱乐中心三层通风空调工程　　标段：　　第 25 页　共 50 页

项目编码	030703001003	项目名称	碳钢阀门	计量单位	个	工程量	3

定额编号	定额名称	定额单位	数量	单价				合价			
				人工费	材料费	机械费	管理费和利润	人工费	材料费	机械费	管理费和利润
9-62	手动对开多叶调节阀 1 000 × 320 制作	100kg	0.202	344.58	546.37	212.34	389.38	69.61	110.37	42.89	78.65
9-84	手动对开多叶调节阀 1 000 × 320 安装	个	1	10.45	15.32	—	11.81	10.45	15.32	—	11.81
人工单价		小　计						80.06	125.69	42.89	90.46
23.22 元/工日		未计价材料费						—			
清单项目综合单价								339.10			

材料费明细	主要材料名称、规格、型号	单位	数量	单价/元	合价/元	暂估单价/元	暂估合价/元
	其他材料费			—		—	
	材料费小计			—		—	

表 8-29　工程量清单综合单价分析表 26

工程名称：上海某娱乐中心三层通风空调工程　　标段：　　第 26 页　共 50 页

项目编码	030703001004	项目名称	碳钢阀门	计量单位	个	工程量	2

定额编号	定额名称	定额单位	数量	单价				合价			
				人工费	材料费	机械费	管理费和利润	人工费	材料费	机械费	管理费和利润
9-62	手动对开多叶调节阀 630 × 320 制作	100kg	0.147	344.58	546.37	212.34	389.38	50.65	80.32	31.21	57.24

（续表）

定额编号	定额名称	定额单位	数量	单价				合价			
				人工费	材料费	机械费	管理费和利润	人工费	材料费	机械费	管理费和利润
9-84	手动对开多叶调节阀 630 × 320 安装	个	1	10.45	15.32	—	11.81	10.45	15.32	—	11.81
人工单价		小计						61.10	95.64	31.21	69.05
23.22 元/工日		未计价材料费						—			
清单项目综合单价								257.00			

材料费明细	主要材料名称、规格、型号	单位	数量	单价/元	合价/元	暂估单价/元	暂估合价/元
	其他材料费			—		—	
	材料费小计			—		—	

表 8-30　工程量清单综合单价分析表 27

工程名称：上海某娱乐中心三层通风空调工程　　标段：　　第 27 页　共 50 页

项目编码	030703001005	项目名称	碳钢阀门	计量单位	个	工程量	1

清单综合单价组成明细

定额编号	定额名称	定额单位	数量	单价				合价			
				人工费	材料费	机械费	管理费和利润	人工费	材料费	机械费	管理费和利润
9-62	手动对开多叶调节阀 630 × 250 制作	100kg	0.132	344.58	546.37	212.34	389.38	45.48	72.12	28.03	51.40
9-84	手动对开多叶调节阀 630 × 250 安装	个	1	10.45	15.32	—	11.81	10.45	15.32	—	11.81
人工单价		小计						55.93	87.44	28.03	63.21
23.22 元/工日		未计价材料费						—			
清单项目综合单价								234.61			

材料费明细	主要材料名称、规格、型号	单位	数量	单价/元	合价/元	暂估单价/元	暂估合价/元
	其他材料费			—		—	
	材料费小计			—		—	

表 8-31　工程量清单综合单价分析表 28

工程名称:上海某娱乐中心三层通风空调工程　　标段:　　第 28 页　共 50 页

项目编码	030703001006	项目名称	碳钢阀门			计量单位	个		工程量	1	
清单综合单价组成明细											
定额编号	定额名称	定额单位	数量	单价				合价			
				人工费	材料费	机械费	管理费和利润	人工费	材料费	机械费	管理费和利润
9-62	手动对开多叶调节阀 630 × 200 制作	100kg	0.129	344.58	546.37	212.34	389.38	44.45	70.48	27.39	50.23
9-84	手动对开多叶调节阀 630 × 200 安装	个	1	10.45	15.32	—	11.81	10.45	15.32	—	11.81
人工单价		小　计						54.90	85.80	27.39	62.04
23.22 元/工日		未计价材料费						—			
清单项目综合单价								230.13			
材料费明细	主要材料名称、规格、型号					单位	数量	单价/元	合价/元	暂估单价/元	暂估合价/元
	其他材料费							—		—	
	材料费小计							—		—	

表 8-32　工程量清单综合单价分析表 29

工程名称:上海某娱乐中心三层通风空调工程　　标段:　　第 29 页　共 50 页

项目编码	030703001007	项目名称	碳钢阀门			计量单位	个		工程量	1	
清单综合单价组成明细											
定额编号	定额名称	定额单位	数量	单价				合价			
				人工费	材料费	机械费	管理费和利润	人工费	材料费	机械费	管理费和利润
9-62	手动对开多叶调节阀 400 × 160 制作	100kg	0.095	344.58	546.37	212.34	389.38	32.74	51.91	20.17	36.99
9-84	手动对开多叶调节阀 400 × 160 安装	个	1	10.45	15.32	—	11.81	10.45	15.32	—	11.81
人工单价		小　计						43.19	67.23	20.17	48.80
23.22 元/工日		未计价材料费						—			
清单项目综合单价								179.38			
材料费明细	主要材料名称、规格、型号					单位	数量	单价/元	合价/元	暂估单价/元	暂估合价/元
	其他材料费							—		—	
	材料费小计							—		—	

表 8-33　工程量清单综合单价分析表 30

工程名称:上海某娱乐中心三层通风空调工程　　标段:　　第 30 页　共 50 页

项目编码	030703001008	项目名称	碳钢阀门			计量单位	个		工程量		2
清单综合单价组成明细											
定额编号	定额名称	定额单位	数量	单价				合价			
				人工费	材料费	机械费	管理费和利润	人工费	材料费	机械费	管理费和利润
9-53	钢制蝶阀 500×250 制作	100kg	0.104	344.35	402.58	441.69	389.12	35.81	41.87	45.94	40.47
9-73	钢制蝶阀 500×250 安装	个	1	6.97	3.33	8.94	7.88	6.97	3.33	8.94	7.88
人工单价		小计						42.78	45.20	54.88	48.34
23.22 元/工日		未计价材料费						—			
清单项目综合单价								191.20			
材料费明细	主要材料名称、规格、型号					单位	数量	单价/元	合价/元	暂估单价/元	暂估合价/元
	其他材料费							—		—	
	材料费小计							—		—	

表 8-34　工程量清单综合单价分析表 31

工程名称:上海某娱乐中心三层通风空调工程　　标段:　　第 31 页　共 50 页

项目编码	030703001009	项目名称	碳钢阀门			计量单位	个		工程量		2
清单综合单价组成明细											
定额编号	定额名称	定额单位	数量	单价				合价			
				人工费	材料费	机械费	管理费和利润	人工费	材料费	机械费	管理费和利润
9-53	钢制蝶阀 400×320 制作	100kg	0.121	344.35	402.58	441.69	389.12	41.67	48.71	53.44	47.08
9-73	钢制蝶阀 400×320 安装	个	1	6.97	3.33	8.94	7.88	6.97	3.33	8.94	7.88
人工单价		小计						48.64	52.04	62.38	54.96
23.22 元/工日		未计价材料费						—			
清单项目综合单价								218.02			
材料费明细	主要材料名称、规格、型号					单位	数量	单价/元	合价/元	暂估单价/元	暂估合价/元
	其他材料费							—		—	
	材料费小计							—		—	

表 8-35　工程量清单综合单价分析表 32

工程名称:上海某娱乐中心三层通风空调工程　　标段:　　第 32 页　共 50 页

项目编码	030703001010	项目名称	碳钢阀门			计量单位	个	工程量	20	
清单综合单价组成明细										
定额编号	定额名称	定额单位	数量	单价				合价		
				人工费	材料费	机械费	管理费和利润	人工费	材料费	机械费	管理费和利润
9-53	钢制蝶阀 400 × 250 制作	100kg	0.071	344.35	402.58	441.69	389.12	24.45	28.58	31.36	27.63
9-73	钢制蝶阀 400 × 250 安装	个	1	6.97	3.33	8.94	7.88	6.97	3.33	8.94	7.88
人工单价		小　计						31.42	31.91	40.30	35.50
23.22 元/工日		未计价材料费						—			
清单项目综合单价								139.14			
材料费明细	主要材料名称、规格、型号				单位	数量		单价/元	合价/元	暂估单价/元	暂估合价/元
	其他材料费							—		—	
	材料费小计							—		—	

表 8-36　工程量清单综合单价分析表 33

工程名称:上海某娱乐中心三层通风空调工程　　标段:　　第 33 页　共 50 页

项目编码	030703001011	项目名称	碳钢阀门			计量单位	个	工程量	2		
清单综合单价组成明细											
定额编号	定额名称	定额单位	数量	单价				合价			
				人工费	材料费	机械费	管理费和利润	人工费	材料费	机械费	管理费和利润
9-53	钢制蝶阀 400 × 200 制作	100kg	0.065	344.35	402.58	441.69	389.12	22.38	26.17	28.71	25.29
9-73	钢制蝶阀 400 × 200 安装	个	1	6.97	3.33	8.94	7.88	6.97	3.33	8.94	7.88
人工单价		小　计						29.35	29.50	37.65	33.17
23.22 元/工日		未计价材料费						—			
清单项目综合单价								129.67			
材料费明细	主要材料名称、规格、型号				单位	数量		单价/元	合价/元	暂估单价/元	暂估合价/元
	其他材料费							—		—	
	材料费小计							—		—	

表 8-37　工程量清单综合单价分析表 34

工程名称：上海某娱乐中心三层通风空调工程　　标段：　　第 34 页　共 50 页

项目编码	030703001012	项目名称	碳钢阀门	计量单位	个	工程量	2

清单综合单价组成明细											
定额编号	定额名称	定额单位	数量	单价				合价			
				人工费	材料费	机械费	管理费和利润	人工费	材料费	机械费	管理费和利润
9-53	钢制蝶阀 400 × 160 制作	100kg	0.06	344.35	402.58	441.69	389.12	20.66	24.15	26.50	23.35
9-73	钢制蝶阀 400 × 160 安装	个	2	6.97	3.33	8.94	7.88	6.97	3.33	8.94	7.88
人工单价		小　计						55.26	54.97	70.88	62.45
23.22 元/工日		未计价材料费						—			
清单项目综合单价								121.78			

材料费明细	主要材料名称、规格、型号	单位	数量	单价/元	合价/元	暂估单价/元	暂估合价/元
	其他材料费			—		—	
	材料费小计			—		—	

表 8-38　工程量清单综合单价分析表 35

工程名称：上海某娱乐中心三层通风空调工程　　标段：　　第 35 页　共 50 页

项目编码	030703001013	项目名称	碳钢阀门	计量单位	个	工程量	8

清单综合单价组成明细											
定额编号	定额名称	定额单位	数量	单价				合价			
				人工费	材料费	机械费	管理费和利润	人工费	材料费	机械费	管理费和利润
9-53	钢制蝶阀 320 × 200 制作	100kg	0.057	344.35	402.58	441.69	389.1155	19.63	22.95	25.18	22.18
9-73	钢制蝶阀 320 × 200 安装	个	1	6.97	3.33	8.94	7.88	6.97	3.33	8.94	7.88
人工单价		小　计						26.60	26.28	34.12	30.06
23.22 元/工日		未计价材料费						—			
清单项目综合单价								117.05			

材料费明细	主要材料名称、规格、型号	单位	数量	单价/元	合价/元	暂估单价/元	暂估合价/元
	其他材料费			—		—	
	材料费小计			—		—	

表 8-39　工程量清单综合单价分析表 36

工程名称:上海某娱乐中心三层通风空调工程　　标段:　　第 36 页　共 50 页

项目编码	030703001014	项目名称	碳钢阀门	计量单位	个	工程量	1

清单综合单价组成明细											
定额编号	定额名称	定额单位	数量	单价				合价			
				人工费	材料费	机械费	管理费和利润	人工费	材料费	机械费	管理费和利润
9-53	钢制蝶阀 320 × 160 制作	100kg	0.052	344.35	402.58	441.69	389.12	17.91	20.93	22.97	20.23
9-73	钢制蝶阀 320 × 160 安装	个	1	6.97	3.33	8.94	7.88	6.97	3.33	8.94	7.88
人工单价		小　计						24.19	23.46	31.02	27.33
23.22 元/工日		未计价材料费						—			
清单项目综合单价								109.16			

材料费明细	主要材料名称、规格、型号	单位	数量	单价/元	合价/元	暂估单价/元	暂估合价/元
	其他材料费			—		—	
	材料费小计			—		—	

表 8-40　工程量清单综合单价分析表 37

工程名称:上海某娱乐中心三层通风空调工程　　标段:　　第 37 页　共 50 页

项目编码	030703001015	项目名称	碳钢阀门	计量单位	个	工程量	1

清单综合单价组成明细											
定额编号	定额名称	定额单位	数量	单价				合价			
				人工费	材料费	机械费	管理费和利润	人工费	材料费	机械费	管理费和利润
9-53	钢制蝶阀 160 × 160 制作	100kg	0.036	344.35	402.58	441.69	389.12	12.40	14.49	15.90	14.01
9-72	钢制蝶阀 160 × 160 安装	个	1	4.88	2.22	0.22	5.51	4.88	2.22	8.94	5.51
人工单价		小　计						18.65	18.32	26.61	21.08
23.22 元/工日		未计价材料费						—			
清单项目综合单价								78.35			

材料费明细	主要材料名称、规格、型号	单位	数量	单价/元	合价/元	暂估单价/元	暂估合价/元
	其他材料费			—		—	
	材料费小计			—		—	

表 8-41　工程量清单综合单价分析表 38

工程名称:上海某娱乐中心三层通风空调工程　　标段:　　第 38 页　共 50 页

项目编码	030703001016	项目名称	碳钢阀门	计量单位	个	工程量	19

清单综合单价组成明细

定额编号	定额名称	定额单位	数量	单价				合价			
				人工费	材料费	机械费	管理费和利润	人工费	材料费	机械费	管理费和利润
9-53	钢制蝶阀 120 × 120 制作	100kg	0.029	188.55	393.25	119.59	213.06	5.47	11.40	3.47	6.18
9-72	钢制蝶阀 120 × 120 安装	个	1	4.88	2.22	0.22	5.51	4.88	2.22	0.22	5.51
人工单价		小计						10.35	13.62	3.69	11.69
23.22 元/工日		未计价材料费						—			
清单项目综合单价								39.35			

材料费明细	主要材料名称、规格、型号	单位	数量	单价/元	合价/元	暂估单价/元	暂估合价/元
	其他材料费			—		—	
	材料费小计			—		—	

表 8-42　工程量清单综合单价分析表 39

工程名称:上海某娱乐中心三层通风空调工程　　标段:　　第 39 页　共 50 页

项目编码	030703007001	项目名称	散流器	计量单位	个	工程量	42

清单综合单价组成明细

定额编号	定额名称	定额单位	数量	单价				合价			
				人工费	材料费	机械费	管理费和利润	人工费	材料费	机械费	管理费和利润
9-113	方形散流器 300 × 300 制作	100kg	0.07	811.77	584.07	304.80	917.30	56.82	40.88	21.29	64.21
9-148	方形散流器 300 × 300 安装	个	1	8.36	2.58	—	9.45	8.36	2.58	—	9.45
人工单价		小计						65.18	43.46	22.10	73.66
23.22 元/工日		未计价材料费						—			
清单项目综合单价								204.41			

材料费明细	主要材料名称、规格、型号	单位	数量	单价/元	合价/元	暂估单价/元	暂估合价/元
	其他材料费			—		—	
	材料费小计			—		—	

表 8-43　工程量清单综合单价分析表 40

工程名称：上海某娱乐中心三层通风空调工程　　标段：　　　　第 40 页　共 50 页

项目编码	030701003001	项目名称	空调器	计量单位	台	工程量	2

清单综合单价组成明细											
定额编号	定额名称	定额单位	数量	单价				合价			
				人工费	材料费	机械费	管理费和利润	人工费	材料费	机械费	管理费和利润
9-236	空调器 K-1 制作安装	台	1	48.76	2.92	—	55.10	48.76	2.92	—	55.10
人工单价		小计						48.76	2.92	—	55.10
23.22 元/工日		未计价材料费						5 000			
清单项目综合单价								5 106.78			

材料费明细	主要材料名称、规格、型号	单位	数量	单价/元	合价/元	暂估单价/元	暂估合价/元
	空调器	台	1.0×1	5 000	5 000		
	其他材料费			—		—	
	材料费小计			—	5 000	—	

表 8-44　工程量清单综合单价分析表 41

工程名称：上海某娱乐中心三层通风空调工程　　标段：　　　　第 41 页　共 50 页

项目编码	030701003002	项目名称	空调器	计量单位	台	工程量	1

清单综合单价组成明细											
定额编号	定额名称	定额单位	数量	单价				合价			
				人工费	材料费	机械费	管理费和利润	人工费	材料费	机械费	管理费和利润
9-236	空调器 K-2 制作安装	台	1	48.76	2.92	—	55.10	48.76	2.92	—	55.10
人工单价		小计						48.76	2.92	—	55.10
23.22 元/工日		未计价材料费						5 000			
清单项目综合单价								5 106.78			

材料费明细	主要材料名称、规格、型号	单位	数量	单价/元	合价/元	暂估单价/元	暂估合价/元
	空调器	台	1.0×1	5 000	5 000		
	其他材料费			—		—	
	材料费小计			—	5 000	—	

表 8-45　工程量清单综合单价分析表 42

工程名称：上海某娱乐中心三层通风空调工程　　标段：　　　　第 42 页　共 50 页

项目编码	030701003003	项目名称	空调器	计量单位	台	工程量	1

清单综合单价组成明细											
定额编号	定额名称	定额单位	数量	单价				合价			
				人工费	材料费	机械费	管理费和利润	人工费	材料费	机械费	管理费和利润
9-235	空调器 K-3 制作安装	台	1	41.80	2.92	—	47.23	41.80	2.92	—	47.23

（续表）

人工单价	小　　计					41.80	2.92	—	47.23
23.22 元/工日	未计价材料费					5 000			
清单项目综合单价						5 091.95			
材料费明细	主要材料名称、规格、型号			单位	数量	单价/元	合价/元	暂估单价/元	暂估合价/元
	空调器			台	1.0×1	5 000	5 000		
	其他材料费					—		—	
	材料费小计					—	5 000	—	

表 8-46　工程量清单综合单价分析表 43

工程名称：上海某娱乐中心三层通风空调工程　　标段：　　第 43 页　共 50 页

项目编码	030701003004	项目名称	空调器		计量单位		台	工程量	2
清单综合单价组成明细									
定额编号	定额名称	定额单位	数量	单价				合价	
				人工费	材料费	机械费	管理费和利润	人工费	材料费	机械费	管理费和利润
9-235	新风处理机组制作安装	台	1	41.80	2.92	—	47.23	41.80	2.92	—	47.23
人工单价	小　　计							41.80	2.92	—	47.23
23.22 元/工日	未计价材料费							5 000			
清单项目综合单价								5 091.95			
材料费明细	主要材料名称、规格、型号				单位	数量		单价/元	合价/元	暂估单价/元	暂估合价/元
	空调器				台	1.0×1		5 000	5 000		
	其他材料费							—		—	
	材料费小计							—	10 000	—	

表 8-47　工程量清单综合单价分析表 44

工程名称：上海某娱乐中心三层通风空调工程　　标段：　　第 44 页　共 50 页

项目编码	030701004001	项目名称	风机盘管		计量单位		台	工程量	5		
清单综合单价组成明细											
定额编号	定额名称	定额单位	数量	单价				合价			
				人工费	材料费	机械费	管理费和利润	人工费	材料费	机械费	管理费和利润
9-245	风机盘管 MCW1200AT 制作安装	台	1	28.79	66.11	3.79	32.53	28.79	66.11	3.79	32.53
人工单价	小　　计							28.79	66.11	3.79	32.53
23.22 元/工日	未计价材料费							2 000			
清单项目综合单价								2 131.22			

（续表）

材料费明细	主要材料名称、规格、型号	单位	数量	单价/元	合价/元	暂估单价/元	暂估合价/元
	风机盘管	台	1.0×1	2 000	2 000		
	其他材料费			—		—	
	材料费小计			—	2 000	—	

表 8-48 工程量清单综合单价分析表 45

工程名称：上海某娱乐中心三层通风空调工程　　标段：　　第 45 页　共 50 页

项目编码	030701004002	项目名称	风机盘管	计量单位	台	工程量	8

清单综合单价组成明细											
定额编号	定额名称	定额单位	数量	单价				合价			
				人工费	材料费	机械费	管理费和利润	人工费	材料费	机械费	管理费和利润
9-245	风机盘管MCW1000AT制作安装	台	1	28.79	66.11	3.79	32.53	28.79	66.11	3.79	32.53
人工单价		小计						28.79	66.11	3.79	32.53
23.22 元/工日		未计价材料费						2 000			
清单项目综合单价								2 131.22			

材料费明细	主要材料名称、规格、型号	单位	数量	单价/元	合价/元	暂估单价/元	暂估合价/元
	风机盘管	台	1.0×1	2 000	2 000		
	其他材料费			—		—	
	材料费小计			—	2 000	—	

表 8-49 工程量清单综合单价分析表 46

工程名称：上海某娱乐中心三层通风空调工程　　标段：　　第 46 页　共 50 页

项目编码	030701004003	项目名称	风机盘管	计量单位	台	工程量	2

清单综合单价组成明细											
定额编号	定额名称	定额单位	数量	单价				合价			
				人工费	材料费	机械费	管理费和利润	人工费	材料费	机械费	管理费和利润
9-245	风机盘管MCW600AT制作安装	台	1	28.79	66.11	3.79	32.53	28.79	66.11	3.79	32.53
人工单价		小计						28.79	66.11	3.79	32.53
23.22 元/工日		未计价材料费						2 000			
清单项目综合单价								2 131.22			

（续表）

材料费明细	主要材料名称、规格、型号	单位	数量	单价/元	合价/元	暂估单价/元	暂估合价/元
	空调器	台	1.0×1	2 000	2 000		
	其他材料费			—		—	
	材料费小计			—	2 000	—	

表 8-50　工程量清单综合单价分析表 47

工程名称：上海某娱乐中心三层通风空调工程　　标段：　　第 47 页　共 50 页

项目编码	030701004004	项目名称	风机盘管	计量单位	台	工程量	8

清单综合单价组成明细											
定额编号	定额名称	定额单位	数量	单价				合价			
				人工费	材料费	机械费	管理费和利润	人工费	材料费	机械费	管理费和利润
9-245	风机盘管 MCW500AT 制作安装	台	1	28.79	66.11	3.79	32.53	28.79	66.11	3.79	32.53
人工单价		小计						28.79	66.11	3.79	32.53
23.22 元/工日		未计价材料费						2 000			
清单项目综合单价								2 131.22			

材料费明细	主要材料名称、规格、型号	单位	数量	单价/元	合价/元	暂估单价/元	暂估合价/元
	风机盘管	台	1.0×1	2 000	2 000		
	其他材料费			—		—	
	材料费小计			—	2 000	—	

表 8-51　工程量清单综合单价分析表 48

工程名称：上海某娱乐中心三层通风空调工程　　标段：　　第 48 页　共 50 页

项目编码	030701004005	项目名称	风机盘管	计量单位	台	工程量	4

清单综合单价组成明细											
定额编号	定额名称	定额单位	数量	单价				合价			
				人工费	材料费	机械费	管理费和利润	人工费	材料费	机械费	管理费和利润
9-245	风机盘管 MCW400AT 制作安装	台	1	28.79	66.11	3.79	32.53	28.79	66.11	3.79	32.53
人工单价		小计						28.79	66.11	3.79	32.53
23.22 元/工日		未计价材料费						2 000			
清单项目综合单价								2 131.22			

材料费明细	主要材料名称、规格、型号	单位	数量	单价/元	合价/元	暂估单价/元	暂估合价/元
	风机盘管	台	1.0×1	2 000	2 000		
	其他材料费			—		—	
	材料费小计			—	2 000	—	

表 8-52　工程量清单综合单价分析表 49

工程名称：上海某娱乐中心三层通风空调工程　　标段：　　　　第 49 页　共 50 页

项目编码	030701004006	项目名称	风机盘管				计量单位	台		工程量	2
清单综合单价组成明细											
定额编号	定额名称	定额单位	数量	单价				合价			
				人工费	材料费	机械费	管理费和利润	人工费	材料费	机械费	管理费和利润
9-245	风机盘管 MCW300AT 制作安装	台	1	28.79	66.11	3.79	32.53	28.79	66.11	3.79	32.53
人工单价		小计						28.79	66.11	3.79	32.53
23.22 元/工日		未计价材料费						2 000			
清单项目综合单价								2 131.22			
材料费明细	主要材料名称、规格、型号					单位	数量	单价/元	合价/元	暂估单价/元	暂估合价/元
	风机盘管					台	1.0×1	2 000	2 000		
	其他材料费							—		—	
	材料费小计							—	2 000	—	

表 8-53　工程量清单综合单价分析表 50

工程名称：上海某娱乐中心三层通风空调工程　　标段：　　　　第 50 页　共 50 页

项目编码	030701004007	项目名称	风机盘管				计量单位	台		工程量	2
清单综合单价组成明细											
定额编号	定额名称	定额单位	数量	单价				合价			
				人工费	材料费	机械费	管理费和利润	人工费	材料费	机械费	管理费和利润
9-245	风机盘管 MCW200AT 制作安装	台	1	28.79	66.11	3.79	32.53	28.79	66.11	3.79	32.53
人工单价		小计						28.79	66.11	3.79	32.53
23.22 元/工日		未计价材料费						2 000			
清单项目综合单价								2 131.22			
材料费明细	主要材料名称、规格、型号					单位	数量	单价/元	合价/元	暂估单价/元	暂估合价/元
	风机盘管					台	1.0×1	2 000	2 000		
	其他材料费							—		—	
	材料费小计							—	2 000	—	

四、投标报价

(1)投标总价如下所示。

投 标 总 价

招标人：上海某娱乐中心

工程名称：上海某娱乐中心通风空调安装工程

投标总价（小写）：280 413 元

（大写）：贰拾捌万零肆佰壹拾叁元整

投标人：某通风空调安装公司

（单位盖章）

法定代表人：某通风空调安装公司

或其授权人：法定代表人

（签字或盖章）

编制人：×××签字盖造价工程师或造价员专用章

（造价人员签字盖专用章）

编制时间：××××年×月×日

(2)总说明如下所示,有关投标报价如表8-54~表8-60所示。

总　说　明

工程名称:上海某娱乐中心通风空调安装工程　　标段:　　第　页　共　页

1. 工程概况

本工程为上海某娱乐中心通风空调安装工程,该工程根据房间使用功能不同,棋牌室、办公室、小会议室采用风机盘管加独立新风系统,而体育馆、大会议室采用全空气一次回风系统,新风经由混风箱与回风混合后由各空气处理机组处理后由散流器送至工作区。该空调系统中的风管均采用优质碳素钢镀锌钢板,其厚度:风管周长<2000mm时为0.75mm;风管周长<4 000mm时为1mm;风管周长>4 000mm时为1.2mm。除新风口外,各风口均采用铝合金材料。风管保温材料采用厚度为80mm的玻璃丝毡,防潮层采用沥青油毡纸,保护层采用两层玻璃布,外刷两遍调和漆。

2. 投标控制价包括范围

为本次招标的娱乐中心施工图范围内的通风空调安装工程。

3. 投标控制价编制依据

(1)招标文件及其所提供的工程量清单和有关计价的要求,招标文件的补充通知和答疑纪要。

(2)该娱乐中心施工图及投标施工组织设计。

(3)有关的技术标准,规范和安全管理规定。

(4)省建设主管部门颁发的计价定额和计价管理办法及有关计价文件。

(5)材料价格采用工程所在地工程造价管理机构年月工程造价信息发布的价格信息,对于造价信息没有发布的材料,其价格参照市场价。

表8-54　建设项目投标报价汇总表

工程名称:上海某娱乐中心通风空调安装工程　　标段:　　第　页　共　页

序号	单项工程名称	金额/元	其中		
			暂估价	安全文明施工费	规费
1	上海某娱乐中心通风空调安装工程	280 412.45	10 000	1 559.16	3 210.61
合计		280 412.45	10 000	1 559.16	3 210.61

表8-55　单项工程投标报价汇总表

工程名称 :上海某娱乐中心通风空调安装工程　　标段:　　第　页　共　页

序号	单项工程名称	金额/元	其中		
			暂估价/元	安全文明施工费	规费
1	上海某娱乐中心通风空调安装工程	280 412.45	10 000	1 559.16	3 210.61
合计		280 412.45	10 000	1 559.16	3 210.61

表 8-56　单位工程投标报价汇总表

工程名称：上海某娱乐中心通风空调安装工程　　标段：　　第　页　共　页

序　号	汇总内容	金额/元	其中:暂估价/元
1	分部分项工程	224 736.48	
1.1	上海某娱乐中心通风空调安装工程	224 736.48	
2	措施项目	4 874.96	
2.1	安全文明施工费	1 559.16	
3	其他项目	38 343.65	
3.1	暂列金额	22 473.65	
3.2	专业工程暂估价	10 000	
3.3	计日工	5 470	
3.4	总承包服务费	400	
4	规费	3 210.61	
5	税金	9 246.75	
合计=1+2+3+4+5		280 412.45	

注:这里的分部分项工程中存在暂估价。

表 8-57　总价措施项目清单与计价表

工程名称:上海某娱乐中心通风空调安装工程　　标段:　　第　页　共　页

序号	项目编码	项目名称	计算基础	费率/%	金额/元	调整费率/%	调整后金额/元	备注
1		文明施工费	人工费(20788.73)	3.5	727.61			
2		安全施工费	人工费	4.0	831.55			
3		生活性临时设施费	人工费	7.3	1517.58			
4		生产性临时设施费	人工费	3.6	748.39			
5		夜间施工费	人工费	1.0	207.89			
6		冬雨季施工增加费	人工费	1.1	228.68			
7		二次搬运费	人工费	0.35	72.76			
8		工程定位复测、工程点交、场地清理	人工费	0.2	41.58			
9		生产工具用具使用费	人工费	2.4	498.93			
合　计					4 874.96			

注:该表费率参考《山西省建设工程施工取费定额》(2005)。

表 8-58　其他项目清单与计价汇总表

工程名称:上海某娱乐中心通风空调安装工程　　标段:　　第　页　共　页

序号	项目名称	金额/元	结算金额/元	备　注
1	暂列金额	22 473.65		一般按分部分项工程的(224 736.48)10% ~15%
2	暂估价	10 000		
2.1	材料暂估价			
2.2	专业工程暂估价	10 000		
3	计日工	5 470		
4	总承包服务费	400		一般为专业工程估价的3% ~5%
合　计		38 343.65		

注:第1、4 项备注参考《建设工程工程量清单计价规范》材料暂估单价进入清单项目综合单价此处不汇总。

表 8-59　计 日 工 表

工程名称:上海某娱乐中心通风空调安装工程　　标段:　　　　第　页　共　页

编号	项目名称	单位	暂定数量	实际数量	综合单价/元	合价/元	
						暂定	实际
一	人　工						
1	普工	工日	40		70	2 800	
2	技工(综合)	工日	15		90	1 350	
3							
人工小计						4 150	
二	材　料						
1							
2							
3							
材料小计							
三	施工机械						
1	灰浆搅拌机	台班	1		40	40	
2	自升式塔式起重机	台班	2		640	1 280	
3							
施工机械小计						1 320	
四	企业管理费和利润						
总　计						5 470	

注:此表项目,名称由招标人填写,编制招标控制价时,单价由招标人按有关计价规定确定;投标时,单价由投标人自主报价,计入投标总价中。

表 8-60　规费税金项目清单与计价表

工程名称:上海某娱乐中心通风空调安装工程　　标段:　　　　第 1 页　共 1 页

序号	项目名称	计算基础	计算基数	计算费率/%	金额/元
一	规费				3 210.61
1.1	养老保险费	直接费	47 145.48	3.9	1 838.67
1.2	失业保险费	直接费	47 145.48	0.25	117.86
1.3	医疗保险费	直接费	47 145.48	0.9	424.31
1.4	工伤保险费	直接费	47 145.48	0.12	56.57
1.5	住房保险费	直接费	47 145.48	1.3	612.89
1.6	危险作业意外伤害保险费	直接费	47 145.48	0.20	94.29
1.7	工程定额测定费	直接费	47 145.48	0.14	66.00
二	税金	分部分项工程费 + 措施项目费 + 其他项目费 + 规费	271 165.70	3.41	9 246.75
合　计					12 457.36

注:该表费率参考《山西省建设工程施工取费定额》(2005)。

(3)工程量清单综合单价分析如表 8-4 ~ 表 8-53 所示。